만들고, 맛보고, 즐거워지는 칵테일 바이블

칵테일 500

만들고, 맛보고, 즐거워지는 칵테일 바이블

THE

칵테일 500

기타무라 사토시 지음
박수현 옮김

시그마북스
Sigma Books

THE 칵테일 500

발행일 2026년 3월 3일 초판 1쇄 발행
지은이 기타무라 사토시
옮긴이 박수현
발행인 강학경
발행처 시그마북스
Sigma Books
마케팅 정제용
에디터 최연정, 최윤정, 양수진
디자인 강경희, 김문배, 정민애

등록번호 제10-965호
주소 서울특별시 영등포구 양평로 22길 21 선유도코오롱디지털타워 A402호
전자우편 sigmabooks@spress.co.kr
홈페이지 http://www.sigmabooks.co.kr
전화 (02) 2062-5288~9
팩시밀리 (02) 323-4197
ISBN 979-11-6862-445-0 (13590)

시작하며

칵테일의 기원에는 여러 가지 설이 있지만, 현대와 같은 형태를 갖추게 된 것은 약 150년 전 미국에서 시작되었다는 설이 유력하다. 기원 당시부터 지금까지 계속 이어져 온 정통 칵테일도 있는가 하면, 수많은 바텐더가 날마다 칵테일을 창작하기도 하고, 한편으로는 조용히 사라져가는 칵테일도 많다. 덧붙이자면 현재 스탠더드 칵테일이라고 불리는 것도 그 원류를 거슬러 올라가면 누군가가 만들어 낸 '오리지널 칵테일'이다. 그랬던 것이 50년, 100년이 넘는 세월이 지난 지금도 세상 사람들에게 널리 사랑받으며 '정통 칵테일'이 된 것이다.

특히 최근에는 SNS가 보급되면서 기존에 거의 알려진 바 없던 칵테일이 어떤 계기로 화제를 모으며 순식간에 전 세계적으로 유명해지는 현상도 일어나고 있다.

내가 바텐더의 길을 걷기 시작한 지 어언 50년, 지금까지 수십만 잔에 이르는 칵테일을 만들어 왔다.

나도 칵테일 주문을 받을 때면, '손님에게 최고의 한 잔을 만들어 드리고 싶어'라는 마음으로 고객 본인도 모르던 '취향 저격인 맛'을 찾는다. 그러면서 항상 '맛있어져라, 맛있어져라' 하는 일념으로 칵테일을 제조하도록 유의하고 있다. 나에게 있어서 '인생은 창작 칵테일 만들기다'라고 해도 과언이 아니다.

이처럼 그 뒤에 수많은 드라마가 있는 칵테일 500종류를 소개하는 것이 이 책이다. 스탠더드 칵테일에는 그 역사에 대해 경의를 표하고, 최근 인기 있는 뉴웨이브 칵테일은 그 제조법을 철저히 연구했다. 더불어 직접 개발한 오리지널 칵테일에 관해서는 그 당시 내가 어떠했는지 떠올리면서 독자들에게 알기 쉽게 전하는 데 유의하며 준비했다.

이 칵테일들 중 한 잔이라도 여러분의 마음을 울리게 된다면, 혹은 나의 오리지널 칵테일이 후세에 계속 전해지고 언젠가 '스탠더드 칵테일'로서 손님들에게 사랑받게 된다면, 바텐더로서 이보다 더 행복할 수는 없을 것 같다.

'순간의 예술'이라고도 불리는 칵테일, 이 책이 그 심오한 세계로 여러분을 이끄는 데 도움이 된다면 더할 나위 없이 기쁘겠다.

긴자 양주박물관(洋酒博物館) 오너 바텐더,
기타무라 사토시

이 책을 보는 방법

이 책에서는 총 500종류의 칵테일을 하나씩 자세하게 다룬다.
레시피는 물론이고, 스타일과 맛, 토막지식에 이르기까지
모든 정보를 망라하였으니 참고하여 바로 만들어 보자.

1 칵테일의 분류

롱, 쇼트, 프로즌, 핫, 네 종류로 나누어 소개한다.

2 오리지널

저자의 오리지널 칵테일에는 따로 표시를 했다.

3 칵테일 이름

4 설명

칵테일의 맛과 재료에 관한 기본적인 정보, 이름의 유래, 탄생에
얽힌 이야기 등을 설명한다.

5 메모

50년에 걸쳐 칵테일을 만들어 온 저자이기에 가능한 조언과 토
막지식, 여담 등을 소개한다.

6 기법

셰이크, 빌드, 블렌드, 스터 등 사용하는 기법을 아이콘으로 나타
냈다.

7 재료

칵테일 제조에 필요한 재료와 분량을 정리했다.
※ 장식에 사용하는 재료는 제조 방법에서 설명한다.

8 제조 방법

칵테일을 만드는 방법을 설명한다.

9 칵테일 차트

이 정보를 참고하여 마시는 사람의 취향이나 알코올 도수, 상황
에 맞는 칵테일을 선택하자.

10 칵테일 사진

CONTENTS

6 | 시작하며

7 | 이 책을 보는 방법

9 | COCKTAILS INDEX

22 | 취향에 맞는 것을 찾아 보자 _ 술 & 탄산수 & 시럽

25 | **진**
■ Gin

69 | **위스키**
■ Whisky

97 | **보드카**
■ Vodka

129 | **럼**
■ Rum

161 | **테킬라**
■ Tequila

179 | **브랜디**
■ Brandy

197 | **리큐어**
■ Liqueur

251 | **와인 & 샴페인 등**
■ Wine&Champagne etc.

265 | **맥주 & 일본주 등**
■ Beer&Japanese sake etc.

277 | **논 알코올 음료**
■ Non-alcoholic drinks

285 | **칵테일의 기본**

286 | 칵테일 분류와 스타일

288 | 기본적인 기법

292 | 칵테일 도구

294 | 칵테일 잔

296 | 바를 즐기기 위한 Q&A

298 | 용어 해설

302 | INDEX

307 | 상품 및 사진 제공, 참고문헌

COLUMN

68 | 1. Bar 첫 방문

128 | 2. 칵테일과 음악은 닮았다 ?

139 | 3. 추억의 칵테일 콘테스트

178 | 4. 바텐더와 셰이커 【전편】

196 | 5. 바텐더와 셰이커 【후편】

250 | 6. 바텐더와 바텐

※ 브랜디란 일반적으로 '과실로 만든 증류주'를 말한다. 관습적으로 '체리 브랜디', '애프리콧 브랜디' 등으로 부르기도 하지만, 이 책에서는 독자와 칵테일 입문자들이 혼란스러워하지 않도록 '체리 리큐어', '애프리콧 리큐어'와 같이 표기를 통일했다.

※ 이 책에 실린 정보는 모두 2025년 4월 30일을 기준으로 작성되었다.

※ 각 칵테일의 기준은 저자의 테이스팅을 기준으로 했다. 맛이나 알코올 도수를 느끼는 데는 개인차가 있음을 고려하여 참조하기 바란다.

COCKTAILS INDEX

Gin
진 ▶

p26	푸른 산호초
 p26	애비에이션
 p27	어스퀘이크
 p27	아미 앤드 네이비
 p28	어라운드 더 월드
 p28	알래스카
 p29	알렉산더즈 시스터
 p29	베스퍼 마티니
 p30	원티드
 p30	에메랄드 쿨러
 p31	엔젤 페이스
 p31	올 오브 유
 p32	오렌지 블로섬
 p32	카지노
 p33	슬픔이여 안녕
 p33	카루소
 p34	키스 인 더 다크
 p34	깁슨
 p35	김렛
 p35	퀸 엘리자베스 (진 베이스)
 p36	그린 플래시
 p36	클로버 클럽
 p37	골든 피즈
 p37	사우스사이드
 p38	자자
 p38	실버 피즈
 p39	진 앤드 잇
 p39	싱가포르 슬링
 p40	싱가포르 슬링 (래플스 호텔 오리지널 버전)
 p40	진진묘
 p41	진 슬링
p41	진 토닉

p42	p42	p43	p43	p44	p44	p45
짐 바질 스매시	진 벅	진 비터스	진 피즈	미안했던 추억	진 라임	진 리키
 p45	p46	p46	p47	p47	p48	p48
스위트 마티니	스캔들	스나이퍼	스모키 마티니	세븐스 헤븐	탱고	텍사스 피즈
 p49	p49	p50	p50	p51	p51	p52
디자이어	데저트 힐러	톰 콜린스	네그로니	녹아웃	패션	바텐더
 p52	p53	p53	p54	p54	p55	p55
하트브레이크	퍼펙트 레이디	파라다이스	파리지앵	하와이안	행키 팽키	비스 니즈
 p56	p56	p57	p57	p58	p58	p59
뷰티 스폿	핑크 레이디	폴른 엔젤	블러디 샘	브램블	블루 문	프렌치 75
 p59	p60	p60	p61	p61	p62	p62
플로리다 로즈	브롱크스	베넷	화이트 레이디	화이트 로즈	마운트 후지 (제국 호텔)	마티니 (드라이 마티니)

매트릭스

마르티네스

밀리언 달러

먼로 워크

꿈속의 당신에게

요코하마

라스트 워드

유빙

레드 라이온

로열 피즈

롱 아일랜드
아이스티

Whisky

위스키 ▶

아이언 레이디

아이리시 커피

아이리시 로즈

어피니티

알곤퀸

위스키 사워

위스키 하이볼

위스키 플로트

위스키 맥

위스키 미스트

위스퍼

오리엔탈

올드 팔

올드 패션드

카우보이

캘리포니아
레모네이드

키스 미 퀵

킹스 밸리

클론다이크 쿨러

갓파더

사일런트 서드

사제락

존 콜린스

스카치 킬트

세인트 앤드루스

다케쓰루의 전설

타탄 체크

처칠

p83 드라이 맨해튼 · p83 트리플 플레이 · p84 뉴욕 · p84 하이 햇 · p85 하이랜드 쿨러 · p85 배넉번 · p86 버버리 코스트

p86 버버넬라 · p87 허리케인 · p87 헌터 · p88 뷰 카레 · p88 불바디에 · p89 블러드 앤 샌드 · p89 브루클린

p90 페니실린 · p90 베네딕트 · p91 홀인원 · p91 핫 위스키 토디 · p92 바비 번스 · p92 마이애미 비치 (위스키 베이스) · p93 마미 테일러

p93 맨해튼 · p94 미스티 네일 · p94 민트 줄렙 · p95 해후 · p95 러스티 네일 · p96 롭 로이 · p96 워드 에이트

Vodka

보드카 ▶

p98 아쿠아 · p98 뜨거운 시선 · p99 안젤로 · p99 옐로 매직

p100 보드카 아이스버그 · p100 보드카 김렛 · p101 보드카 토닉 · p101 보드카 마티니 · p102 보드카 리키 · p102 에스프레소 마티니 · p103 카미카제

p103	p104	p104	p105	p105	p106	p106
걸프 스트림	키스 오브 파이어	케이프 코더	코사크	코스모폴리탄	갓마더	골드 핑거

p107	p107	p108	p108	p109	p109	p110
시 브리즈	집시	스크루드라이버	슬레지 해머	섹스 온 더 비치	솔티 독	솔트 릭

p110	p111	p111	p112	p112	p113	p113
타바리시치 (타와리시)	치치	차린	테이크 파이브	천국의 창문	바바라	하비 월뱅어

p114	p114	p115	p115	p116	p116	p117
발랄라이카	빅 애플	퍼스트 러브	블랙 러시안	블러디 시저	블러디 메리	불 샷

p117	p118	p118	p119	p119	p120	p120
불독 (보드카 베이스)	블루 먼데이	블루 라군	베이 브리즈	핫 불 샷	볼가 보트맨	포르노스타 마티니

p121	p121	p121	p122	p122	p123	p123
폴로네즈	화이트 스파이더	화이트 러시안	본드 마티니	마드라스	마릴린 먼로	마린 블루 로망

p124 마루루
p124 미드나이트 선 
p125 모스코 뮬 
p125 설국 
p126 유토피아 
p126 러시안 
p127 레드 버드 

p127 레몬 사워
p127 로드 러너 

Rum
럼

p130 아카풀코
p130 옐로 버드 

p131 이슬라 데 피노스
p131 이브닝 미스트 
p132 에어 메일 
p132 엑스와이지 
p133 엘 프레지덴테 
p133 오토기바나시 
p134 추억은 너무 아름다워서 

p134 올드 쿠반
p135 쿠바 리브레 
p135 쿼터 덱 
p136 그린 아이즈 
p136 클레오파트라 
p137 그로그 
p137 콜럼버스 

p138 산티아고
p138 시크릿 러브 
p140 잭 타르 
p140 자메이카 조 
p141 정글 버드 
p141 상하이 
p142 스카이다이빙 

p142 스콜피온
p143 솔 쿠바노
p143 좀비
p144 다이키리
p144 다크 앤 스토미
p145 천사의 미소
p145 톰 앤 제리

p146 나이트 신

p146 니커보커 스페셜

p147 네바다

p147 바카디

p148 비즈 키스

p148 피냐 콜라다

p149 플래티넘 블론드

p149 블랙 데빌

p150 플랜터즈 칵테일

p150 블루하와이

p151 프레지던트

p151 프로즌 다이키리

p152 프로즌 바나나 다이키리

p152 페인킬러

p153 보스턴 쿨러

p153 핫 버터드 럼

p154 핫 버터드 럼 카우

p154 폴라 쇼트 커트

p155 마이애미

p155 마이애미 바이스

p156 마이애미 비치
(럼 베이스)

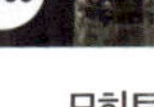

p156 마이타이

p157 밀리어네어

p157 메리 픽포드

p158 모히토

p158 라스트 키스

p159 러브 미 텐더

p159 럼 올드 패션드

p160 럼 콜린스

p160 리틀 데빌

p160 리틀 프린세스

Tequila
테킬라 ▶

p162 아이스 브레이커

p162 앰배서더

p163 이구아나

p163 엑소시스트

p164 에버그린

p164 엘 디아블로

p165 캑터스 뱅어

p165 그랑 마르니에 마가리타

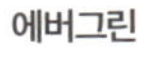

콘치타

콘테사

셰이디 레이디

실크 스타킹

스트로 햇

슬로 테킬라

차로 네로

티 티 티

테킬라 선스트로크

테킬라 선셋

테킬라 선라이즈

팔로마

피카도르

블루 마가리타

브레이브 불

프렌치 캑터스

프로즌 스트로베리
마가리타

프로즌 마가리타

브로드웨이 서스트

마타도르

마리아 테레사

마가리타

멕시칸

멕시코 로즈

모킹버드

롱 마가리타

Brandy

브랜디 ▶

애플 잭

아메리칸 뷰티

알렉산더

에그노그

올림픽

카리오카

키스 프롬 헤븐

캐럴

퀸 엘리자베스
(브랜디 베이스)

클래식

콥스 리바이버

p185 사이드카
p186 잭 로즈 
p186 샹젤리제 
p187 조제핀 
p187 진주의 눈물 
p188 스팅어 
p188 스파이더 키스 

p189 스리 밀러스
p189 더티 마더 
p189 데빌 
p190 드림 
p190 나이트캡 
p190 니콜라시카 
p191 허니문 

p191 하버드 쿨러
p192 비 앤드 비 
p192 피스코 사워 
p192 비트윈 더 시트 
p193 브랜디 크러스타 
p193 브랜디 사워 
p194 프렌치 커넥션 

p194 홀시스 넥
p195 핫 에그노그 
p195 메모리 

Liqueur

리큐어 ▶

p198 애수

p198 애프터 디너
p199 애프리콧 칵테일 
p199 애프리콧 쿨러 
p200 애프리콧 피즈 
p200 아페롤 스프리츠 
p201 아마레토 사워 
p201 옐로 패롯 

p202 이탈리안 서퍼
p202 이브닝 드레스 
p203 우나 우나 
p203 에너지 나이트 
p204 엔젤 키스 
p204 엔드리스 러브
p205 오르가슴

p205 소녀의 진심	p206 올드 침니	p206 카카오 피즈	p207 카시스 우롱	p207 카시스 오렌지	p208 카시스 소다	p208 갈채
 p209 카리나	p209 깔루아 밀크	p210 캄파리 오렌지	p210 캄파리 소다	p211 킹 피터	p211 금단의 과실	p212 그래스호퍼
 p212 글래드 아이	p213 그린티 피즈	p213 그린 바커스	p214 사랑에 빠져서	p214 마음의 여행	p215 마음의 평온	p215 이 가슴의 설렘
 p216 자장가	p216 골든 캐딜락	p217 골든 드림	p217 사우스 아일랜드	p218 생 제르맹	p218 쥬뗌므	p219 조엽수림
 p219 신데렐라 허니문	p220 스칼렛 오하라	p220 스푸모니	p221 슬로 진 피즈	p221 슬로 드라이버	p222 다즐링 쿨러	p222 체리 블로섬
p223 차이나 그린 	p223 차이나 블루	p224 찰리 채플린 	p224 디스커버리 	p225 디타모니 	p225 천사의 세레나데 	p226 트레비앙 

p226 돈 조반니
p227 바이올렛 피즈
p227 바나나 비치
p228 파파게나
p228 발렌시아
p229 비 -52
p229 피치 피즈
p230 백만 번의 윙크
p230 핑크 볼
p231 퍼스트 레이디
p231 퍼지 네이블
p232 프라이빗 레슨
p232 플라토닉 러브
p233 불독 (리큐어 베이스)
p233 블루 레이디
p234 베일리스 밀크
p234 베이비 페이스
p235 벨벳 해머
p235 보치 볼
p236 핫 하트
p236 보헤미안 드림
p237 호호에미
p237 화이트 새틴
p238 봉주르
p238 마더스 러브
p239 말리부 코크
p239 미스테리어스
p240 미도리 일루전
p240 미도리 밀크
p241 민트 프라페
p241 물랭 루주
p242 메리 위도
p242 메리 고 라운드
p243 멜론 피즈
p243 모차르트 밀크
p244 몽키 믹스
p244 유가오
p245 유니언 잭
p245 러브 콜
p246 루즈
p246 레인보우
p247 레게 펀치

레드 킹

레트 버틀러

레이디 조커

레이디 맥베스

로맨스

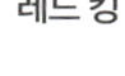

아도니스

아미고

아메리카노

아메리칸
레모네이드

오퍼레이터

카디널

칼리모초

키르

키르 로열

키티

클론다이크 하이볼

코로네이션

샴페인 칵테일

샴페인 블루스

스프리처

소울 키스

다이쇼 로망

하프 & 하프
(베르무트)

뱀부

비너스 팁

블랙 레인

벨리니

마운트 후지

마돈나

미모사

와인 쿨러

카이피리냐

향수

고야 류큐 칵테일

 p267
사쿠라 미인

 p268
사무라이 록

 p268
샌디 개프

 p269
세토의 신부

 p269
다소가레

 p270
추라산

 p270
도그스 노즈

 p271
퍼시픽 아이랜드

 p271
바쇼

 p272
파나셰

 p272
하프 & 하프 (맥주)

 p273
비어 스프리처

 p273
블랙 벨벳

 p274
마이 오토메

 p274
무라사메

 p275
유메마보로시

 p275
양귀비

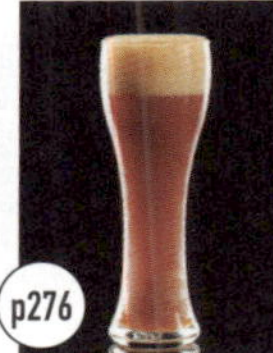 p276
레드 아이

 p276
레드 바이킹

 p278
새러토가 쿨러

 p278
선셋 크루즈

 p279
셜리 템플

p279
신데렐라

 p280
스노 페어리

 p280
버진 메리

 p281
버진 모스커 뮬

 p281
버진 모히토

 p281
푸시 캣

 p282
블루 머메이드

 p282
플로리다

 p283
홀시스 넥 위드
아웃 어 킥

 p283
밀크셰이크

 p284
레몬 스쿼시

 p284
론리 채플린

취향에 맞는 것을 찾아 보자

술 & 탄산수 & 시럽

베이스로 사용하는 술이나 시럽은 칵테일 제조에서 빠질 수 없다.
여기서는 활용도가 높은 주요 아이템을 소개한다.
사용하는 종류에 따라 맛도 크게 달라지니 취향에 맞는 것을 찾아 보자.

탄산수

윌킨슨 탄산수

100년이 넘는 전통과 믿음이 있다. '자극이 강한' 본격적인 탄산수.

- 제조국 : 일본

진

재패니즈 크래프트 로쿠 진

벚꽃, 고급 녹차인 교쿠로 등 일본의 소재 여섯 종류를 사용한 재패니즈 크래프트 진.

- 알코올 도수 : 47%
- 제조국 : 일본

진

비피터 진

런던에서 증류하는 드라이 진. 산뜻한 감귤류 맛이다.

- 알코올 도수 : 40%
- 제조국 : 영국

진

윌킨슨 진 47.5 도

열 가지 이상의 보타니컬 재료를 사용한다. 깔끔한 단맛과 쌉쌀함을 동시에 맛볼 수 있다.

- 알코올 도수 : 47.5%
- 제조국 : 일본

위스키

캐나디안 클럽

1858년에 탄생했다. 깔끔한 맛과 은은하게 달콤한 향이 난다.

- 알코올 도수 : 40%
- 제조국 : 캐나다

위스키

짐빔

200년이 넘는 역사를 자랑하는 버번. 1973년 이래 세계 매출 No.1을 기록하고 있다.

- 알코올 도수 : 40%
- 제조국 : 미국

위스키

닛카 세션

뛰어난 향기와 부드러운 입맛. 쌉쌀함이 뒤따르는 피트(이탄)의 여운을 느낄 수 있다.

- 알코올 도수 : 43%
- 제조국 : 일본

보드카

피나클

깨끗하고 부드러운 맛. 활용하기 좋아 즐길 방법이 무궁무진하다.

- 알코올 도수 : 40%
- 제조국 : 미국

보드카

스미노프 레드

전통 제조법으로 만드는 깔끔한 맛이 칵테일을 돋보이게 한다.

- 알코올 도수 : 40%
- 제조국 : 영국

앱솔루트 보드카

풍부하고 부드러운 맛과 향긋한 풀바디 풍미를 가졌다.

- 알코올 도수 : 40%
- 제조국 : 스웨덴

마이어스 다크

4년을 숙성하여 만든다. 장인정신과 정열이 낳은 다크한 향과 맛을 자랑한다.

- 알코올 도수 : 40%
- 제조국 : 자메이카

하바나클럽 7년

7년을 숙성하여 맛이 풍부하다. 쿠바가 낳은 최고의 다크 럼.

- 알코올 도수 : 40%
- 제조국 : 쿠바

바카디 슈페리어

가벼움과 균형 잡힌 향, 맑고 산뜻한 뒷맛이 뛰어나다.

- 알코올 도수 : 40%
- 제조국 : 푸에르토리코

사우자 실버

신선한 아가베의 특징이 돋보이도록 정성스럽게 만든 제품.

- 알코올 도수 : 40%
- 제조국 : 멕시코

호세쿠엘보 에스페셜

테킬라의 톱 브랜드, 호세 쿠엘보 사가 자랑하는 레포사도 테킬라.

- 알코올 도수 : 40%
- 제조국 : 멕시코

호세쿠엘보 에스페셜 실버

신선하고 깔끔한 아가베 맛이 특징인 프리미엄 실버 테킬라.

- 알코올 도수 : 40%
- 제조국 : 멕시코

불바 칼바도스 그랑 솔라지

사과를 원료로 만드는 브랜디. 과일을 숙성한 향이 일품이다.

- 알코올 도수 : 40%
- 제조국 : 프랑스

레미 마르탱 VSOP

강렬함과 우아한 아로마를 완벽한 밸런스로 구현한 일품.

- 알코올 도수 : 40%
- 제조국 : 프랑스

헤네시 VS

우아하고 싱그러운 맛이 강렬함과 기분 좋은 조화를 이룬다.

- 알코올 도수 : 40%
- 제조국 : 프랑스

깔루아

양질의 원두를 사용하여 깊이 있는 단맛이 나는 커피 리큐어.

- 알코올 도수 : 20%
- 제조국 : 미국

볼스 블루 큐라소

세계 바텐더들의 호평을 받는 화려한 블루 큐라소.

- 알코올 도수 : 21%
- 제조국 : 네덜란드

리큐어

쿠앵트로

칵테일 제조에 없어서는 안 될 가장 향기로운 오렌지 리큐어.

- 알코올 도수 : 40%
- 제조국 : 프랑스

리큐어

히어링 체리 리큐어

세계 최초의 체리 리큐어. 천연 유래 재료로만 만든다.

- 알코올 도수 : 24%
- 제조국 : 네덜란드

리큐어

캄파리

다양한 칵테일에 사용되는 이탈리아를 대표하는 리큐어.

- 알코올 도수 : 25%
- 제조국 : 이탈리아

와인

샌드맨 루비 포트

베리류와 초콜릿을 연상시키는 향기와 강한 맛을 가진 레드 와인.

- 알코올 도수 : 19%
- 제조국 : 포르투갈

베르무트

친자노 베르무트 로소

화이트 와인 베이스에 캐러멜로 색을 입힌 달콤한 베르무트.

- 알코올 도수 : 15%
- 제조국 : 이탈리아

베르무트

친자노 베르무트 비앙코

화이트 와인 베이스에 허브와 향신료를 블렌드했다. 기분 좋은 달콤한 맛이 난다.

- 알코올 도수 : 15%
- 제조국 : 이탈리아

샴페인

뵈브 클리코

뵈브 클리코의 맛과 스타일을 대표하는 상파뉴.

- 알코올 도수 : 12.5%
- 제조국 : 프랑스

스파클링 와인

마티니 브뤼

샤르도네나 글레라 품종으로 만드는 드라이한 스파클링 와인.

- 알코올 도수 : 11.5%
- 제조국 : 이탈리아

일본소주

이이치코 25 도

엄선한 보리, 보리 누룩과 양질의 물만으로 빚어낸, 많은 사랑을 받는 증류식 소주.

- 알코올 도수 : 25%
- 제조국 : 일본

시럽

그레나딘 시럽

진하고 선명한 빨간색을 띤 석류 시럽. 향과 단맛의 균형이 좋다.

- 제조국 : 일본

시럽

모닌 블루 큐라소 시럽

오렌지 껍질 풍미가 있는 시럽. 선명한 파란색을 띠어 색을 내기에 아주 좋다.

- 제조국 : 말레이시아

시럽

모닌 모히토 민트 시럽

모히토를 간편하게 만들 수 있다. 민트와 라임의 향이 절묘하게 조화를 이룬다.

- 제조국 : 말레이시아

Gin

진

진은 옥수수나 보리 맥아, 호밀 같은 곡물류
를 원료로 만든 증류주(스피릿)를 숙성시키
지 않고 약초나 허브 등과 함께 재증류시켜
알코올 도수를 높인 것이다. 1660년 네덜란
드에서 제조되어 후에 영국으로 전해지면서
드라이 진이 탄생했다. 다양한 허브와 감귤
류 껍질이 사용된다.

푸른 산호초

Aoi Sangosho

유리잔 안에 담은 아름다운 산호초

1950년에 일본에서 처음 등장한 칵테일. 투명한 에메랄드그린 바다에 붉은 산호를 옮겨놓은 듯힌 선명한 색이 아름답다. 그린 페퍼민트의 청량감과 잔 테두리를 적신 레몬즙의 풍미가 상큼하게 다가온다.

Recipe
SHAKE

드라이 진 ··········40ml
그린 페퍼민트 ·····20ml

얼음과 재료를 전부 셰이커에 넣고 흔들어 섞는다(셰이크). 테두리를 레몬 슬라이스로 적신 잔에 따르고 체리를 넣으면 완성. 취향에 따라 민트잎으로 장식해도 좋다.

Memo

'제2회 올 재팬 드링크스 콩쿠르'에서 1위를 차지한 시카노 히코시의 작품이다. 이때 당시의 일본 총리도 심사위원 중 한 명이었다. '블루 코럴 리프(Blue Coral Reef)'라는 이름으로 소개되는 경우도 많으나 정식 명칭은 '푸른 산호초'다.

맛	단맛						쓴맛
알코올 도수	낮음						높음

용도	Aperitif	After dinner	**All day**

애비에이션

Aviation

스마트함 속에 돋보이는 드라이한 맛

'비행'이나 '항공기'를 뜻하는 애비에이션. 하늘을 날아다니는 듯한 기분이 들게 하는 칵테일로, 알코올 도수가 약간 높은 편이다. 레몬 주스의 산미와 마라스키노의 풍미가 진의 맛을 제대로 돋보이게 한다.

Recipe
SHAKE

드라이 진 ·····················45ml
레몬 주스 ·····················15ml
마라스키노 리큐어··········1tsp.

Memo

1916년에 뉴욕 월릭 호텔의 바텐더, 휴고 리처드 엔슬린이 고안했다. 전투기가 투입되면서 전쟁이 더 격렬해진 시대적 배경을 반영했다고 한다.

얼음과 재료를 전부 셰이커에 넣고 흔들어 섞는다. 잔에 따르면 완성.

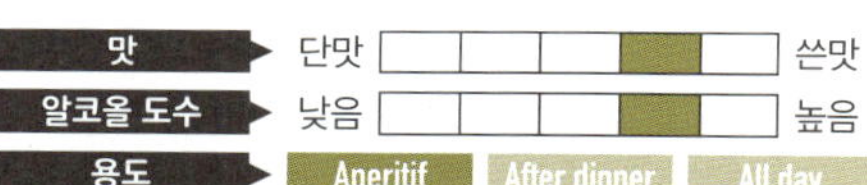

맛	단맛						쓴맛
알코올 도수	낮음						높음

용도	**Aperitif**	After dinner	All day

어스퀘이크

Earth Quake

자극적인 한 잔을 즐기고 싶은 사람에게

'지진'을 뜻하는 이 이름은 '마시면 지진이 난 것처럼 몸이 휘청휘청 흔들릴 정도로 독한 칵테일'이라는 데서 비롯되었다. 도수가 높은 세 가지 재료가 섞여 강렬하게 독해진 알코올이 느껴지는 동시에 각각의 개성도 살아 있다.

Recipe
SHAKE

드라이 진	20ml
위스키	20ml
압생트(또는 페루노)	20ml

얼음과 재료를 전부 셰이커에 넣고 흔들어 섞는다. 잔에 따르면 완성.

Memo

일본에서는 압생트의 '압', 드라이 진의 '진', 위스키의 '스키'를 따서 '압진스키'라고도 부른다. 독한 칵테일이다.

맛	단맛					쓴맛
알코올 도수	낮음					높음
용도	Aperitif	After dinner	All day			

아미 앤드 네이비

Army & Navy

레몬의 상큼함과 아몬드의 풍미가 이루는 조화

1948년에 발행된 『The Fine Art of Mixing Drinks』라는 책에서 소개된 클래식 칵테일. 미국 육군사관학교(Army)와 해군사관학교(Navy)의 풋볼 경기를 기념하여 만들어졌다는 설도 있다.

Recipe
SHAKE

진	30ml
레몬 주스	15ml
아몬드 시럽	15ml

얼음과 재료를 전부 셰이커에 넣고 흔들어 섞는다. 잔에 따르고 레몬 필을 장식하면 완성.

Memo

장황한 이름과는 달리 맛은 달콤한 아몬드 시럽과 레몬 주스가 좋은 밸런스를 이루어 산뜻하다.

맛	단맛					쓴맛
알코올 도수	낮음					높음
용도	Aperitif	After dinner	All day			

어라운드 더 월드

Around The World

아름다운 페퍼민트 그린의 청량감

'세계 일주'라는 이름이 붙은 이 칵테일은 상큼한 그린 컬러가 매력적이다. 파인애플 주스의 적당한 산미와 페퍼민트의 풍미가 맛에 청량감을 더한다. 알코올 도수가 높지만 보기에 아름다워 여성들에게도 사랑받는 칵테일이다.

Recipe
SHAKE

드라이 진	45ml
그린 페퍼민트	10ml
파인애플 주스	10ml

Memo

1935년에 발행된 미국 칵테일북에 수록된 칵테일이다. 인기 소설 『80일간의 세계일주』에서 힌트를 얻어 이름이 붙여졌다는 설도 있다.

민트 체리를 제외한 재료와 얼음을 셰이커에 넣고 흔들어 섞는다. 잔에 따르고 잔 가장자리에 민트 체리를 장식하면 완성(잔에 넣어 버리면 색이 같아 민트 체리가 돋보이지 않는다).

맛	단맛 ▶					쓴맛
알코올 도수	낮음 ▶					높음
용도 ▶	Aperitif	After dinner	**All day**

알래스카

Alaska

북쪽 대지의 이름을 딴 강렬한 칵테일

미국 북쪽 대지의 이름을 딴 칵테일. 알코올이 강한 약초 리큐어, 샤르트뢰즈를 사용해서 알코올 도수가 높다. 런던 더 사보이 호텔의 해리 크래독이 고안했다.

Recipe
SHAKE

드라이 진	45ml
샤르트뢰즈(옐로)	15ml

Memo

그린 샤르트뢰즈를 사용한 '그린 알래스카'도 인기 있는 칵테일이다. 흔들어 섞지 않고 저어 섞는(스터) 바텐더도 있다.

얼음과 재료를 전부 셰이커에 넣고 흔들어 섞는다. 잔에 따르면 완성.

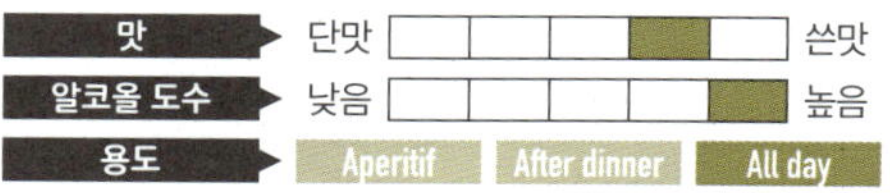

맛	단맛 ▶					쓴맛
알코올 도수	낮음 ▶					높음
용도 ▶	Aperitif	After dinner	**All day**

LONG **SHORT** FROZEN

알렉산더즈 시스터

Alexander's Sister

생크림의 단맛과 민트 향이 이루는 조화

알렉산더(P181)의 자매 칵테일이지만 생크림을 제외하면 공통점이 없다. '그래스호퍼 시스터'라고 해야 하지 않을까 싶을 정도로 그래스호퍼(P212)와 공통점이 많은 칵테일이다.

Recipe
SHAKE

드라이 진	20ml
그린 페퍼민트	20ml
생크림	20ml

Memo

그래스호퍼는 드라이 진 대신 화이트 카카오 리큐어를 넣어 만든다.

얼음과 재료를 전부 셰이커에 넣고 흔들어 섞는다. 잔에 따르면 완성.

맛	단맛					쓴맛
알코올 도수	낮음					높음
용도		Aperitif	After dinner	All day		

LONG **SHORT** FROZEN

베스퍼 마티니

Vesper Martini

영화의 히로인, 베스퍼 이름을 딴 칵테일

영화 〈007 카지노 로열〉에서 본드는 "진 셋, 보드카 하나, 키나 릴레 반"이라고 주문한다. 지금은 키나 릴레를 구할 수 없어 대신 릴레 블랑을 사용한다. 레몬 필도 곁들이라는 본드의 지시를 잊지 말자.

Recipe

SHAKE

드라이 진(고든스)	45ml
보드카	15ml
릴레 블랑	7.5ml

Memo

칵테일에 자신의 이름을 붙였다는 사실을 알게 된 여주인공이 "뒷맛이 씁쓸해서 그런 거야?"라고 묻자 "한번 맛을 보면 다른 것은 못 마시게 되니까"라고 대답하는 본드. 명장면이다.

진, 보드카, 릴레 블랑과 얼음을 셰이커에 넣고 흔들어 섞는다. 잔에 따르고 레몬 필을 곁들이면 완성.

맛	단맛					쓴맛
알코올 도수	낮음					높음
용도		Aperitif	After dinner	All day		

LONG **SHORT** FROZEN　　　　　Ⓨ Original

원티드

Wanted

오늘 밤도 당신을 Wanted!

카시스의 새콤달콤함과 아마레토의 향을 살리며 감귤류 주스를 첨가한 칵테일. 매혹적인 진홍색 비주얼과 산뜻함 속에서도 느껴지는 깊고 진한 입맛에 여성들도 좋아하는 칵테일. 알코올 도수도 그리 높지 않아 부담없이 마실 수 있다.

Recipe
SHAKE

드라이 진	20ml
크렘 드 카시스	10ml
아마레토	10ml
자몽 주스	10ml
라임 주스	10ml

얼음과 재료를 전부 셰이커에 넣고 흔들어 섞는다. 잔에 따르면 완성.

Memo

산토리 바텐더스 스쿨에서 주최한 콩쿠르에 이 칵테일을 출품하여 우승했다. 부상으로 해외여행을 받았던 추억이 가득 담긴 작품이다.

맛	▶ 단맛						쓴맛
알코올 도수	▶ 낮음						높음
용도	▶	Aperitif		After dinner		All day	

LONG SHORT FROZEN

에메랄드 쿨러

Emerald Cooler

민트와 레몬의 산뜻한 맛

맑고 아름다운 에메랄드그린이 인상적인 칵테일. 그린 페퍼민트와 레몬의 산뜻한 향에 탄산의 자극이 적당히 더해져 깔끔하고 기분 좋은 맛을 낸다. 취향에 따라 레몬 조각을 짜 넣어도 맛있다.

Recipe
SHAKE

드라이 진	45ml
그린 페퍼민트	15ml
레몬 주스	15ml
설탕 시럽	15ml
탄산수	적정량

탄산수를 제외한 재료와 얼음을 셰이커에 넣고 흔들어 섞는다. 얼음을 담은 잔에 따르고 탄산수를 가득 채운 다음 가볍게 섞는다. 레몬 조각과 체리를 곁들이면 완성.

Memo

스피릿에 감귤류 재료를 넣고 탄산음료를 탄 스타일을 쿨러라고 한다. 비주얼도 한몫해서 마치 '어른들을 위한 크림 소다'처럼 보인다.

맛	▶ 단맛						쓴맛
알코올 도수	▶ 낮음						높음
용도	▶	Aperitif		After dinner		All day	

엔젤 페이스

Angel Face

사랑스러운 이름과 달리 도수는 높은 편

진의 풍미가 칼바도스의 새콤달콤함과 애프리콧 리큐어의 섬세한 단맛과 어우러져 우아한 맛을 낸다. '천사의 얼굴'이라는 사랑스러운 이름과는 달리 알코올 도수는 높은 편이다. 조금씩 마시며 차분히 즐기자.

Recipe
SHAKE

드라이 진	20ml
칼바도스	20ml
애프리콧 리큐어	20ml

얼음과 재료를 전부 셰이커에 넣고 흔들어 섞는다. 잔에 따르면 완성.

Memo

해외에서는 일반적으로 애프리콧 리큐어가 아닌 애프리콧 브랜디를 사용한다[※].

맛	단맛			■		쓴맛
알코올 도수	낮음				■	높음
용도	Aperitif	After dinner	**All day**

※ 애프리콧 리큐어와 애프리콧 브랜디에 관해서는 P8의 설명을 참조하자.

　　Original

올 오브 유

All of You

강한 알코올에 달콤한 입맛

애프리콧 리큐어의 풍미와 파인애플 주스의 달콤한 향이 진의 개성과 절묘하게 어우러진 칵테일. 기분 좋은 단맛을 내면서도 알코올 도수는 높은 편이다. 절대 과음하지 않도록 주의하자.

Recipe
SHAKE

드라이 진	30ml
애프리콧 리큐어	15ml
파인애플 주스	15ml
그레나딘 시럽	1tsp.

Memo

'당신의 모든 것'이라는 뜻을 지닌 저자의 오리지널 칵테일이다. 사랑하는 여성을 생각하며 창작했다(물론 상대는 아내!).

얼음과 재료를 전부 셰이커에 넣고 흔들어 섞는다. 잔에 따르고 체리를 장식하면 완성.

맛	단맛		■			쓴맛
알코올 도수	낮음				■	높음
용도	Aperitif	After dinner	**All day**

오렌지 블로섬

Orange Blossom

특별한 날의 아페리티프

서양에서는 결혼식 피로연 때 아페리티프(식전주)로도 자주 이용한다고. 온더록스 스타일로 응용할 수도 있다. 알코올 도수를 낮추고 싶다면 오렌지 주스의 비율을 늘리면 된다.

Recipe
SHAKE

| 드라이 진 | 30ml |
| 오렌지 주스 | 30ml |

얼음과 재료를 전부 셰이커에 넣고 흔들어 섞는다. 잔에 따르면 완성.

Memo

오렌지의 꽃말은 '순수', '사랑스러움', '신부의 기쁨'이다. 그래서 서양에서는 결혼식에서도 인기 있는 칵테일이다.

맛	단맛						쓴맛
알코올 도수	낮음						높음
용도	Aperitif	After dinner	All day

카지노

Casino

진의 매력을 맛보는 쌉쌀한 한 잔

진을 많이 넣어 알코올 도수가 매우 높은 칵테일. 드라이하고 아주 자극적인 강렬함을 자랑하는, 그야말로 어른들을 위한 칵테일이라고 할 수 있다. 오렌지 비터스의 쌉쌀함과 마라스키노의 풍미도 진을 돋보이게 한다.

Recipe
STIR

진	60ml
마라스키노	1tsp.
오렌지 비터스	2dash
레몬 주스	2dash

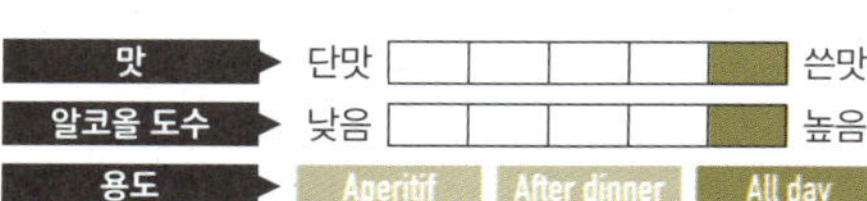

Memo

카지노라는 이름에서 도박을 연상하게 되지만, 술도 도박도 적당히!

얼음과 재료를 전부 믹싱 글라스에 넣고 저어 섞는다. 잔에 따르고 핀에 꽂은 체리를 곁들이면 완성.

맛	단맛						쓴맛
알코올 도수	낮음						높음
용도	Aperitif	After dinner	All day

슬픔이여 안녕

Kanashimiyo Sayounara

주스 같은 과일 풍미와 풍부한 깊은 맛

아마레토의 중후함과 감귤류 주스가 절묘하게 어우러진다. 아마레토 특유의 아몬드 향기도 더해져 진의 섬세함도 즐길 수 있다. 과일 풍미가 가득한 맛은 솜씨를 발휘하여 만든 요리의 아페리티프로 곁들이기에도 안성맞춤이다.

Recipe
SHAKE

드라이 진	15ml
아마레토(디사론노)	15ml
오렌지 주스	15ml
레몬 주스	15ml

얼음과 재료를 전부 셰이커에 넣고 흔들어 섞는다. 잔에 따르고 꽃을 곁들이면 완성.

Memo

칵테일의 이름은 1990년에 개봉한 미국 영화 〈록시〉의 일본어판 제목인 '슬픔이여 안녕'에서 따왔다. 마시면 슬픔이 떠나갈 것만 같은 뛰어난 맛을 자랑한다.

맛	단맛					쓴맛
알코올 도수	낮음					높음
용도	Aperitif		After dinner		All day	

카루소

Caruso

이탈리아 오페라 가수의 이름을 딴 아름다운 칵테일

19세기 말부터 20세기 초에 걸쳐 활약한 이탈리아 오페라 가수, 엔리코 카루소의 이름을 따서 만들어졌다. 그린 민트 리큐어 특유의 맑은 초록색과 산뜻한 풍미가 매력적이고, 오랜 역사가 깃든 한 잔을 즐겨 보자

Recipe
STIR

드라이 진	30ml
드라이 베르무트	15ml
그린 민트 리큐어	15ml.

얼음과 재료를 전부 믹싱 글라스에 넣고 저어 섞는다. 칵테일 잔에 따르면 완성.

Memo

엔이코 카루소는 오페라뿐만 아니라 이탈리아 민요와 대중가요도 불렀다고 한다. '산타 루치아' 같은 나폴리 민요를 들으면서 맛보면 어떨까?

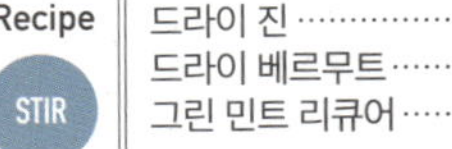

맛	단맛					쓴맛
알코올 도수	낮음					높음
용도	Aperitif		After dinner		All day	

키스 인 더 다크

Kiss In The Dark

자극적이고 향긋한 어른들을 위한 칵테일

'어둠 속에서 키스'라는 이름을 가진 낭만이 가득한 칵테일. 드라이 진의 쌉쌀하고 자극적인 맛, 체리 리큐어의 단맛을 품은 풍부한 향미, 그리고 드라이 베르무트의 깊이 있는 맛이 어우러져 아주 향긋하고 붉은 한 잔이 완성된다.

Recipe
STIR

드라이 진	20ml
드라이 베르무트	20ml
체리 리큐어	20ml

얼음과 재료를 전부 믹싱 글라스에 넣고 저어 섞는다. 잔에 따르면 완성.

Memo

정확한 시기는 알 수 없지만, 이 칵테일의 기원은 1920~1930년대라고 한다. 이 시대에 만들어진 칵테일 중에는 낭만적인 이름을 가진 것이 많다고.

맛	단맛	쓴맛
알코올 도수	낮음	높음
용도	Aperitif　After dinner　All day	

깁슨

Gibson

인기 화가가 사랑했다는 칵테일

1890년대에 활약한 인기 화가, 찰스 다나 깁슨이 좋아했다고 전해지는 칵테일. 마티니(P62)보다 진이 많이 들어가며, 드라이하고 맑은 맛이 나도록 만들기도 한다. 유리잔 바닥에서 빛나는 펄 어니언도 인상적이다.

Recipe
STIR

드라이 진	50ml
드라이 베르무트	10ml

얼음과 재료를 전부 믹싱 글라스에 넣고 저어 섞는다. 잔에 따른 다음 펄 어니언을 넣고 레몬 필을 짜 넣으면 완성.

Memo

마티니와의 차이점은 장식으로 올리브가 아닌 펄 어니언을 사용한다는 점이다. 베이스로 진 대신 보드카를 사용하면 '보드카 깁슨'이 된다.

맛	단맛	쓴맛
알코올 도수	낮음	높음
용도	Aperitif　After dinner　All day	

김렛

Gimlet

송곳 같은 높은 도수와 예리한 깔끔함

드라이 진에 신맛이 나는 라임을 더해 예리한 깔끔함을 지닌 칵테일을 '송곳'(=김렛)에 비유했다고. 들어가는 재료 수가 적고 레시피가 매우 간단해서 만드는 사람의 기술과 개성이 잘 드러나는 칵테일이라고도 할 수 있다.

Recipe
SHAKE

드라이 진	45ml
라임 주스	15ml
설탕 시럽	1tsp.

얼음과 재료를 전부 셰이커에 넣고 흔들어 섞는다. 잔에 따르면 완성.

Memo

설탕 시럽을 사용하지 않고, 라임 주스 대신 코디얼 라임 주스로 만드는 바텐더도 있다.

맛	단맛					쓴맛
알코올 도수	낮음					높음
용도		Aperitif	After dinner	All day		

퀸 엘리자베스(진 베이스)

Queen Elizabeth

호화 여객선의 이름을 딴 우아한 칵테일

칵테일의 이름은 영국의 호화 여객선 '퀸 엘리자베스호'에서 따왔다. 이름 그대로 기품 있고 우아한 칵테일이다. 이름은 같지만 브랜디 베이스인 칵테일(P184)도 있으니 바에서 주문할 때 유의하자.

Recipe
SHAKE

진	30ml
화이트 큐라소	15ml
레몬 주스	15ml
아니세트	1dash

Memo

인기 있는 화이트 레이디(P61)에 아니세트를 조금 더해 아니스의 향기가 감돌고 기품이 흐르는 칵테일이 되었다.

얼음과 재료를 전부 셰이커에 넣고 흔들어 섞는다. 잔에 따르면 완성.

맛	단맛					쓴맛
알코올 도수	낮음					높음
용도		Aperitif	After dinner	All day		

LONG SHORT FROZEN **Original**

그린 플래시

Green Flash

푸르른 낙원이 느껴지는 화사하고 신선한 맛

화려한 과일과 신선한 민트가 선사하는 하모니는 그야말로 푸르른 낙원을 연상시키는 맛. 집에서 리조트 기분을 만끽할 수 있어 조금 피곤할 때도 분명 몸과 마음에 기운을 북돋아 줄 것이다.

Recipe / SHAKE

드라이 진(비피터)	30ml
멜론 리큐어(미도리)	30ml
바나나 리큐어	10ml
코코넛 밀크	30ml
그린 민트 리큐어	2tsp.

얼음과 재료를 전부 셰이커에 넣고 흔들어 섞는다. 크러시드 아이스(잘게 부순 얼음)를 채운 잔에 따른 다음 라임 조각과 민트 잎을 장식하고 빨대를 꽂으면 완성.

Memo

1984년 산토리 칵테일 콘테스트에서 대상을 수상한 작품. 부상으로 받은 뉴욕 여행에서 금주법 시대부터 영업해온 바를 방문했다.

맛	단맛						쓴맛
알코올 도수	낮음						높음
용도	Aperitif	After dinner	All day

LONG SHORT FROZEN

클로버 클럽

Clover Club

해외에서 매우 인기 있는 새콤달콤 클럽 칵테일

만찬 자리에서 오르되브르(전채 요리)나 수프 대용으로 이용하는 클럽 칵테일의 대표로 이 칵테일을 꼽는다. 색이 산뜻하고 단맛과 신맛이 잘 어우러져 식사와 궁합이 아주 잘 맞는다. 다양한 음식의 맛을 돋보이게 해 준다.

Recipe / SHAKE

드라이 진	45ml
라임 주스	15ml
그레나딘 시럽	15ml
달걀흰자	1개 분량

얼음과 재료를 전부 셰이커에 넣고 흔들어 섞는다. 잔에 따르면 완성.

Memo

민트 잎을 장식하면 '클로버 리프', 달걀흰자를 달걀노른자로 바꾸면 '로열 클로버 클럽'이라는 칵테일이 된다.

맛	단맛						쓴맛
알코올 도수	낮음						높음
용도	Aperitif	After dinner	All day

골든 피즈

Golden Fizz

진한 맛이 매력적인 피즈

진 피즈(P43)의 변형 중 하나로 황금빛이 아름다운 칵테일. 진과 레몬 주스를 섞은 상쾌한 풍미에 달걀노른자를 더하여 진한 맛을 냈다.

Recipe
SHAKE

드라이 진	45ml
레몬 주스	20ml
설탕 시럽	20ml
달걀노른자	1개 분량
탄산수	적당량

Memo

설탕 시럽 등의 양으로 단맛이나 신맛을 조절하여 취향에 맞는 맛을 한번 찾아 보자.

탄산수를 제외한 재료와 얼음을 셰이커에 넣고 흔들어 섞는다. 얼음을 담은 잔에 따르고 차가운 탄산수를 채워 가볍게 섞는다. 체리와 레몬 슬라이스를 장식하면 완성.

맛	단맛	▢▢▧▢	쓴맛
알코올 도수	낮음	▢▢▧▢	높음
용도	Aperitif	After dinner	**All day**

사우스사이드

South Side

레몬과 민트로 가득 채운 상쾌함

미국 금주법 시대에 시카고의 사우스사이드 지역에서 만들어졌다고 한다. 이 지역을 거점으로 삼은 갱이 품질이 낮은 진의 풍미를 부드럽게 만들고자 민트를 넣었다. 그 밖에 뉴욕의 '21 클럽'에서 만들어졌다는 설도 있다.

Recipe

SHAKE

진	45ml
레몬 주스	15ml
설탕 시럽	1tsp.

Memo

모히토(P158)처럼 롱 드링크 스타일로 만들기도 한다.

얼음과 재료를 전부 셰이커에 넣고 흔들어 섞는다. 잔에 따르고 민트를 곁들이면 완성.

맛	단맛	▢▢▢▧▢	쓴맛
알코올 도수	낮음	▢▢▢▧▢	높음
용도	Aperitif	After dinner	**All day**

자자

Zaza

향이 풍부한 듀보네를 사용한 묵직한 칵테일

재료로 들어가는 가향 와인(flavored wine)은 세계적으로 유명한 식전주, 듀보네를 사용한다. 짙고 좋은 향이 감도는 맛을 즐길 수 있다. 알코올 도수가 높아 묵직하며 풍부한 와인 향도 퍼진다.

Recipe		
STIR	드라이 진 ··················	40ml
	듀보네 ·····················	20ml
	앙고스투라 비터스········	1dash

Memo

취향에 따라 진과 듀보네를 같은 양으로 넣어도 맛있게 만들어진다.

얼음과 재료를 전부 믹싱 글라스에 넣고 저어 섞는다. 잔에 따르면 완성.

맛	단맛				■		쓴맛
알코올 도수	낮음					■	높음
용도		Aperitif	After dinner	All day

실버 피즈

Silver Fizz

진 피즈의 변형 칵테일 중 하나

진 피즈(P43)에 달걀흰자를 더하면 실버 피즈, 달걀노른자를 더하면 골든 피즈, 달걀 한 개를 전부 넣으면 로열 피즈가 된다. 달걀흰자를 사용하는 실버 피즈는 선명한 광택과 크리미한 입맛을 즐길 수 있는 귀중한 칵테일이다.

Recipe		
SHAKE	진 ·························	40ml
	레몬 주스 ···············	20ml
	설탕 시럽 ···············	2tsp.
	달걀흰자 ···············	1개 분량

Memo

달걀은 잘 상하므로 실버 피즈에 이어 골든 피즈를 주문하면 바텐더가 좋아할 것이다.

얼음과 재료를 전부 셰이커에 넣고 흔들어 섞는다. 얼음이 든 잔에 따르고, 취향에 따라 레몬 등을 장식하면 완성.

맛	단맛		■				쓴맛
알코올 도수	낮음			■			높음
용도		Aperitif	After dinner	All day

LONG **SHORT** FROZEN

진 앤드 잇

Gin & It

마티니의 원형이 된 심플한 칵테일

마티니(P62)의 원형이라고 불리는 심플하고 고전적인 칵테일. 진의 달지 않아 깔끔한 맛과 베르무트의 풍부한 향기를 차분히 만끽하기 좋다. 제빙기가 없던 시대에 만들어진 칵테일이어서 상온에 둔 재료를 사용하여 만드는 가게도 있다.

Recipe
STIR

드라이 진	30ml
스위트 베르무트	30ml

얼음과 재료를 전부 믹싱 글라스에 넣고 저어 섞는다. 잔에 따르면 완성.

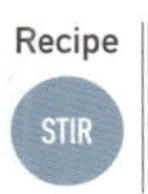

Memo

'잇'은 이탈리안 베르무트의 약자다. 당시 이탈리아에서는 스위트 베르무트가 주류였다. 참고로 프렌치 베르무트는 드라이 베르무트를 가리킨다.

맛	단맛					쓴맛
알코올 도수	낮음					높음
용도		Aperitif	After dinner	All day		

LONG SHORT FROZEN

싱가포르 슬링

Singapore Sling

명문 호텔에서 노을을 보며 잠기는 추억

싱가포르의 래플스 호텔에서 만들어져 세계적으로 유명해진 칵테일이다. '세계에서 가장 아름답다'라고 일컫는 호텔의 노을을 그리며 향이 좋고 그러데이션도 아름다운 한 잔을 차분히 맛보자.

Recipe
SHAKE

드라이 진	45ml
레몬 주스	20ml
설탕 시럽	10ml
체리 리큐어	10ml
탄산수	적당량

드라이 진, 레몬 주스, 설탕 시럽과 얼음을 셰이커에 넣고 흔들어 섞는다. 얼음을 담은 잔에 따르고 탄산수로 채운다. 체리 리큐어를 조심히 따라 그러데이션을 만든다. 레몬과 체리를 곁들이면 완성.

Memo

세계적으로는 재료가 여덟 가지나 들어가는 오리지널 버전(P40)이 아닌, 이 레시피가 대중적으로 자리 잡았다.

맛	단맛					쓴맛
알코올 도수	낮음					높음
용도		Aperitif	After dinner	All day		

싱가포르 슬링(래플스 호텔 오리지널 버전)

Singapore Sling

전 세계적으로 인기 있는 칵테일의 오리지널 레시피

'싱가포르 슬링'이라는 이름이 붙은 칵테일은 여럿 존재하지만, 래플스 호텔의 오리지널 레시피가 원조다. 많은 재료를 사용하고 파인애플로 화려한 색을 낸다. 구할 수 있다면 호텔에서 사용하는 잔도 갖추어 보자.

Recipe　**SHAKE**

드라이 진(고든스)	30ml
화이트 큐라소(쿠앵트로)	7.5ml
베네딕틴	7.5ml
파인애플 주스	120ml
라임 주스	15ml
체리 히어링	15ml
그레나딘 시럽	10ml
앙고스투라 비터스	1dash

얼음과 재료를 전부 셰이커에 넣고 흔들어 섞는다. 얼음을 담은 잔에 따른 다음 슬라이스한 파인애플과 체리를 장식하고 빨대를 꽂으면 완성.

Memo

래플스 호텔의 롱 바에서는 땅콩(껍질 있는 땅콩) 무한 리필이 가능하다. 껍데기는 바닥에 버리는 것이 그 바의 전통 방식이다.

맛	단맛						쓴맛
알코올 도수	낮음						높음
용도		Aperitif		After dinner		All day	

진진뮬

Ginginmule

비교적 새롭고 세계적으로도 인기 있는 칵테일

모스코 뮬(P125)의 베이스를 보드카에서 진으로 변형한 칵테일. 2000년 뉴욕의 바 '페구 클럽'에서 만들어졌다고 한다. '진진'은 진을 더블로 사용하는 데서 유래했다.

Recipe　**BUILD**

진	45ml
라임 주스	15ml
진저에일(또는 진저 비어)	적당량

Memo

진저 비어를 사용한다면 '피버트리'를 추천한다.

얼음을 담은 머그잔에 진과 라임 주스를 따르고 진저에일로 채워 가볍게 섞는다. 라임 조각을 짠 다음 그대로 컵에 넣으면 완성.

맛	단맛						쓴맛
알코올 도수	낮음						높음
용도		Aperitif		After dinner		All day	

LONG SHORT FROZEN

진 슬링

Gin Sling

간단한 재료로 만드는 슬링

'슬링'이란 롱 드링크 스타일의 일종으로, 레몬 주스 등을 이용하기도 한다. 이 레시피는 드라이 진과 시럽, 탄산수만 사용하여 심플하게 만들었다. 탄산수 대신 뜨거운 물을 부어 따뜻하게 마실 수도 있다.

Recipe BUILD

드라이 진	45ml
설탕 시럽	1tsp.
탄산수	적당량

얼음을 담은 잔에 드라이 진과 설탕 시럽을 넣는다. 잘 섞은 다음 탄산수로 채우면 완성.

Memo

진 슬링은 19세기에 인기가 높아져 영국에서 아시아 등으로 퍼져나갔다. '싱가포르 슬링'의 기원이 된 칵테일이라고도 한다.

맛	단맛			■		쓴맛
알코올 도수	낮음				■	높음
용도		Aperitif	After dinner	**All day**	

LONG SHORT FROZEN

진 토닉

Gin & Tonic

전 세계에서 사랑받는 스탠더드 칵테일

전 세계에서 즐겨 마시는 가장 인기 있는 칵테일. 더운 날이나 운동해서 땀을 흘린 뒤에도 "일단 진 토닉부터 주세요"라고 주문하고 싶어지는 상쾌함이 매력적이다. 라임이 없을 때는 레몬을 대신 사용해도 된다.

Recipe BUILD

드라이 진	45ml
토닉 워터	적당량

얼음을 담은 잔에 드라이 진을 따르고 차가운 토닉 워터로 채운다. 가볍게 섞은 다음 라임 조각을 장식하면 완성.

Memo

진 토닉보다 단맛을 줄인 '진 소닉'이라는 칵테일도 있다. 토닉과 탄산수를 반씩 채워 만든다. 탄산수를 뜻하는 소다의 '소'와 토닉의 '닉'을 합쳐 '진 소닉'이라고 한다.

맛	단맛		■			쓴맛
알코올 도수	낮음		■			높음
용도		Aperitif	After dinner	**All day**	

LONG   SHORT   FROZEN

짐 바질 스매시
Gin Basil Smash

세계적인 인기를 자랑하는 허브 칵테일

2008년 독일 함부르크의 바텐더가 고안했다. 2010년대에는 바 업계의 최대급 페스티벌 'Tales of the Cocktail'에서 베스트 뉴 칵테일을 수상했다. 싱그러운 바질 향이 나는 인기 있는 칵테일이다.

Recipe
SHAKE

진	45ml
레몬 주스	15ml
설탕 시럽	10ml
바질 잎	몇 장

셰이커에 바질 잎을 넣고 으깬다. 다른 재료를 전부 넣은 다음 흔들어 섞는다. 크러시드 아이스를 담은 잔에 따르고 바질 잎으로 장식하면 완성.

맛	단맛			■		쓴맛
알코올 도수	낮음			■		높음
용도	Aperitif	After dinner	**All day**			

LONG   SHORT   FROZEN

진 벅
Gin Buck

여름에 즐기고 싶은 풍부한 청량감

'벅'이란 진저에일과 과즙을 넣은 롱 칵테일 스타일의 일종이다. 진저에일의 상쾌한 단맛과 레몬 주스의 산뜻한 산미가 진과 어우러져 청량감이 가득하다. 한여름에 맛보면 더욱더 특별하게 다가온다.

Recipe
BUILD

드라이 진	45ml
레몬 주스	20ml
진저에일	적당량

Memo

진저에일에도 단맛이 강한 제품과 매운 생강 맛이 강한 제품이 있다. 어느 제품을 사용하느냐에 따라 결과물이 상당히 달라진다.

얼음을 담은 잔에 드라이 진과 레몬 주스를 따른다. 차가운 진저에일을 따르고 가볍게 섞은 다음 레몬을 장식하면 완성.

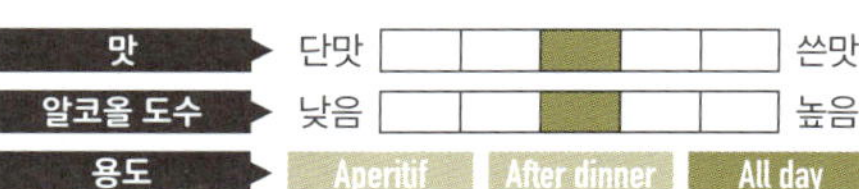

맛	단맛			■		쓴맛
알코올 도수	낮음			■		높음
용도	Aperitif	After dinner	**All day**			

진 비터스

Gin & Bitters

드라이 진을 돋보이게 하는 쌉쌀함

19세기 영국의 해군 장교들이 식전주로 마셨다고 한다. 앙고스투라 비터스의 쌉싸름한 맛이 진을 돋보이게 해 맛이 깔끔하다. 알코올 도수도 40도가 넘어 높다. 저어 섞는 방식으로 만들면 '핑크 진'이 된다.

Recipe
BUILD

드라이 진 ·······················1glass
앙고스투라 비터스 ··············2dash

Memo

'진 비터스'와 '핑크 진'을 똑같은 칵테일로 취급하는 가게와 바텐더도 많다.

앙고스투라 비터스를 잔에 따르고 차가운 드라이 진을 부으면 완성.

맛	단맛				쓴맛
알코올 도수	낮음				높음
용도	Aperitif	After dinner	All day		

진 피즈

Gin Fizz

산뜻하고 상쾌한 맛

'피즈'란 탄산수를 따랐을 때 나는 "쏴" 하는 소리를 표현한 말이다. 재료를 흔들어 섞은 다음 탄산수를 채우기만 하면 되는 심플한 칵테일로, 그 대표 격이 진 피즈다. 청량감이 가득한 맛에 기분이 좋아진다.

Recipe
SHAKE

드라이 진 ·······················45ml
레몬 주스 ·······················20ml
설탕 시럽 ·······················10ml
탄산수 ·························적당량

Memo

재료에 우유(30ml)를 더한 '모닝 진 피즈'도 인기 있다. 거품이 잘 나고 부드러우며 맛이 독특한 칵테일이다. '모닝 피즈'라고도 한다.

탄산수를 제외한 재료를 전부 셰이커에 넣고 흔들어 섞는다. 얼음을 담은 잔에 따르고 탄산수로 채운다. 가볍게 섞은 다음 레몬 슬라이스와 체리를 장식하면 완성.

맛	단맛				쓴맛
알코올 도수	낮음				높음
용도	Aperitif	After dinner	All day		

LONG SHORT FROZEN

LONG SHORT FROZEN   ▼ Original

미안했던 추억

Sinful Memory

쌉쌀함과 달콤함이 어우러져 안주와도 찰떡궁합

'미안했던 추억(sinful memory)'으로 이름 붙인 이 칵테일은 복숭아 풍미와 아마레토의 아몬드 풍미가 어우러져 낭만적인 향을 자아낸다. 드라이한 쌉쌀함과 단맛의 균형도 좋아 다양한 안주와 잘 어울린다.

Recipe
SHAKE

드라이 진(고든스)	30ml
피치 리큐어(피치트리)	10ml
아마레토(디사론노)	10ml
라임 주스	10ml
그레나딘 시럽(모닌)	1tsp.

Memo

1989년 '바텐더 기능 콩쿠르 간토·도카이대회'에서 금상을 수상한 작품이다.

얼음과 재료를 전부 셰이커에 넣고 흔들어 섞는다. 잔에 따르고 꽃을 장식하면 완성. 꽃이 없다면 체리를 사용해도 좋다.

맛	▶	단맛						쓴맛
알코올 도수	▶	낮음						높음
용도	▶	Aperitif		After dinner		All day

LONG SHORT FROZEN

진 라임

Gin & Lime

단맛이 적고 라임 향이 나는 칵테일

라임의 상큼한 풍미가 기분 좋은 칵테일. 진과 라임 주스를 흔들어 섞는 김렛(P35)과 달리 이 칵테일은 옛날 그대로 코디얼 라임 주스로 만들었다.

Recipe
BUILD

드라이 진	45ml
코디얼 라임 주스	15ml
라임	한 조각

Memo

무가당 라임 주스를 사용한 진 라임도 인기가 있지만, "진 라임 하면 코디얼이지" 하는 사람도 여전히 많다. 그 유명한 록 가수 야자와 에이키치도 "진 라임은 이 맛이지"라고 말했다.

얼음을 담은 잔에 드라이 진과 코디얼 라임 주스를 따르고 가볍게 섞는다. 라임 조각을 곁들이면 완성.

맛	▶	단맛						쓴맛
알코올 도수	▶	낮음						높음
용도	▶	Aperitif		After dinner		All day

진 리키

Gin Rickey

신선한 라임 맛이 상쾌한 칵테일

'리키'란 스피릿에 라임 과즙과 과육, 탄산수를 넣어 만드는 칵테일의 한 스타일이다. 잔 속에 든 라임을 머들러로 으깨면 취향에 맞게 신맛 정도를 조절하며 즐길 수 있다. 베이스를 보드카나 럼으로 만드는 리키도 인기 있다.

Recipe
BUILD

드라이 진	45ml
탄산수	적당량
라임	1/2개

Memo

진을 사용한 대표적인 롱 칵테일 중 단맛이 적은 순대로 꼽자면, 진 리키, 진 소닉, 진 토닉(P41), 진 벅(P42)이라고 한다.

얼음을 담은 잔에 드라이 진을 따르고 차가운 탄산수로 채운다. 가볍게 섞은 다음 라임 조각을 가라앉히면 완성.

맛	단맛					쓴맛
알코올 도수	낮음					높음
용도		Aperitif	After dinner	All day

스위트 마티니

Sweet Martini

부드러운 단맛이 퍼지는 마티니

마티니(P62)에서 드라이 베르무트를 스위트 베르무트로 바꾸어 만든 칵테일. 스위트 베르무트의 단맛이 퍼지며 일반적인 마티니보다 부드럽고 순한 맛을 낸다. 느긋하게 쉬면서 한 잔 마시고 싶어진다.

Recipe
STIR

드라이 진	40ml
스위트 베르무트	20ml

Memo

한때 서로 더 드라이한 마티니를 찾으며 칵테일을 잘 아는 척하던 사람들이 바를 장악하던 시절이 있었다. 그 원점으로 다시 돌아가 보기에 그만인 한 잔이다.

진과 스위트 베르무트, 얼음을 믹싱 글라스에 넣고 저어 섞는다. 칵테일 잔에 따른 다음 체리를 곁들인다. 마지막에 레몬 필을 짜 넣어 향을 입히면 완성.

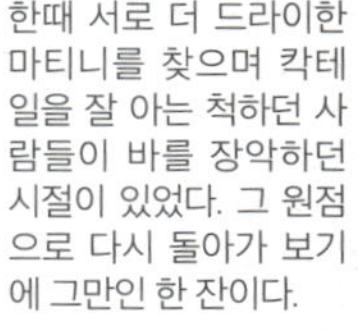

맛	단맛					쓴맛
알코올 도수	낮음					높음
용도		Aperitif	After dinner	All day

스캔들

Scandal

마시는 예술품 같은 관능적인 칵테일

석류 과즙으로 만들어 선명한 붉은색을 띤 그레나딘 시럽에 핑크 그래뉴당으로 만든 스노 스타일. 일단 그 예술품 같은 비주얼에 푹 빠져 보자.

Recipe
SHAKE

드라이 진	30ml
아마레토	10ml
오렌지 주스	20ml
크렘 드 카시스	1tsp.
그레나딘 시럽	1tsp.

미리 그레나딘 시럽으로 잔 테두리의 반을 적시고 그래뉴당으로 스노 스타일을 만들어 둔다. 얼음과 재료를 전부 셰이커에 넣고 흔들어 섞는다. 잔에 따르면 완성.

Memo

1985년 일본 전국 칵테일 콘테스트에서 금상을 수상한 작품. 스노 스타일로 연출한 잔은 여성이 보내는 달콤한 유혹을 립스틱처럼 표현한 것이다.

맛	단맛					쓴맛
알코올 도수	낮음					높음
용도	Aperitif	After dinner	All day

스나이퍼

Sniper

마음를 저격하는 강인한 바디감

스나이퍼는 '저격수'를 뜻한다. 이름 그대로 강인한 바디가 느껴진다. 상쾌한 맛 속에 알싸한 쓴맛이 느껴져 균형이 잘 잡혀 있다. 풋사과의 풍미가 느껴지는 뒷맛도 좋다.

Recipe
SHAKE

진	30ml
화이트 큐라소	10ml
그린 애플(리큐어 혹은 시럽)	10ml
자몽 주스	10ml
라임 주스	1tsp.

Memo

이 칵테일은 강사로 초빙되었을 때 저자가 고안했다.

얼음과 재료를 전부 셰이커에 넣고 흔들어 섞는다. 잔에 따르고 오렌지 필과 라임 필, 체리를 장식하면 완성.

맛	단맛					쓴맛
알코올 도수	낮음					높음
용도	Aperitif	After dinner	All day

LONG **SHORT** FROZEN

스모키 마티니

Smoky Martini

진×위스키로 만든 드라이한 칵테일

마티니(P62)에서 파생된 칵테일로, 드라이 베르무트 대신 스카치 위스키를 진과 섞는다. 스카치 위스키의 스모키한 풍미를 만끽할 수 있는, 어른들을 위한 드라이한 칵테일이다.

Recipe
STIR

| 드라이 진 | 45ml |
| 스카치 위스키 | 15ml |

얼음을 담은 믹싱 글라스에 재료를 전부 따른 다음 가볍게 섞는다. 칵테일 잔에 따르면 완성. 올리브를 넣거나 레몬 필을 짜 넣기도 한다.

Memo

위스키는 아일러 몰트를 사용하기도 한다. 이때는 '아일러 마티니'라는 별명으로 부른다.

맛	단맛				쓴맛
알코올 도수	낮음				높음
용도	Aperitif	After dinner	All day

LONG **SHORT** FROZEN

세븐스 헤븐

Seventh Heaven

돋보이는 민트 체리와 최고의 행복을 그린 칵테일

세븐스 헤븐의 이름은 최고위 천사가 산다는 '일곱 개로 나뉜 천국의 최상층'에서 따왔다. 마라스키노(체리 리큐어)와 자몽 주스가 진의 풍미를 돋보이게 한다. 알코올 도수는 높은 편이다.

Recipe
SHAKE

드라이 진	50ml
마라스키노	10ml
자몽 주스	1tsp.

얼음과 재료를 전부 셰이커에 넣고 흔들어 섞는다. 잔에 따르고 민트 체리를 가라앉히면 완성.

Memo

마라스키노는 체리의 종자를 원료로 만든 리큐어. 주요 산지로는 이탈리아 북부와 슬로베니아, 크로아티아 등이 유명하다.

맛	단맛				쓴맛
알코올 도수	낮음				높음
용도	Aperitif	After dinner	All day

탱고

Tango

마치 정열적인 탱고와도 같은 맛

파리에 있는 바 '해리스 뉴욕'의 오너, 해리 맥켈혼이 고안했다. 진과 베르무트의 강렬함과 감미로움을 정열적인 춤인 탱고에 비긴 칵테일이다.

Recipe
SHAKE

드라이 진	20ml
드라이 베르무트	10ml
스위트 베르무트	10ml
오렌지 주스	10ml
오렌지 큐라소	2dash

얼음과 재료를 전부 셰이커에 넣고 흔들어 섞는다. 잔에 따르면 완성.

Memo

탱고 하면 본고장 아르헨티나의 '아르헨티나 탱고'가 유명하다. 남녀가 열정적으로 춤을 추는 모습을 보고 있자면 정말 이 칵테일 같은 섹시함이 느껴진다.

맛	▶	단맛						쓴맛
알코올 도수	▶	낮음						높음
용도	▶	Aperitif	After dinner	All day

텍사스 피즈

Texas Fizz

선명한 오렌지를 담은 상큼한 피즈

진 피즈(P43)에서 파생된 칵테일이다. 오렌지 주스를 더하여 달콤하고 상큼하게 마무리한다. 미국 텍사스주 상징색인 '번트 오렌지(Burnt Orange)'에서 이름을 따 왔다고 한다.

Recipe
SHAKE

드라이 진	45ml
오렌지 주스	20ml
설탕 시럽	2tsp.
탄산수	적당량

탄산수를 제외한 재료와 얼음을 셰이커에 넣고 흔들어 섞는다. 얼음을 담은 잔에 따르고 차가운 탄산수를 채워 가볍게 섞는다. 체리와 자른 오렌지 등을 장식하면 완성.

Memo

가벼운 홈 파티에서 이 칵테일을 대접하면 틀림없이 더 좋은 호스트로 기억될 것이다.

맛	▶	단맛						쓴맛
알코올 도수	▶	낮음						높음
용도	▶	Aperitif	After dinner	All day

LONG **SHORT** **FROZEN**   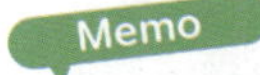 Original

디자이어

Desire

더없이 행복한 시간, 욕망하는 어른들의 칵테일

은은한 진의 풍미와 허브 리큐어 베네딕틴의 묵직한 향기가 잘 어우러진 어른들을 위한 칵테일. 감귤류 리큐어와 주스를 더하여 살짝 달콤하고도 섬세한 맛이 입안을 채운다.

Recipe
SHAKE

드라이 진	30ml
베네딕틴	10ml
프랑부아즈 리큐어	10ml
오렌지 주스	10ml
레몬 주스	10ml

Memo

일본 가수 나카모리 아키나의 팬인 저자가 그녀의 곡을 들으면서 창작한 칵테일이다.

얼음을 담은 믹싱 글라스에 재료를 전부 따른 다음 가볍게 섞는다. 칵테일 잔에 따르면 완성. 올리브를 넣거나 레몬 필을 짜 넣기도 한다.

맛	단맛					쓴맛
알코올 도수	낮음					높음
용도	Aperitif		After dinner		All day	

LONG **SHORT** **FROZEN**

데저트 힐러

Desert Healer

사막의 오아시스 같이 주스처럼 마시는 칵테일

데저트 힐러란 '사막의 치료사'라는 뜻이다. 오렌지 주스의 달콤함과 진저에일의 청량감이 상쾌해서 부담 없이 마시기 좋다. 사막에서 메마른 목을 축이듯 벌컥벌컥 마실 수 있는 롱 칵테일이다.

Recipe
SHAKE

드라이 진	30ml
체리 리큐어	20ml
오렌지 주스	20ml
진저에일	적당량

Memo

사막은 극도로 건조해서 생물이 거의 활동할 수 없는 땅이다.

진저에일를 제외한 재료와 얼음을 셰이커에 넣고 흔들어 섞는다. 얼음을 담은 잔에 따르고 진저에일로 채운다. 가볍게 섞으면 완성.

맛	단맛					쓴맛
알코올 도수	낮음					높음
용도	Aperitif		After dinner		All day	

톰 콜린스

Tom Collins

전 세계적으로 사랑받는 상큼한 칵테일

1862년에 출판된 칵테일북에도 실린 역사 깊은 롱 칵테일. 레몬의 신맛과 시럽의 단맛, 거기에 탄산수의 상쾌함이 어우러져 간단하면서도 부담 없이 마시기 좋다. 더운 계절에 벌컥벌컥 마시고 싶은 칵테일이다.

Recipe
SHAKE

드라이 진	45ml
레몬 주스	20ml
설탕 시럽	2tsp.
탄산수	적당량

탄산수를 제외한 재료와 얼음을 셰이커에 넣고 흔들어 섞는다. 얼음을 담은 잔에 따르고 탄산수로 채운다. 가볍게 섞은 다음 레몬 슬라이스와 체리를 곁들이면 완성.

Memo

드라이 진보다 조금 더 단맛이 나는 올드 톰 진을 사용하면 더욱 클래식한 칵테일로 만들 수 있다. 꼭 한번 마셔보자.

맛	단맛					쓴맛
알코올 도수	낮음					높음
용도		Aperitif	After dinner	All day

네그로니

Negroni

캄파리의 쌉쌀함이 식욕을 돋우는 식전주

이탈리아 피렌체에 있는 레스토랑 '카소니'에 다니던 식도락가, 네그로니 백작이 즐겨 마셨다는 칵테일. 캄파리의 쌉싸름한 맛과 베르무트의 단맛이 어우러진 오묘한 맛을 얼음을 녹이면서 차분히 즐겨 보자.

Recipe
BUILD

드라이 진	20ml
캄파리	20ml
스위트 베르무트	20ml

Memo

해외에서 인기가 높아 외국인 관광객들 대부분이 주문하는 칵테일이다.

얼음을 담은 잔에 재료를 전부 넣고 잘 섞는다. 오렌지를 장식하면 완성.

맛	단맛					쓴맛
알코올 도수	낮음					높음
용도	Aperitif	After dinner	All day

LONG　**SHORT**　FROZEN

녹아웃

Knock Out

이 칵테일을 마시면 반드시 녹아웃된다!?

일설에 의하면, 1927년에 세계 복싱 선수권 대회 헤비급에서 거둔 승리를 축하하는 자리에서 만들어졌다고 하는 쇼트 칵테일이다. 알코올 도수가 높은 재료들을 조합했기 때문에 마시면 강한 자극이 덮치며 녹아웃될 것만 같다.

Recipe

SHAKE

드라이 진	20ml
드라이 베르무트	20ml
페르노	20ml
화이트 민트 리큐어	1tsp.

Memo

이 경기에서는 잭 뎀프시가 진 터니를 상대로 승리했다.

얼음과 재료를 전부 셰이커에 넣고 흔들어 섞는다. 잔에 따르면 완성.

맛	단맛						쓴맛
알코올 도수	낮음						높음
용도	Aperitif		After dinner		All day		

LONG　**SHORT**　FROZEN　　🍸 Original

패션

Passion

정열적인 색과 맛, 저자의 오리지널 칵테일

베이스로 사용한 드라이 진과 브랜디 베이스로 만든 리큐어 베네딕틴이 깊은 맛을 자아낸다. 빨간색을 띤 카시스로 정열을 표현하고 라임의 산미가 상쾌함을 실어 나르며 보기보다 훨씬 드라이한 칵테일이다.

Recipe

SHAKE

드라이 진(탱커레이)	30ml
베네딕틴	10ml
크렘 드 카시스	10ml
라임 주스	10ml

Memo

1992년 'HBA/MHD 공동개최 칵테일 대회'에서 준우승한 작품이다※.

얼음과 재료를 전부 셰이커에 넣고 흔들어 섞는다. 잔에 따르면 완성.

맛	단맛						쓴맛
알코올 도수	낮음						높음
용도	Aperitif		After dinner		All day		

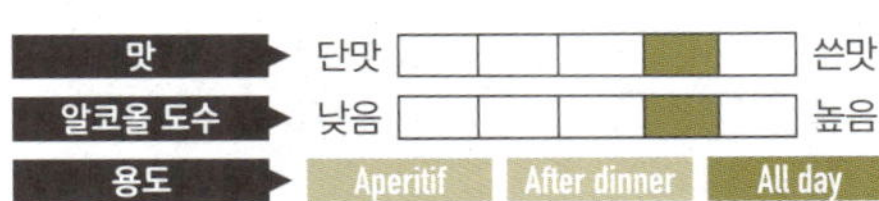

※ HBA ······ 일본 호텔바맨즈협회
　 MHD ······ 모엣 헤네시 디아지오

LONG **SHORT** FROZEN

바텐더

Bartender

복잡한 맛을 즐기는 어른들을 위한 식전주

바텐더란 '바 = 횃대(술집에 놓인 카운터)'와 '텐더 = 상냥한(사람)'
이라는 의미※를 가진 합성어로, 술집의 책임자를 말한다. 진과 가
향 와인(flavored wine)이 만들어 내는 오묘한 맛에 즐거워진다.

※ 해석에는 여러 가지 설이 있다.

Recipe
STIR

드라이 진	15ml
드라이 셰리	15ml
드라이 베르무트	15ml
듀보네	15ml
그랑 마르니에	1dash

Memo

만들기 쉽지 않아 바텐
더를 애먹이는 칵테일
이지만, 각 재료를 1/4
씩만 넣으면 되는 레시
피여서 외우기는 쉽다.

믹싱 글라스에 얼음과 재료를 전부 넣고 저어
섞는다. 잔에 따르면 완성.

맛	단맛				■		쓴맛
알코올 도수	낮음				■		높음
용도		**Aperitif**	After dinner	All day

LONG **SHORT** FROZEN   ▼ **Original**

하트브레이크

Heartbreak

마음의 피로를 풀어주는 상쾌한 칵테일

그린 애플과 라임의 상큼함에 진이 주는 자극을 살짝 더한 칵테
일. 실연해서 마음이 지친 날에 아페리티프로 즐기기를 추천한다.
산뜻한 입맛이 기운을 북돋아 줄 것이다.

Recipe
SHAKE

드라이 진	30ml
그린 애플 리큐어(르제)	15ml
라임 주스	15ml

Memo

칵테일의 이름은 하
트브레이크(=실연)이
지만, 그 맛있는 맛
에 마음도 치유될 것
이다.

얼음과 재료를 전부 셰이커에 넣고 흔들어 섞는
다. 잔에 따르면 완성.

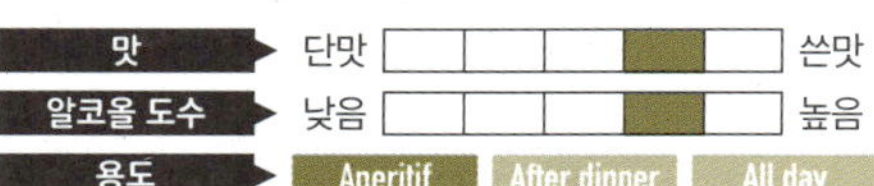

맛	단맛				■		쓴맛
알코올 도수	낮음				■		높음
용도		**Aperitif**	After dinner	All day

LONG **SHORT** FROZEN

퍼펙트 레이디

Perfect Lady

진, 복숭아, 레몬, 달걀흰자가 만들어 내는 오묘한 맛

1936년 영국 바텐더협회에서 주최한 칵테일 대회에서 우승한 S. 콕스가 고안했다. 유백색을 띠고 맛이 부드러워 '완벽한 여성'이라는 이름처럼 여성에게도 추천하고 싶은 칵테일이다.

Recipe SHAKE

드라이 진	30ml
피치 리큐어	15ml
레몬 주스	15ml
달걀흰자	1tsp.

Memo

달걀흰자를 넣어 거품이 잘 나고 입맛도 매끄럽고 순해진다.

얼음과 재료를 전부 셰이커에 넣고 흔들어 섞는다. 잔에 따르면 완성.

맛	단맛 ▢▢▢▣▢ 쓴맛
알코올 도수	낮음 ▢▢▢▣▢ 높음
용도	Aperitif　After dinner　**All day**

LONG **SHORT** FROZEN

파라다이스

Paradise

오렌지를 사용한 칵테일계의 걸작

1922년 런던에서 출간된 칵테일북에 실린, 세계적으로도 인기가 높은 칵테일이다. 오렌지 주스의 새콤달콤함이 애프리콧 리큐어, 드라이 진과 훌륭한 균형을 이룬다. 낙원 같은 맛을 즐길 수 있다.

Recipe SHAKE

드라이 진	30ml
애프리콧 리큐어	15ml
오렌지 주스	15ml

Memo

어느 누가 마셔도 '맛있다!'라고 느끼는, 모두가 좋아하는 칵테일이다.

얼음과 재료를 전부 셰이커에 넣고 흔들어 섞는다. 잔에 따르면 완성.

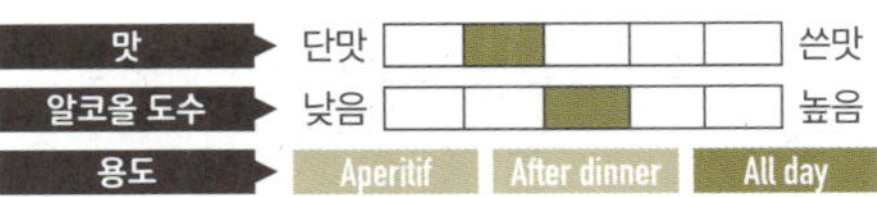

맛	단맛 ▢▣▢▢▢ 쓴맛
알코올 도수	낮음 ▢▢▣▢▢ 높음
용도	Aperitif　After dinner　**All day**

파리지앵

Parisian

파리가 떠오르는 우아하고 세련된 칵테일

마티니(P62)에 프랑스산 리큐어 크렘 드 카시스를 더한 우아한 칵테일. 파리지앵은 '파리의 남성'이라는 뜻이다. 진이 주는 자극과 베르무트와 카시스의 우아함을 겸비했다.

Recipe
STIR

드라이 진	30ml
드라이 베르무트	15ml
크렘 드 카시스	15ml

Memo

셰이크로 만들기도 하며, 그러면 맛이 더욱 순해진다.

믹싱 글라스에 얼음과 재료를 전부 넣고 저어 섞는다. 잔에 따르면 완성.

맛	단맛					쓴맛
알코올 도수	낮음					높음
용도	Aperitif	After dinner	All day

하와이안

Hawaiian

오렌지×오렌지로 표현한 하와이

오렌지 주스와 오렌지 큐라소, 그야말로 오렌지 일색인 트로피컬한 쇼트 칵테일이다. 깔끔한 드라이 진과의 조합으로 절묘한 달콤함과 쌉싸름함을 선사한다. 부담 없이 마시기 좋다.

Recipe
SHAKE

진	30ml
오렌지 주스	30ml
오렌지 큐라소	1stp.

Memo

이 칵테일과는 별개로 하와이에서 즐기는 프로즌 계열, 예쁜 사진 찍기 좋은 칵테일을 총칭하여 '하와이안 칵테일'이라고 부르기도 하니 유의하자.

얼음과 재료를 전부 셰이커에 넣고 흔든다. 잔에 따르면 완성.

맛	단맛					쓴맛
알코올 도수	낮음					높음
용도	Aperitif	After dinner	All day

행키 팽키

Hanky Panky

마법 같은이라는 뜻을 속어

1920년대에 전설적인 바텐더, 에이다 콜먼이 고안한 칵테일. 스위트 베르무트의 달콤함과 '세상에서 가장 쓴 술'로 불리는 페르넷 브랑카의 쌉쌀함이 절묘한 하모니를 선사한다.

Recipe
STIR

드라이 진 ················ 30ml
스위트 베르무트 ········ 30ml
페르넷 브랑카 ··········· 10ml

얼음과 재료를 전부 믹싱 글라스에 넣고 저어 섞는다. 잔에 따르고 오렌지 필을 곁들이면 완성.

Memo

이 칵테일이 만들어진 1900년대 초반에는 아직 여성 바텐더가 많지 않았다. 그런 상황에서도 역사에 이름을 남긴 에이다 콜먼은 여성 바텐더의 선구자라고 할 수 있다.

맛	단맛	쓴맛
알코올 도수	낮음	높음
용도	Aperitif　After dinner	All day

비스 니즈

Bee's Knees

당시 속어로 최고의 것을 표현한 이름

미국 금주법 시대(1920~1933년)에 처음 만들어진 쇼트 칵테일. 조악한 밀주의 맛을 개선하고자 꿀 등을 섞은 것을 계기로 만들게 되었다고 한다. 간단하면서도 부드러운 맛이 특징이다.

Recipe
SHAKE

드라이 진 ···················· 45ml
레몬 주스 ···················· 10ml
꿀 ····························1tsp.

얼음과 재료를 전부 셰이커에 넣고 흔들어 섞는다. 잔에 따르면 완성. 꿀이 잘 섞이도록 충분히 흔든다.

Memo

'세기의 악법'이라고도 불리는 금주법을 계기로 이러한 칵테일들이 만들어졌다니 아이러니하다.

맛	단맛	쓴맛
알코올 도수	낮음	높음
용도	Aperitif　After dinner	All day

LONG **SHORT** FROZEN

뷰티 스폿

Beauty Spot

달콤한 마지막 한 모금에 중독된다

1914년 『Drinks』라는 칵테일북에 등장한 이래 오랫동안 전 세계적으로 변함없는 사랑을 받고 있다. 위에서 보면 잔 바닥에 가라앉은 그레나딘 시럽이 붉은 점처럼 보여 뷰티 스폿이라는 이름이 붙었다.

Recipe **SHAKE**

진	30ml
드라이 베르무트	15ml
스위트 베르무트	15ml
오렌지 주스	1tsp.
그레나딘 시럽	1/2tsp.

Memo

뷰티 스폿은 '얼굴에 그린 점'을 말한다. 섹시한 마릴린 먼로가 생각난다.

그레나딘 시럽을 제외한 얼음과 재료를 전부 셰이커에 넣고 흔들어 섞는다. 잔에 따르고 마지막으로 그레나딘 시럽을 바닥에 가라앉히면 완성.

맛	단맛						쓴맛
알코올 도수	낮음						높음
용도	Aperitif	After dinner	All day

LONG **SHORT** FROZEN

핑크 레이디

Pink Lady

그레나딘 시럽이 자아내는 아름다운 핑크

1912년 런던에서 공연한 뮤지컬 〈핑크 레이디〉의 주연 여배우에게 바쳤다고 알려진 핑크빛이 아름다운 칵테일. 그레나딘 시럽의 단맛과 달걀흰자의 부드러움에 마신 사람도 행복한 기분이 든다.

Recipe **SHAKE**

진	40ml
그레나딘 시럽	10ml
레몬 주스	1stp.
달걀흰자	1개 분량

Memo

일본 가수 핑크 레이디의 이름은 작곡가 도쿠라 슌이치가 칵테일 '핑크 레이디'에서 영감을 얻어 붙였다고 한다.

얼음과 재료를 전부 셰이커에 넣고 흔들어 섞는다. 잔에 따르면 완성.

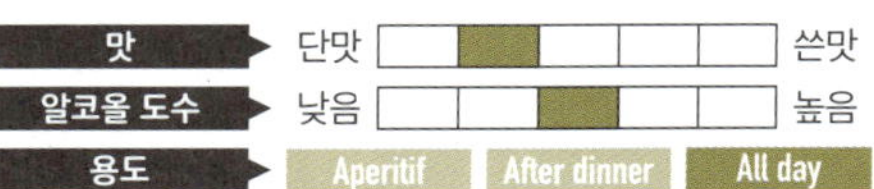

맛	단맛						쓴맛
알코올 도수	낮음						높음
용도	Aperitif	After dinner	All day

폴른 엔젤

Fallen Angel

시대를 초월하여 사랑받는 클래식 칵테일

1930년에 출간된 칵테일북에도 실려 있을 정도로 긴 역사를 가진 칵테일이다. 진의 강렬함에 레몬과 민트의 상큼함이 어우러진 맛은 '천사마저 타락하는, 당해낼 수 없다'[※]라고 할 정도다.

※ 이름의 유래에는 여러 가지 설이 있다.

Recipe
SHAKE

진	45ml
레몬 주스	10ml
화이트 민트 리큐어	2dash
앙고스투라 비터스	1dashl

얼음과 재료를 전부 셰이커에 넣고 흔들어 섞는다. 잔에 따르면 완성.

Memo

기독교에서 말하는 폴른 엔젤(=타락한 천사)이란, 원래 천사였지만 신과 대립하여 하늘에서 추방된 '루시퍼'를 가리킨다.

맛	단맛						쓴맛
알코올 도수	낮음						높음
용도		Aperitif	After dinner	All day

블러디 샘

Bloody Sam

토마토 주스를 사용한 건강한 칵테일

보드카 베이스로 만드는 블러디 메리(P116)에서 파생된 칵테일로, 미국 금주법 시대에 처음 만들어졌다. 보기에 한층 더 화려해지도록 장식으로 사용한 셀러리는 칵테일을 섞는 스틱으로도 사용할 수 있다.

Recipe
BUILD

드라이 진	45ml
토마토 주스	적당량

얼음을 담은 잔에 재료를 전부 넣고 가볍게 섞는다. 레몬 조각과 셀러리를 장식하면 완성이다.

Memo

취향에 따라 우스터소스(리 앤드 페린스), 타바스코, 소금, 후추 등을 더하기도 한다.

맛	단맛						쓴맛
알코올 도수	낮음						높음
용도		Aperitif	After dinner	All day

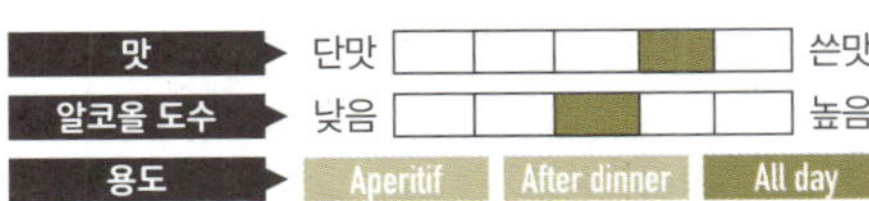

LONG　SHORT　FROZEN

브램블

Bramble

베리의 선명한 보라색이 인상적인 칵테일

브램블은 베리 등 '가시와 열매가 있는 관목'을 말하며, 크렘 드 뮈르(블랙 베리 리큐어)를 사용한 데서 유래했다. 레몬 주스의 신맛과 부드러운 단맛이 어우러지고 보기에도 아름다운 칵테일이다.

Recipe
SHAKE

진	45ml
레몬 주스	20ml
설탕 시럽	10ml
크렘 드 뮈르	15ml

얼음과 재료를 전부 셰이커에 넣고 흔들어 섞는다. 크러시드 아이스로 채운 잔에 따르고 베리와 레몬 조각 같은 과일을 곁들이면 완성.

Memo

런던에 있는 바 '프레즈 클럽'의 리처드 딕 브래드셀이 1984년에 고안한 비교적 새로운 칵테일이다.

맛	단맛						쓴맛
알코올 도수	낮음						높음
용도	Aperitif	After dinner	All day

LONG　**SHORT**　FROZEN

블루 문

Blue Moon

매혹적인 청자색과 꽃 같은 향기

파르페 아무르는 제비꽃이나 장미 등 꽃잎에서 향기를 추출한 진귀한 리큐어다. 그 색이 아름다워 '마시는 향수'라고 불리기도 한다. 달 모양을 딴 레몬 필을 곁들이면 더욱 낭만적인 분위기를 연출한다.

Recipe
SHAKE

드라이 진	30ml
파르페 아무르	15ml
레몬 주스	15ml

얼음과 재료를 전부 셰이커에 넣고 흔들어 섞는다. 잔에 따르고 달 모양으로 자른 레몬 필을 장식하면 완성.

Memo

2000년에 발행된 저자의 칵테일북에서 장난삼아 달 모양 레몬 필을 장식하는 방법을 발표했다. 그 후로 달 모양 레몬 필을 장식한 블루문을 종종 보게 되었다.

맛	단맛						쓴맛
알코올 도수	낮음						높음
용도	Aperitif	After dinner	All day

프렌치 75

French 75

샴페인이 연출하는 우아함

제1차 세계대전이 한창이던 1915년 파리의 바에서 탄생했다는 프렌치 75. 당시 프랑스군이 사용하던 강력한 '75mm 포'에서 유래한 이름은 칵테일을 마셨을 때 느끼는 강한 만족감을 표현한다. 샴페인에서 나는 거품 때문에 화려해 보인다.

Recipe
SHAKE

진	30ml
프레시 레몬 주스	15ml
시럽	1tsp.
샴페인	적당량

샴페인을 제외한 재료와 얼음을 셰이커에 넣고 흔들어 섞는다. 얼음을 담은 잔에 따르고 샴페인으로 채운다. 레몬 필을 장식하면 완성.

Memo

진을 칼바도스로 바꾼 '프렌치 68', 버번 위스키로 바꾼 '프렌치 95', 브랜디로 바꾼 '프렌치 125'도 있다. 가게에 따라서는 일부러 얼음을 넣지 않기도 한다.

맛	단맛 ▭▭▭▭▣ 쓴맛
알코올 도수	낮음 ▭▭▭▣▭ 높음
용도	Aperitif　After dinner　All day

플로리다 로즈

Florida Rose

주스 같은 새콤달콤한 맛

1967년에 창업하여 오랜 전통을 자랑하는 긴자의 바 'JBA BAR SUZUKI'의 마스터, 스즈키 노보루가 창작한 오리지널 칵테일이다. 술을 잘 못 마시는 손님들을 위해 고안했다. 달콤한 과일 주스를 듬뿍 사용해서 부담 없이 마시기 좋다.

Recipe
SHAKE

드라이 진	15ml
오렌지 주스	15ml
파인애플 주스	15ml
자몽 주스	15ml
그레나딘 시럽	2tsp.

얼음과 재료를 전부 셰이커에 넣고 흔들어 섞는다. 잔에 따르면 완성.

Memo

그레나딘 시럽을 추가하면 더욱 달콤해진다. 산뜻하게 마무리하고 싶다면 레몬 주스를 1tsp. 정도 넣어도 된다.

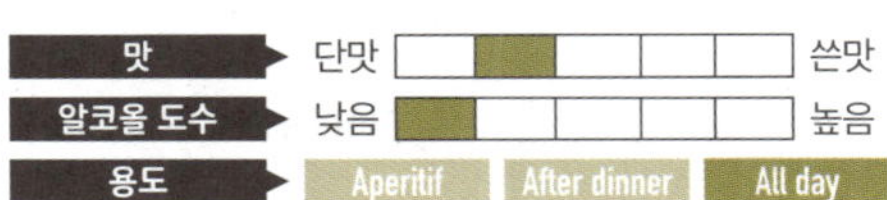

맛	단맛 ▭▣▭▭▭ 쓴맛
알코올 도수	낮음 ▣▭▭▭▭ 높음
용도	Aperitif　After dinner　All day

브롱크스

Bronx

진의 깔끔함과 오렌지의 단맛이 자아내는 맛

미국 금주법 시대에 밀조된 조악한 진을 맛있게 마시려고 만든 클래식 칵테일. 오렌지의 단맛과 진의 깔끔함, 베르무트의 입체적인 풍미가 어우러져 상큼하다.

Recipe
SHAKE

진	30ml
드라이 베르무트	10ml
스위트 베르무트	10ml
오렌지 주스	10ml

얼음과 재료를 전부 셰이커에 넣고 흔들어 섞는다. 잔에 따르면 완성.

Memo

브롱크스는 뉴욕시 최북단에 있는 지역이다. 금주법 시대에는 치안이 좋지 않은 지역으로도 알려졌다.

맛	단맛					쓴맛
알코올 도수	낮음					높음
용도	Aperitif	After dinner	All day

베넷

Bennett

어른들만 즐길 수 있는 비터스의 쌉쌀함

김렛(P35)에서 파생되었다고 하는 클래식 칵테일. 앙고스투라 비터스를 더하여 김렛보다 더 강한 쓴맛으로 바짝 버려진, 어른들만 즐길 수 있는 맛이다.

Recipe
SHAKE

드라이 진	45ml
라임 주스	15ml
앙고스투라 비터스	1dash
설탕 시럽	1tsp.

얼음과 재료를 전부 셰이커에 넣고 흔들어 섞는다. 잔에 따르면 완성.

Memo

저자가 운영하는 가게의 단골손님이 긴자에 있는 어느 유명한 김렛 바에서, 첫 잔부터 베넷을 주문하는 바람에 가게에 긴장감이 감돌았다고.

맛	단맛					쓴맛
알코올 도수	낮음					높음
용도	Aperitif	After dinner	All day

LONG **SHORT** FROZEN

화이트 레이디
White Rose

단순하고 기품이 넘치는, 하얀 귀부인

드라이 진의 상쾌함에 레몬 주스의 산미를 살려 산뜻하고 질리지 않는, 세계적으로도 인기 있는 칵테일. '하얀 귀부인'이라는 이름 그대로 품위 있고 우아한 인상을 주지만 알코올 도수는 비교적 높은 편이다.

Recipe
SHAKE

드라이 진	30ml
화이트 큐라소	15ml
레몬 주스	15ml

얼음과 재료를 전부 셰이커에 넣고 흔들어 섞는다. 잔에 따르면 완성.

Memo

진 베이스 칵테일 중에서도 인기가 많다. 이렇게까지 이름과 맛이 일치하는 칵테일도 보기 드물다.

맛	단맛					쓴맛
알코올 도수	낮음					높음
용도		Aperitif	After dinner	All day

LONG **SHORT** FROZEN

화이트 로즈
White Rose

하얀 장미꽃이 떠오르는 순한 칵테일

마라스키노 리큐어의 부드러운 달콤함과 감귤류 주스의 신맛이 조화롭게 어우러진 쇼트 칵테일. 달걀흰자를 넣으면 따뜻한 색감도 즐길 수 있는 기품 있고 순한 맛을 지닌 칵테일이다.

Recipe
SHAKE

진	30ml
마라스키노 리큐어	15ml
오렌지 주스	10ml
레몬 주스	5ml
달걀흰자	1/2개

Memo

'순백의 장미'를 뜻하는 이름을 가졌지만, 오렌지 주스가 들어가서 실제로는 연한 노란색을 띤 칵테일이다.

얼음과 재료를 전부 셰이커에 넣고 흔들어 섞는다. 잔에 따르면 완성.

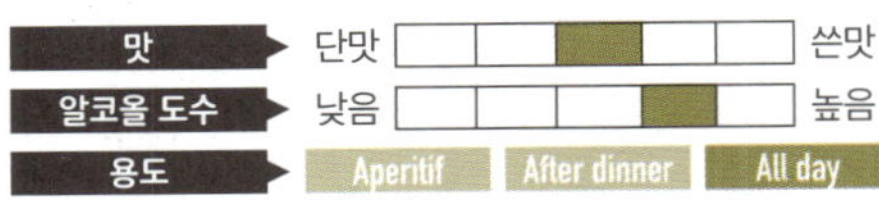

맛	단맛					쓴맛
알코올 도수	낮음					높음
용도		Aperitif	After dinner	All day

LONG **SHORT** FROZEN

마운트 후지(제국 호텔)

Mt.Fuji

세계를 매료시키는 일본의 칵테일

마운트 후지의 기원에는 여러 가지 설이 있지만, 여기서 소개하는 제국 호텔 버전 레시피는 1924년에 외국인 관광객을 대접하기 위해서 만들어졌다고 한다. 눈이 아름답게 덮인 후지산과 그곳에서 보는 일출을 표현한 아름다운 칵테일이다.

Recipe
SHAKE

진	45ml
레몬 주스	15ml
마라스키노 리큐어	1tsp.
파인애플 주스	1tsp.
시럽	1tsp.
달걀흰자	1개 분량
생크림	2tsp.

Memo

그 밖에도 하코네 후지야 호텔과 일본 바텐더 협회 버전 마운트 후지(P263) 역시 유명하다.

얼음과 재료를 전부 셰이커에 넣고 흔들어 섞는다. 잔에 따르면 완성.

맛	▶	단맛						쓴맛
알코올 도수	▶	낮음						높음
용도	▶	Aperitif	After dinner	**All day**

LONG **SHORT** FROZEN

마티니(드라이 마티니)

Martini

드라이하게 진화한 칵테일의 왕

기본적으로 진과 드라이 베르무트로만 만드는 심플한 칵테일이지만, 마티니에서 파생된 칵테일만 수백 가지에 이른다. 그야말로 '칵테일의 왕'이라고 할 수 있다. 수많은 영화와 문학 작품에서도 등장할 정도로 단순한 음료를 넘어선 존재다.

Recipe
STIR

드라이 진	50ml
드라이 베르무트	10ml

Memo

자신의 취향에 맞는 레시피로 만들어 주는 바를 찾아 보자.

얼음과 재료를 전부 믹싱 글라스에 넣고 저어 섞는다. 잔에 따른 다음 레몬 필을 짜 넣고 올리브를 넣으면 완성.

맛	▶	단맛						쓴맛
알코올 도수	▶	낮음						높음
용도	▶	Aperitif	After dinner	**All day**

LONG **SHORT** FROZEN | ▼ **Original** |

매트릭스
Matrix

몸이 공중에 뜨는 영화를 표현한 칵테일

허브로 만들어 개성적인 맛을 내는 리큐어 블랙 삼부카가 강한 존재감을 드러내는 맛이다. 블루 그레이로 1999년에 개봉한 영화 〈매트릭스〉를 표현하고, 자극적인 맛을 지닌 칵테일이다.

Recipe
SHAKE

드라이 진	30ml
화이트 큐라소	15ml
라임 주스	15ml
블랙 삼부카	1tsp.

얼음과 재료를 전부 셰이커에 넣고 흔들어 섞는다. 잔에 따르고 블랙 올리브를 곁들이면 완성이다.

Memo

영화 〈매트릭스〉의 배급사 워너 브라더스에서 의뢰를 받아 창작한 칵테일이다.

맛	단맛					쓴맛
알코올 도수	낮음					높음
용도	Aperitif	After dinner	All day

LONG **SHORT** FROZEN

마르티네스
Martinez

마티니 원형으로 불리는 달콤하고 오묘한 칵테일

1884년에 출간된 책에서도 소개된 칵테일의 왕 마티니(P62)의 기원이라는 설도 있는 클래식 칵테일. 달콤하고 깊은 맛에 오렌지 비터스의 은은한 쓴맛과 향이 감돈다.

Recipe
STIR

드라이 진	30ml
스위트 베르무트	30ml
마라스키노	1tsp.
오렌지 비터스	2dash

얼음과 재료를 전부 믹싱 글라스에 넣고 저어 섞는다. 잔에 따르면 완성.

Memo

이 칵테일이 탄생한 19세기 중반에는 단맛이 첨가된 '올드 톰 진'을 주로 사용했다. 그래서 많은 바텐더가 지금도 이 진을 사용한다.

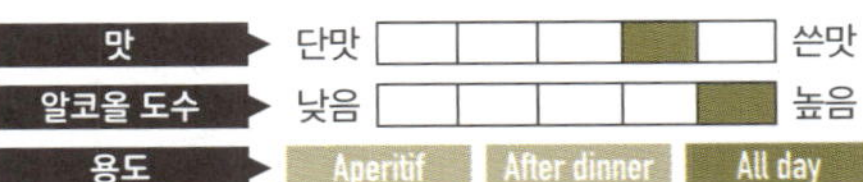

맛	단맛					쓴맛
알코올 도수	낮음					높음
용도	Aperitif	After dinner	All day

LONG **SHORT** FROZEN

밀리언 달러

Million Dollar

호화롭고 화려한 100만 달러짜리 칵테일

1900년대 초반 일본에 요코하마 그랜드 호텔에서 고안된 '100만 달러'라는 이름을 가진 칵테일. 작가 기쿠치 간을 비롯한 많은 사람에게 사랑을 받으면서 신문에 '술 하면 칵테일, 칵테일 하면 밀리언 달러 칵테일'이라는 카피도 실렸다.

Recipe SHAKE		
드라이 진		30ml
스위트 베르무트		10ml
파인애플 주스		20ml
그레나딘 시럽		2tsp.
달걀흰자		1개

얼음과 재료를 전부 셰이커에 넣고 흔들어 섞는다. 잔에 따른 다음 파인애플을 곁들이면 완성이다.

Memo

1889년에 요코하마 그랜드 호텔의 총지배인으로 초빙된 루이스 에핑거가 고안했다고 한다.

맛	단맛						쓴맛
알코올 도수	낮음						높음
용도		Aperitif	After dinner	All day

LONG SHORT FROZEN　　　🍸 Original

먼로 워크

Monroe Walk

섹시함이 느껴지는 어른들을 위한 달콤한 칵테일

1987년 인터내셔널 칵테일 콘테스트의 일본 예선전에서 준우승한 작품이다. 아마레토의 풍미가 살아 있는, 어른들을 위한 딸기 우유. 정열적인 색과 감도는 진한 향으로 마릴린 먼로를 나타냈다. 어른스러운 잔에 담아 즐기고 싶다.

Recipe SHAKE		
드라이 진		20ml
바나나 리큐어		10ml
프랑부아즈 리큐어		10ml
아마레토		10ml
생크림		30ml
그레나딘 시럽		1tsp.

얼음과 재료를 전부 셰이커에 넣고 흔들어 섞는다. 크러시드 아이스로 채운 잔에 따른 다음 꽃과 빨대를 꽂으면 완성.

Memo

준우승을 하며 로마에서 열리는 IBA※세계대회에 출전할 기회를 아쉽게 놓쳤던 추억이 담긴 작품이다. 참고로 우승 작품과 같은 점수를 받았다.

맛	단맛						쓴맛
알코올 도수	낮음						높음
용도		Aperitif	After dinner	All day

※ IBA ······ 국제바텐더협회(International Bartenders Association)

LONG **SHORT** FROZEN　　　　　▼ Original

꿈속의 당신에게

Yumenonakano Anatahe

꿈속의 칵테일을 추구하며

멜론과 피치 리큐어에 오렌지와 라임 주스를 혼합하여 부드러운 달콤함이 돋보인다. 진과 과일 재료가 혼연일체를 이룬 독창적인 맛에서 칵테일만의 개성이 느껴진다.

Recipe
SHAKE

드라이 진	20ml
멜론 리큐어(미도리)	10ml
피치 리큐어(피치트리)	10ml
오렌지 주스	10ml
라임 주스	10ml

Memo

연인이 해외로 부임하게 되었다는 여성의 요청에 따라 창작한 칵테일이다.

얼음과 재료를 전부 셰이커에 넣고 흔들어 섞는다. 잔에 따르고 취향에 따라 꽃을 곁들이면 완성.

맛	단맛						쓴맛
알코올 도수	낮음						높음
용도	Aperitif		After dinner		All day

LONG **SHORT** FROZEN

요코하마

Yokohama

달콤 쌉싸름한 어른들을 위한 칵테일

세계적으로도 유명해진 일본산 칵테일. 석류와 오렌지가 자아내는 아름다운 그러데이션에 요코하마의 노을이 떠오른다. 과일 향미와 은은한 달콤함, 진과 보드카의 깔끔함을 느껴 보자.

Recipe
SHAKE

드라이 진	20ml
보드카	10ml
오렌지 주스	20m
그레나딘 시럽	10ml
페르노	1dash

Memo

그 밖에도 요코하마에서 만들어진 칵테일이 더 있다. 바로 뱀부(P261), 밀리언 달러(P64), 체리 블로섬(P222)이다. 여기에 '요코하마'를 더해서 "요코하마 4대 칵테일"이라고 부른다.

얼음과 재료를 전부 셰이커에 넣고 흔들어 섞는다. 잔에 따르면 완성.

맛	단맛						쓴맛
알코올 도수	낮음						높음
용도	Aperitif		After dinner		All day

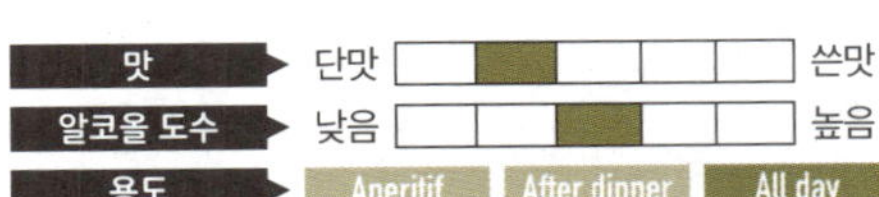

라스트 워드

Last Word

새콤하고, 달콤하고, 자극적인 인기 칵테일

100년이 넘는 역사를 가진 클래식 칵테일. 샤르트뢰즈의 향과 마라스키노의 단맛, 라임의 신맛이 절묘하게 어우러진다. 밸런스가 좋고 '마지막 한마디'라는 이름처럼 특별한 때에 어울리는 한 잔이다.

Recipe / **SHAKE**

진	15ml
샤르트뢰즈(그린)	15ml
마라스키노 리큐어	15ml
라임 주스	15ml

얼음과 재료를 전부 셰이커에 넣고 흔들어 섞는다. 잔에 따르면 완성.

Memo

금주법 시대에 미국 '디트로이트 애슬레틱 클럽'에서 만들어졌다. 금주법이 시행되던 당시 상황 때문에 누가 만들었는지 공표되지 않았다고 한다.

맛	단맛 ☐☐▨☐☐ 쓴맛
알코올 도수	낮음 ☐☐☐☐▨ 높음
용도	Aperitif　After dinner　**All day**

유빙

Ryuhyo

소금 내음 물씬 풍기는 바다가 느껴지는 칵테일

큰 얼음 덩어리로 웅장한 유빙을 표현했다. 싱그러운 마린블루 빛깔, 열다섯 가지 허브를 배합한 페르노의 향이 인상적인 칵테일이다. 잔의 반만 스노 스타일로 연출해 절묘한 포인트를 준 점도 재미있다.

Recipe / **SHAKE**

드라이 진	30ml
블루 큐라소	10ml
자몽 주스	20ml
레몬 주스	10ml
페르노	2dash

반만 스노 스타일(소금)로 만든 잔에 큰 얼음 덩어리를 넣는다. 재료를 전부 셰이커에 넣고 흔들어 섞는다. 잔에 따르면 완성.

Memo

일본에서는 오호츠크해 유빙이 유명하다. 매년 겨울이면 첫 유빙이 발견된 '유빙 첫날 소식이 들려온다.

맛	단맛 ☐☐☐▨☐ 쓴맛
알코올 도수	낮음 ☐☐▨☐☐ 높음
용도	Aperitif　After dinner　**All day**

LONG **SHORT** **FROZEN**

레드 라이온

Red Lion

오렌지와 레몬의 과일 풍미가 가득

1933년 런던에서 열린 대회에서 입상하여
세계적으로 유명해졌다는 스탠더드 칵테일.
유럽 가문의 문장에 자주 등장하는 '붉은 사
자'에서 유래했다고 한다.

유럽 가문 외에도 영국 펍의 표식에
많이 사용된다. 펍 간판에 그려진 붉은
사자를 영화에서도 종종 볼 수 있다.

Recipe **SHAKE**

드라이 진	20ml
오렌지 큐라소	20ml
오렌지 주스	10ml
레몬 주스	10ml

얼음과 재료를 전부 셰이커에 넣고 흔들
어 섞는다. 잔에 따르면 완성.

맛 ▶ 단맛 ☐☐☐■☐ 쓴맛   알코올 도수 ▶ 낮음 ☐☐☐■☐ 높음
용도 ▶ Aperitif After dinner **All day**

LONG **SHORT** **FROZEN**

로열 피즈

Royal Fizz

로열 칭호의 칵테일

진 피즈(P43)에 달걀을 추가한 칵테일
이다. 로열이 붙은 이름대로 사치스러
움을 만끽할 수 있다. 달걀의 깊은 감칠
맛과 순한 입맛에 기분이 좋아진다.

달걀을 통째로 사용하여 영양 만점인 칵테
일이다.

Recipe **SHAKE**

드라이 진	45ml
레몬 주스	20ml
설탕 시럽	2tsp.
달걀	1개
탄산수	적당량

탄산수를 제외한 재료를 셰이커에 넣고 흔들어
섞는다. 얼음을 담은 잔에 따르고 탄산수로 채
운 다음 가볍게 섞으면 완성. 취향에 따라 레몬
이나 체리를 곁들여도 좋다.

맛 ▶ 단맛 ☐☐■☐☐ 쓴맛   알코올 도수 ▶ 낮음 ☐☐■☐☐ 높음
용도 ▶ Aperitif After dinner **All day**

LONG **SHORT** **FROZEN**

롱 아일랜드 아이스티

Long Island Iced Tea

네 가지 스피릿을 사용한 칵테일

비주얼도 맛도 홍차와 비슷하지만, 홍차가 단
한 방울도 들어가지 않은 독특한 칵테일이다.
네 가지 스피릿을 사용해서 알코올 도수가 높지
만, 입맛이 달콤하고 상쾌하여 매혹적으로 다가
온다.

Recipe **BUILD**

드라이 진	10ml
보드카	10ml
화이트 럼	10ml
테킬라	10ml
화이트 큐라소	10ml
레몬 주스	10ml
설탕 시럽	1tsp.
콜라	적당량

크러시드 아이스로 채운 잔에 재료
를 전부 넣고 가볍게 섞는다. 콜라로
채운 다음 레몬 슬라이스를 장식하
면 완성.

맛 ▶ 단맛 ☐■☐☐☐ 쓴맛   알코올 도수 ▶ 낮음 ☐☐☐■☐ 높음
용도 ▶ Aperitif After dinner **All day**

Bar 첫 방문

대부분 맛있는 칵테일이나 술에 관한 관심이 커지면 '바에서 마셔 보고 싶다'는 생각이 들 터. 그러나 한 번도 가 본 적이 없는 사람은 매너나 이용 방법을 몰라서 망설이게 되기도 한다. 여기서는 바에 입문하려고 생각 중인 사람에게 방문하기 전 준비 사항과 마음가짐에 관한 소소한 포인트를 소개하겠다.

■ 포인트 1

너무 편한 복장은 삼간다

작업복이나 티셔츠, 노출이 너무 심한 옷 등 너무 편한 복장은 삼가자. 가게에 따라서는 '드레스 코드'가 있으며 '노 재킷 사절' 등 규정이 있으므로 주의한다. 남성은 정장을 입으면 입장을 거절당할 일이 거의 없다.

기념일 같은 특별한 날에는 마음껏 멋을 내고 가자. 코트, 모자, 선글라스 등은 문을 열기 전에 벗어 두는 편이 무난하다.

■ 포인트 2

접대 자리이거나 사람 수가 많을 때는 예약을 한다

일반적으로 바는 예약할 필요가 없지만, 접대 자리이거나 사람 수가 많을 때는 예약하는 편이 무난하다. 단, 레스토랑과 달리 인원, 요일, 시간대 등에 따라 예약을 받지 못하는 가게도 있으니 유의하자. 예약 시간보다 10분 이상 늦어질 때는 미리 연락하는 것이 매너다.

어느 가게든 금요일 밤 9~11시가 가장 붐빈다. 느긋하게 조용히 마시고 싶다면 월요일이나 이른 시간대를 추천한다.

Whisky

위스키

보리나 밀, 호밀 등 곡류를 주원료로 제조하는 증류주(스피릿)로 갈색을 띠는 것이 특징이다. 만드는 토지의 풍토에 따라 원료의 종류나 증류 방법이 달라지기 때문에 풍미도 다채롭다. 스카치, 아이리시, 아메리칸(버번), 캐나디안, 재패니즈가 세계 5대 위스키로 꼽힌다.

아이언 레이디

Iron Lady

뒷맛을 꽉 잡아 주는 오렌지 비터스

위스키를 사랑한 영국 최초의 여성 수상, 마거릿 대처의 별명 '철의 여인'에서 유래했다. 영국에서 오래전부터 사랑받아 온 포트 와인도 사용하는 것이 특징이다. 드라이하고 마시는 맛이 있는 칵테일이다.

Recipe
STIR

위스키	30ml
드라이 베르무트	15ml
포트 와인	15ml
오렌지 비터스	1dash

얼음과 재료를 전부 믹싱 글라스에 넣고 저어 섞는다. 잔에 따르면 완성.

Memo

대처가 더없이 사랑한 스카치가 '글렌파클라스 105'다. 집무실에도 항상 챙겨 둘 정도로 즐겨 마셨다고.

맛	단맛					쓴맛
알코올 도수	낮음					높음
용도	▶	Aperitif	After dinner	All day

아이리시 커피

Irish Coffee

추운 날씨에 즐기고 싶은 핫 칵테일

베이스로 아이리시 위스키를 사용하는 핫 칵테일. 지금은 추운 겨울날 몸을 따뜻하게 데워 주는 칵테일로 널리 사랑받고 있다. 위스키와 커피가 잘 어우러지고 생크림이 전체를 부드럽게 감싸 준다.

Recipe
BUILD

아이리시 위스키	30ml
설탕 시럽	1tsp.
뜨거운 커피	적당량
휘핑크림	적당량

휘핑크림을 제외한 재료를 잔에 따르고 가볍게 섞는다. 가볍게 거품을 낸 휘핑크림을 띄우면 완성.

Memo

휘핑 스프레이 캔을 사용하면 생크림을 휘핑크림으로 만드는 수고를 덜 수 있어 편리하다.

맛	단맛					쓴맛
알코올 도수	낮음					높음
용도	▶	Aperitif	After dinner	All day

아이리시 로즈

Irish Rose

가련한 장밋빛을 두른 새콤달콤한 칵테일

'아일랜드의 장미'라는 이름이 붙은 칵테일. 그 이름에 어울리는 가련한 붉은색이 인상적이다. 향긋한 아이리시 위스키에 레몬 주스와 그레나딘 시럽이 어우러져 새콤달콤한 맛을 자아낸다. 알코올 도수는 높은 편이다.

Recipe
SHAKE

아이리시 위스키	45ml
레몬 주스	15ml
그레나딘 시럽	1tsp.

얼음과 재료를 전부 셰이커에 넣고 흔들어 섞는다. 잔에 따르면 완성.

Memo

롱 칵테일 스타일로 만든 '와일드 아이리시 로즈'도 있다. 탄산수를 타서 더 부담 없이 마시기 좋은 칵테일이다.

맛	단맛 ▭▭▭▭▭ 쓴맛
알코올 도수	낮음 ▭▭▭▭▭ 높음
용도	Aperitif　After dinner　All day

어피니티

Affinity

영국·프랑스·이탈리아의 우호를 상징하는 칵테일

어피니티란 '친한 사이'라는 뜻이다. 영국의 스카치 위스키, 프랑스의 드라이 베르무트, 이탈리아의 스위트 베르무트를 사용하여 세 나라의 우호 관계를 표현했다. 각각의 개성 있는 맛이 조화를 이룬다.

Recipe
STIR

스카치 위스키	20ml
드라이 베르무트	20ml
스위트 베르무트	20ml
앙고스투라 비터스	2dash

Memo

롭 로이(P96)와 마찬가지로 '스카치 맨해튼'이라고 부르기도 한다.

얼음과 재료를 전부 믹싱 글라스에 넣고 저어 섞는다. 잔에 따르면 완성.

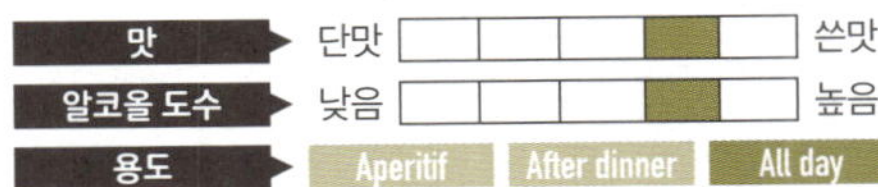

맛	단맛 ▭▭▭▭▭ 쓴맛
알코올 도수	낮음 ▭▭▭▭▭ 높음
용도	Aperitif　After dinner　All day

알곤퀸

Algonquin

라이 위스키나 버번으로 만들고 싶은 칵테일

알곤퀸이라는 이름은 1930년대 뉴욕 알곤퀸 호텔에서 고안했기 때문이라는 설과 미국과 캐나다 동부에 살던 원주민 '알곤퀸족'에서 유래했다는 설이 있다. 호텔 설이 더 유력한 것 같다.

Recipe
SHAKE

라이 위스키	30ml
드라이 베르무트	15ml
파인애플 주스	15ml

Memo

똑같은 레시피로 쇼트 칵테일을 만드는 재미도 있다.

얼음과 재료를 전부 셰이커에 넣고 흔들어 섞는다. 얼음을 담은 잔에 따르고 파인애플을 장식하면 완성.

맛	단맛					쓴맛
알코올 도수	낮음					높음
용도		Aperitif	After dinner	All day

위스키 사워

Whisky Sour

레몬의 상쾌한 산미를 즐기는 칵테일

바에서 '사워'란 '스피릿에 감귤류의 신맛과 단맛을 더하는' 스타일을 가리킨다. 탄산을 사용하지 않아 레몬 유래의 상쾌한 산미와 설탕 시럽의 단맛이 자아내는 과일 풍미가 가득하고 부담 없이 마시기 좋은 입맛이 매력적이다.

Recipe
SHAKE

위스키	45ml
레몬 주스	20ml
설탕 시럽	1tsp.

Memo

선술집에서는 큰 잔에 과일 리큐어나 시럽을 넣고 탄산수로 채운 사워도 인기 있다.

얼음과 재료를 전부 셰이커에 넣고 흔들어 섞는다. 얼음을 담은 잔에 따르고 자른 레몬을 장식하면 완성. 얼음을 빼고 만들기도 한다.

맛	단맛					쓴맛
알코올 도수	낮음					높음
용도		Aperitif	After dinner	All day

LONG · SHORT · FROZEN

위스키 하이볼

Whisky Highball

전 세계의 스테디셀러 칵테일

스코틀랜드에 있는 골프장에서 당시 귀했던 위스키에 탄산수를 타서 마셔 보던 중에 높이 뜬 골프공이 날아왔다. 그 공을 가리키며 "하이 볼(높은 공)!"이라고 외친 것이 유래라고. 취향에 맞는 위스키를 넣어 즐겨 보자.

Memo
탄산수를 채울 때는 얼음에 직접 닿지 않도록 얼음과 잔 사이에 따르도록 하자.

Recipe / BUILD
위스키 ······ 45ml
탄산수 ······ 적당량

얼음을 담은 잔에 위스키를 따르고 차가운 탄산수로 채운다. 가볍게 섞으면 완성.

| 맛 | 단맛 □□□□■ 쓴맛 | 알코올 도수 | 낮음 □□■□□ 높음 |

| 용도 | Aperitif · After dinner · **All day** |

LONG · SHORT · FROZEN

위스키 플로트

Whisky Float

맛의 변화를 즐기는 2층 칵테일

미네랄워터 위에 따르는 위스키를 저어 섞지 않고 띄워서 마무리하는 아름다운 칵테일. 스트레이트, 온더록스, 물타기 등 마시면서 변화하는 맛을 즐길 수 있다. 위스키를 천천히 따르자.

Memo
얼음을 빼거나 탄산수로 만드는 스타일도 있다.

Recipe / BUILD
위스키 ······ 45ml
미네랄워터 ······ 적당량

얼음을 담은 잔에 차가운 물을 따른 다음 위스키를 천천히 따르면 완성.

| 맛 | 단맛 □□□□■ 쓴맛 | 알코올 도수 | 낮음 □□■□□ 높음 |

| 용도 | Aperitif · After dinner · **All day** |

LONG · SHORT · FROZEN

위스키 맥

Whisky Mac

아일랜드 출신 대령이 즐겨 마시던 칵테일

일찍이 영국군의 맥도날드 대령이 즐겨 마시던 레시피에 본인 이름을 붙여 부른 데서 비롯되었다. 사용하는 위스키로는 피트향이 강한 스카치를 추천한다. 진저가 주는 여운이 기분 좋게 다가온다.

Memo
추운 날에는 얼음을 빼고 뜨거운 물을 더하는 스타일로도 만든다.

Recipe / BUILD
스카치 위스키 ······ 45ml
진저 와인 ······ 15ml

얼음을 담은 잔에 재료를 전부 따르고 가볍게 섞으면 완성.

| 맛 | 단맛 □□□■□ 쓴맛 | 알코올 도수 | 낮음 □□□■□ 높음 |

| 용도 | Aperitif · After dinner · **All day** |

위스키 미스트

Whisky Mist

안개 속에 녹아드는 위스키의 맛

차가운 크러시드 아이스를 가득 채워 잔에 맺히는 물방울이 정말 미스트(=안개) 같은 운치를 연출한다. 얼음이 녹을수록 알코올 도수가 낮아져 맛의 변화를 즐길 수 있다.

Recipe
BUILD

위스키 ························· 45~60ml

크러시드 아이스를 채운 잔에 위스키를 따르고 가볍게 섞으면 완성 .

Memo

레몬 필을 짜 넣을 때도 있다. 취향에 맞는 위스키를 넣어 즐기자.

맛	단맛					쓴맛
알코올 도수	낮음					높음
용도	Aperitif	After dinner	All day

위스퍼

Whisper

호박색을 띤 묵직한 칵테일

'속삭임'이라고 이름 붙여진 이 칵테일에는 깊은 맛을 지닌 스카치 위스키를 베이스로 사용한다. 드라이 베르무트와 스위트 베르무트의 풍부한 풍미와 어우러져 호박색을 띤 묵직한 칵테일이 완성된다.

Recipe
SHAKE

스카치 위스키 ················ 20ml
드라이 베르무트 ·············· 20ml
스위트 베르무트 ·············· 20ml

Memo

롭 로이(P96)에 가까운 칵테일이므로 흔드는 대신 저어서 만드는 재미도 있다.

얼음과 재료를 전부 셰이커에 넣고 흔들어 섞는다. 잔에 따르면 완성.

맛	단맛					쓴맛
알코올 도수	낮음					높음
용도	Aperitif	After dinner	All day

LONG **SHORT** FROZEN

오리엔탈
Oriental

필리핀 의사에게 선물한 칵테일

과거에 미국인이 필리핀 의사에게 치료에 대한 답례로 보냈다는 칵테일. 화이트 큐라소의 오렌지 풍미와 라임 주스가 가진 감귤류의 산미가 라이 위스키와 잘 어우러져 부담 없이 마시기 좋은 상쾌한 맛을 지녔다.

Recipe
SHAKE

라이 위스키	30ml
스위트 베르무트	10ml
화이트 큐라소	10ml
라임 주스	10ml

얼음과 재료를 전부 셰이커에 넣고 흔들어 섞는다. 잔에 따르면 완성. 체리를 넣기도 한다.

Memo

세계 3대 석양 중 하나로 꼽히는 필리핀의 마닐라만. 그 석양을 방불케 하는 선명한 오렌지색이 정말 신비롭다.

맛	단맛						쓴맛
알코올 도수	낮음						높음
용도		Aperitif	After dinner	**All day**	

LONG **SHORT** FROZEN

올드 팔
Old Pal

옛 친구와 즐기고 싶은 쌉쌀한 칵테일

올드 팔은 '친한 동료'나 '오래된 친구' 등을 말한다. 이름처럼 오래 전부터 전 세계적으로 사랑받아 온 유명한 칵테일 중 하나다. 라이 위스키에 캄파리의 쌉쌀한 맛이 더해져 씁쓸한 청춘을 방불케 한다.

Recipe
STIR

라이 위스키	20ml
캄파리	20ml
드라이 베르무트	20ml

Memo

100여 년 전에 창작되어 멋진 이름이 붙은 클래식 칵테일이다. 친구와 재회할 때 많이들 주문한다.

얼음과 재료를 전부 믹싱 글라스에 넣고 저어 섞는다. 잔에 따르면 완성.

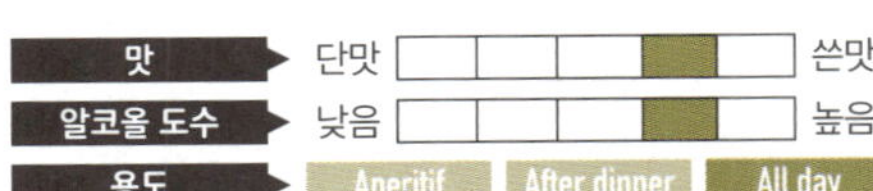

맛	단맛						쓴맛
알코올 도수	낮음						높음
용도		Aperitif	After dinner	**All day**	

LONG　SHORT　FROZEN

올드 패션드
Old Fashioned

취향에 맞는 맛으로 만들면서 즐기는 칵테일

미국 켄터키주의 바텐더가 고안했다고 한다. 취향에 따라 각설탕을 머들러로 으깨면서 맛보며 단맛과 신맛을 조절한다. 위스키도 다양하게 시도해보자.

Recipe
BUILD

버번 위스키	45ml
앙고스투라 비터스	2dash
탄산수	5~10ml
각설탕	1 개

잔에 담은 각설탕에 앙고스투라 비터스를 뿌리고 탄산수를 부어 반쯤 녹인다. 위스키와 얼음을 넣고 섞는다. 라임 조각, 오렌지, 체리 등 과일을 장식하면 완성.

Memo

역사가 깊은 칵테일이지만, 최근에 특히 해외에서 인기가 있다. 일본 바에 방문하는 외국인들도 대부분 주문하는 칵테일이다.

맛 ▶	단맛					쓴맛
알코올 도수 ▶	낮음					높음
용도 ▶	Aperitif	After dinner	All day

LONG　SHORT　FROZEN

카우보이
Cowboy

버번 위스키에 우유를 탄 칵테일

찰떡궁합인 위스키와 우유를 조합하여 오래전부터 사랑받아 온 칵테일. 입맛이 부드러워 식후주로도 제격이다. 레시피에 설탕을 추가하면 '밀크 펀치'라는 칵테일이 된다.

Recipe
BUILD

| 버번 위스키 | 30~45ml |
| 우유 | 적당량 |

얼음을 담은 잔에 위스키를 따른다. 차가운 우유로 채우고 가볍게 섞으면 완성.

Memo

이 칵테일이 만들어진 시기는 정확하지 않지만, 20세기 전반에는 이미 미국에서 인기를 끌고 있었다고 한다.

맛 ▶	단맛					쓴맛
알코올 도수 ▶	낮음					높음
용도 ▶	Aperitif	After dinner	All day

LONG **SHORT** **FROZEN**

캘리포니아 레모네이드

California Lemonade

새콤달콤한 레모네이드가 버번과 이루는 조화

캘리포니아의 태양과 해변이 떠오르는 화려하고 새콤달콤한 칵테일. 버번 위스키의 향긋한 향과 레몬과 라임의 상큼한 산미가 탄산과 어우러져 기분 좋게 목을 적신다.

Recipe
SHAKE

버번 위스키	45ml
레몬 주스	20ml
라임 주스	10ml
그레나딘 시럽	1tsp.
설탕 시럽	1tsp.
탄산수	적당량

Memo

레드 와인을 띄워 층을 만든(플로트) '아메리칸 레모네이드'도 유명하다.

탄산수를 제외한 재료와 얼음을 셰이커에 넣고 흔들어 섞는다. 잔에 따르고 얼음을 넣은 다음 차가운 탄산수로 채운다. 레몬이나 라임 조각을 장식하면 완성.

맛	단맛						쓴맛
알코올 도수	낮음						높음
용도		Aperitif		After dinner		All day	

LONG **SHORT** **FROZEN**

키스 미 퀵

Kiss Me Quick

듀보네의 쓴맛이 자아내는 묵직함

1988년에 개최된 '제3회 스카치 위스키 칵테일 대회'에서 우승한 작품이다. 미야오 다카히로의 오리지널 칵테일이다. 듀보네의 쓴맛과 프랑부아즈의 단맛이 위스키의 향기와 밸런스 좋게 조화를 이룬다.

Recipe
STIR

스카치 위스키	30ml
듀보네	20ml
프랑부아즈	20ml

Memo

직역하면 '빨리 키스해'라는 뜻이다. 베이스로 페르노를 사용한 동명의 칵테일도 있으니 유의하자.

얼음과 재료를 전부 믹싱 글라스에 넣고 저어 섞는다. 잔에 따르면 완성. 체리를 장식해도 좋다.

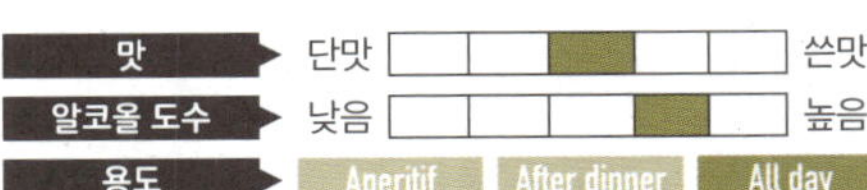

맛	단맛						쓴맛
알코올 도수	낮음						높음
용도		Aperitif		After dinner		All day	

LONG SHORT FROZEN

킹스 밸리

King's Valley

보기에도 아름다운 칵테일

1986년에 개최된 '제1회 스카치 위스키 칵테일 대회'에서 우승한 작품. 긴자에 있는 'TENDER'의 오너 바텐더, 우에다 가즈오의 오리지널 칵테일이다. 스코틀랜드 계곡의 아름다움을 표현했다.

Recipe
SHAKE

스카치 위스키	40ml
화이트 큐라소(쿠앵트로)	10ml
라임 주스	10ml
블루 큐라소	1tsp.

얼음과 재료를 전부 셰이커에 넣고 흔들어 섞는다. 잔에 따르면 완성.

Memo

초록색이 나는 재료를 사용하지 않고도 아름다운 초록색을 만들어 내서 주목받은 칵테일이다.

맛	▶ 단맛	☐☐☐■☐	쓴맛
알코올 도수	▶ 낮음	☐☐☐■☐	높음
용도	▶	Aperitif　After dinner　**All day**	

LONG SHORT FROZEN

클론다이크 쿨러

Klondike cooler

골드러시로 들끓은 금광에서 유래한 칵테일

'클론다이크'란 캐나다에 있는 금광 이름이다. 이 칵테일은 과거에 골드러시로 들끓었을 무렵 사람들의 머리를 식히기 위해 만들어졌다고도 한다. 나선 모양으로 깐 오렌지 껍질로 고급스러운 느낌을 내보자.

Recipe
BUILD

위스키	45ml
오렌지 주스	20ml
진저에일	적당량

얼음을 담은 잔에 위스키와 오렌지 주스를 따르고 차가운 진저에일로 채운다. 나선 모양으로 깐 오렌지 껍질을 장식하면 완성.

Memo

나선 모양으로 깐 오렌지 껍질이 특징인 칵테일이다. 비슷한 칵테일로는 호시스넥(P194)이 유명하다.

맛	▶ 단맛	☐■☐☐☐	쓴맛
알코올 도수	▶ 낮음	☐☐■■☐	높음
용도	▶	Aperitif　After dinner　All day	

LONG　**SHORT**　**FROZEN**

갓파더

God Father

명작 영화와 인연 깊은 향기롭고 인기 많은 칵테일

영화 〈대부〉의 첫 작품이 공개된 해에 만들어져 세계적으로 퍼진 칵테일. 위스키에 아마레토을 더해 간단하고도 향기로워 부담 없이 마시기 좋다. 위스키는 스카치나 버번을 추천한다.

Recipe
BUILD

| 위스키 | 40ml |
| 아마레토 | 20ml |

얼음을 담은 잔에 재료를 전부 넣고 잘 섞으면 완성.

Memo

비중이 가벼운 위스키를 먼저 넣고 비중이 무거운 아마레토를 나중에 넣으면 잘 섞인다.

맛	단맛 [ ][ ][■][ ][ ] 쓴맛
알코올 도수	낮음 [ ][ ][ ][ ][■] 높음
용도	Aperitif　After dinner　**All day**

LONG　**SHORT**　**FROZEN**

사일런트 서드

Silent Third

스카치를 베이스로 사용한 깊이 있는 맛

쿠앵트로의 독점 판매권을 소유했던 영국의 기업가, 가스 글렌데닝이 1930년대에 고안했다고 한다. 이름은 그가 아끼던 자동차의 서드 기어가 매우 조용했던 데서 유래했다. 부드러워 좋은 입맛을 표현했다.

Recipe
SHAKE

스카치 위스키	30ml
화이트 큐라소(쿠앵트로)	15ml
레몬 주스	15ml

얼음과 재료를 전부 셰이커에 넣고 흔들어 섞는다. 잔에 따르면 완성.

Memo

스카치 위스키를 사용했을 때만 '사일런트 서드'라고 부를 수 있다. 다른 위스키로 만들면 '위스키 서드'가 된다.

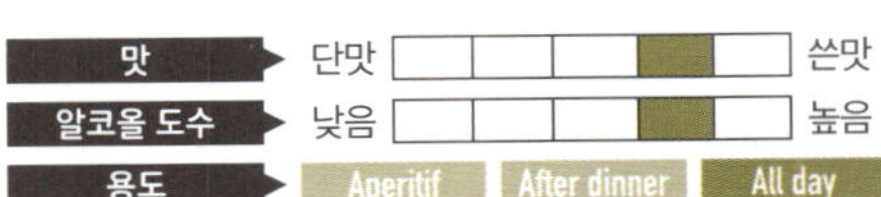

맛	단맛 [ ][ ][ ][■][ ] 쓴맛
알코올 도수	낮음 [ ][ ][ ][■][ ] 높음
용도	Aperitif　After dinner　**All day**

LONG **SHORT** FROZEN

사제락

Sazerac

세상에서 가장 오래된 칵테일

여러 가지 설이 있지만, 근대에 세상에서 가장 오래되었다고 불리는 사제락. 1830년대에 미국의 뉴올리언스에서 마시기 시작했고, 1859년에 지금 같은 이름이 붙었다. 역사를 상상하면서 맛보고 싶은 칵테일이다.

Memo

최근 몇 년간 일본을 방문하는 관광객들에게 인기가 많은 칵테일이다.

Recipe
BUILD

라이 위스키	45ml
페르노	1tsp.
앙고스투라 비터스	3dash
각설탕	1개
탄산수	소량

잔에 담은 각설탕에 앙고스투라 비터스를 뿌리고 탄산수로 반쯤 녹인다. 위스키와 얼음을 넣고 섞는다. 레몬 필을 짜 넣으면 완성.

| 맛 | 단맛 ▢▢◼▢▢ 쓴맛 | 알코올 도수 | 낮음 ▢▢◼▢▢ 높음 |

| 용도 | **Aperitif** **After dinner** **All day** |

LONG **SHORT** FROZEN

존 콜린스

John Collins

런던 유명 바텐더가 고안한 칵테일

과거에 런던에서 활약한 바텐더, 존 콜린스가 고안했다. '위스키 콜린스'라고도 부른다. 레몬 주스의 상큼한 산미와 적당한 단맛이 어우러져 입맛이 좋은 풍미를 즐길 수 있다.

Memo

'콜린스'란 스피릿 베이스에 레몬 주스, 시럽, 탄산수를 더해 만드는 롱 드링크 스타일을 말한다.

Recipe
SHAKE

위스키	45ml
레몬 주스	20ml
설탕 시럽	2tsp.
탄산수	적당량

탄산수를 제외한 재료를 셰이커에 넣고 흔들어 섞는다. 얼음을 담은 잔에 따르고 차가운 탄산수로 채워 가볍게 섞는다. 레몬 슬라이스와 체리를 장식하면 완성.

| 맛 | 단맛 ▢▢◼▢▢ 쓴맛 | 알코올 도수 | 낮음 ▢▢◼▢▢ 높음 |

| 용도 | **Aperitif** **After dinner** **All day** |

LONG **SHORT** FROZEN

스카치 킬트

Scotch Kilt

스코틀랜드 전통 의상을 표현한

'스카치 킬트'는 스코틀랜드 전통 의상으로 남성용 예복 치마를 가리킨다. 이름에 걸맞게 베이스로 스카치 위스키를 사용한다. 향긋한 드람뷔와도 조화를 이룬다.

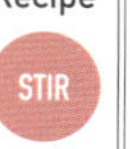
Memo

러스티 네일(P95)과 비슷하지만, 스카치 킬트는 쇼트 칵테일이다. 여기에 레몬 주스를 더하면 '로열 앰배서더'가 된다.

Recipe
STIR

스카치 위스키	40ml
드람뷔	20ml
오렌지 비터스	2dash

얼음과 재료를 전부 믹싱 글라스에 넣고 저어 섞는다. 잔에 따르고 레몬 필을 짜 넣으면 완성.

| 맛 | 단맛 ▢▢▢◼▢ 쓴맛 | 알코올 도수 | 낮음 ▢▢▢◼▢ 높음 |

| 용도 | Aperitif After dinner **All day** |

세인트 앤드루스

St.Andrews

골프 성지의 이름을 딴 부드러운 한 잔

세인트 앤드루스는 스코틀랜드 도시이자 디오픈 챔피언십이 열리는 '골프의 성지'로도 유명하다. 스카치 위스키와 스코틀랜드산 드람뷔를 오렌지 주스가 부드럽게 감싼다.

Recipe
SHAKE

스카치 위스키	20ml
드람뷔	20ml
오렌지 주스	20ml

얼음과 재료를 전부 셰이커에 넣고 흔들어 섞는다. 잔에 따르면 완성.

Memo

스카치와 드람뷔를 사용한 칵테일로는 러스티 네일(P95)이 유명하다. 여기에 오렌지 주스를 더해 부담 없이 마시기 좋다.

맛	단맛 □□■□□ 쓴맛
알코올 도수	낮음 □□□■□ 높음
용도	Aperitif　After dinner　All day

다케쓰루의 전설

Taketsurunodensetsu

닛카 위스키 창업자에 대한 경의를 표현한 칵테일

닛카 위스키 창업 80주년 기념으로 의뢰를 받은 저자가 고안한 칵테일. 위스키 제조에 평생을 바친 창업자 다케쓰루 마사타카에 경의를 표현했다. 위스키의 감칠맛과 진저에일 등이 잘 어우러져 맛이 깔끔하다.

Recipe
BUILD

다케쓰루 퓨어 몰트	30ml
아마레토 리큐어(볼스)	20ml
진저에일	적당량

※ 윌킨슨 진저에일(생강 맛이 강한 것)을 추천한다.

Memo

진저에일 대신 프리미엄 진저 비어(피버트리)를 사용해도 맛있다.

얼음을 담은 잔에 진저에일을 제외한 재료를 넣고 차가운 진저에일로 채운다. 레몬 조각을 장식하면 완성.

맛	단맛 □□■□□ 쓴맛
알코올 도수	낮음 □□■□□ 높음
용도	Aperitif　After dinner　All day

타탄 체크

Tartan Check

스코틀랜드의 전통 문양을 표현한 칵테일

1987년에 개최된 '제2회 스카치 위스키 칵테일 대회'에서 우승한 작품. 초록색 오이와 붉은색 비터스가 스코틀랜드 전통 의상인 킬트의 타탄(격자무늬 직물) 색을 표현했다.

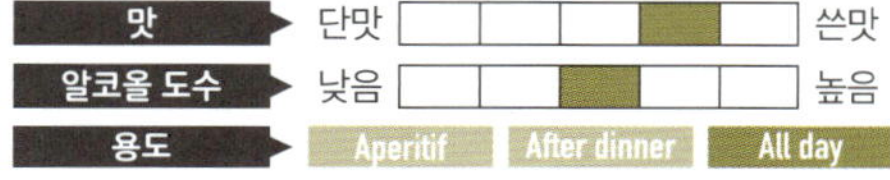

Recipe		
	스카치 위스키	30ml
SHAKE	마티니 비터	20ml
	레몬 주스	10ml
	토닉 워터	적당량

Memo

사실 영국 사람들은 오이를 무척이나 좋아한다. 오이는 머들러로도 쓸 수 있다.

토닉 워터를 제외한 재료와 얼음을 셰이커에 넣고 흔들어 섞는다. 얼음을 담은 잔에 따르고 차가운 토닉 워터로 채운다. 가볍게 섞은 다음 레몬 조각과 오이 스틱을 장식하면 완성.

맛	단맛					쓴맛
알코올 도수	낮음					높음
용도		Aperitif	After dinner	All day		

처칠

Churchill

옛 영국 총리의 이름을 딴 칵테일

영국의 총리였던 위스턴 처칠의 이름을 딴 칵테일. 허브향이 나는 스위트 베르무트, 상쾌한 라임 주스 등을 스카치 위스키와 조합해 향기로운 맛을 냈다.

Recipe		
	스카치 위스키	30ml
SHAKE	화이트 큐라소(쿠앵트로)	10ml
	스위트 베르무트	10ml
	라임 주스	10ml

Memo

런던에 있는 사보이 호텔의 수석 바텐더, 조 길모어가 고안했다고 한다.

얼음과 재료를 전부 셰이커에 넣고 흔들어 섞는다. 잔에 따르면 완성.

맛	단맛					쓴맛
알코올 도수	낮음					높음
용도		Aperitif	After dinner	All day		

드라이 맨해튼

Dry Manhattan

스테디셀러인 맨해탄을 더 드라이한 맛으로 변형

전 세계에서 사랑받는 맨해튼(P93)의 변형 칵테일. 스위트 베르무트 대신 드라이 베르무트를 사용하여 더욱 드라이하게 만들었다. 장식에 체리가 아닌 올리브를 사용하는 점도 특징이다.

Recipe
STIR

버번 위스키	45ml
드라이 베르무트	15ml
앙고스투라 비터스	1dash

Memo

베르무트를 드라이 베르무트와 스위트 베르무트로 반씩 섞으면 '미디엄 맨해튼'이 된다.

얼음과 재료를 전부 믹싱 글라스에 넣고 저어 섞는다. 잔에 따른 다음 올리브를 장식한다. 레몬 필을 짜 넣으면 완성.

맛	단맛	쓴맛
알코올 도수	낮음	높음
용도	Aperitif　After dinner　All day	

Original

트리플 플레이

Triple Play

세 가지 맛을 즐길 수 있는 한 잔

개성적인 세 가지 술인 위스키, 아마레토, 깔루아를 단순한 빌드 기법으로 만들어 아주 심오한 맛을 가진 칵테일이다. 의외로 맛있어서 분명 그 매력에 빠질 것이다!

Recipe
BUILD

위스키	30ml
아마레토	20ml
커피 리큐어(깔루아)	20ml

Memo

이 칵테일은 재료만 있으면 집에서도 쉽게 만들 수 있다. 꼭 한번 만들어 보자.

얼음을 담은 잔에 재료를 전부 넣고 잘 섞으면 완성.

맛	단맛	쓴맛
알코올 도수	낮음	높음
용도	Aperitif　After dinner　All day	

뉴욕

New York

대도시가 느껴지는 산뜻한 칵테일

미국의 대도시인 뉴욕에서 이름을 딴 칵테일. 호박색 위스키와 빨간색 그레나딘 시럽이 섞여 대도시가 떠오르는 화려한 색을 만들어 낸다. 버번의 풍부한 감칠맛과 향도 살아 있다.

Recipe
SHAKE

버번 위스키	45ml
라임 주스	15ml
그레나딘 시럽	1tsp.

Memo

1920~1933년, 금주법 시대일 때부터 뉴욕에서 마셨다는 역사가 있는 칵테일이다.

얼음과 재료를 전부 셰이커에 넣고 흔들어 섞는다. 잔에 따르면 완성.

맛	단맛						쓴맛
알코올 도수	낮음						높음
용도		Aperitif	After dinner	All day

하이 햇

High Hat

신사에게 선물하고 싶은 고귀한 맛과 향기

영국 신사의 '볼러(중산모)'를 표현한 멋들어진 칵테일. 하지만 미국에서 만들어진 칵테일이어서 베이스로 버번을 사용한다. 고귀한 향과 깔끔한 풍미를 즐겨 보자. 베이스로 라이 위스키를 사용하면 맛이 부드러워진다.

Recipe
SHAKE

버번 위스키	30ml
체리 리큐어	15ml
레몬 주스	15ml

Memo

레몬 주스를 빼면 헌터(P87)라는 칵테일이 된다.

얼음과 재료를 전부 셰이커에 넣고 흔들어 섞는다. 잔에 따르면 완성.

맛	단맛						쓴맛
알코올 도수	낮음						높음
용도		Aperitif	After dinner	All day

하이랜드 쿨러

Highland Cooler

스카치 위스키의 고향을 표현한 칵테일

스카치 위스키의 고향, 스코틀랜드 북부의 하이랜드 지방을 표현한 칵테일. 스카치 위스키와 진저에일에 레몬 주스를 더하여 더욱 청량감 있는 맛으로 완성했다.

Recipe
SHAKE

스카치 위스키	45ml
레몬 주스	15ml
앙고스투라 비터스	2dash
설탕 시럽	1tsp.
진저에일	적당량

Memo

'쿨러'는 칵테일 스타일 중 하나로 '시원한 음료'라는 뜻이다.

진저에일을 제외한 재료를 셰이커에 넣고 흔들어 섞는다. 얼음을 담은 잔에 따르고 차가운 진저에일로 채운다. 가볍게 섞은 다음 레몬 조각을 장식하면 완성.

맛	단맛					쓴맛
알코올 도수	낮음					높음
용도	Aperitif	After dinner	All day

배넉번

Bannockburn

블러디 메리의 위스키 버전

과거 스코틀랜드 왕국과 잉글랜드 왕국 사이에 벌어진 '배넉번 전투'에서 따왔다. 블러드 메리(P116)의 베이스를 스카치 위스키로 바꿔 감칠맛이 나는 칵테일이다.

Recipe
BUILD

스카치 위스키	45ml
토마토 주스	적당량

Memo

블러디 메리와 마찬가지로 소금, 후추, 타바스코, 우스터소스 등을 뿌리면 독특한 맛을 즐길 수 있다.

일부를 스노 스타일(소금)로 만들고 얼음을 담은 잔에 위스키를 따르고 차가운 토마토 주스로 채운다. 가볍게 섞은 다음 레몬 조각을 장식하면 완성.

맛	단맛					쓴맛
알코올 도수	낮음					높음
용도	Aperitif	After dinner	All day

버버리 코스트

Barbary Coast

위스키를 부드럽게 만드는 생크림

'버버리 코스트'는 아프리카의 북서안 일대를 가리킨다. 과거에는 해적 때문에 지중해 무역에 피해를 봤다고 하는데, 현재는 관광객들로 붐빈다. 위스키와 생크림이 어우러져 감칠맛이 나고 맛이 부드럽다.

Recipe — **SHAKE**

위스키	15ml
드라이 진	15ml
크렘 드 카카오(화이트)	15ml
생크림	15ml

얼음과 재료를 전부 셰이커에 넣고 흔들어 섞는다. 잔에 따르면 완성.

Memo

아페리티프(식전주)의 반대말은 디제스티프(식후주)다. 일반적으로 브랜디나 디저트 와인을 마시지만, 이 칵테일은 디제스티프로도 제격이다.

맛	단맛		쓴맛
알코올 도수	낮음		높음
용도	Aperitif	After dinner	All day

버버넬라

Bourbonella

버번의 장점이 돋보이는 칵테일

1930년대에 영국의 바텐더, W. 휘트필드가 고안했다고 한다. 드라이 베르무트와 오렌지 큐라소를 더하여 버번만의 감미로운 맛을 더욱 돋보이게 한다.

Recipe — **STIR**

버번 위스키	30ml
드라이 베르무트	15ml
오렌지 큐라소	15ml
그레나딘 시럽	1dash

얼음과 재료를 전부 믹싱 글라스에 넣고 가볍게 섞는다. 잔에 따르면 완성.

Memo

버번의 가능성을 보여주는, 버번 애호가들을 위한 칵테일. 불그스름한 색이 요염하고 아름답다.

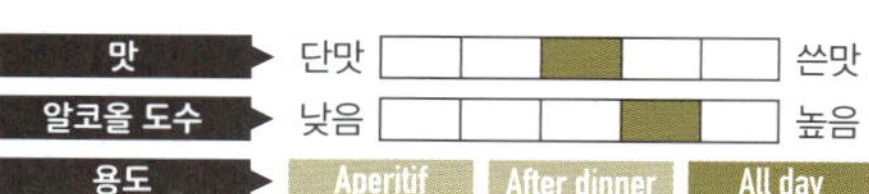

맛	단맛		쓴맛
알코올 도수	낮음		높음
용도	Aperitif	After dinner	All day

LONG **SHORT** FROZEN

허리케인
Hurricane

위스키와 진의 허리케인급 조합

위스키와 드라이 진을 조합하여 주정이 더욱 강해지면서 허리케인과도 같은 강렬함이 있어 붙은 이름이다. 레몬 주스의 산미와 조화를 이루고, 마지막에 입에 맴도는 페퍼민트 향도 상쾌해서 기분이 좋아진다.

Recipe
SHAKE

위스키	15ml
드라이 진	15ml
화이트 페퍼민트	15ml
레몬 주스	15ml

Memo

1940년대에 뉴올리언스에서 만들어진 동명의 럼 베이스 칵테일도 있으므로 유의하자.

얼음과 재료를 전부 셰이커에 넣고 흔들어 섞는다. 잔에 따르면 완성.

맛	단맛					쓴맛
알코올 도수	낮음					높음
용도	Aperitif	After dinner	All day			

LONG **SHORT** FROZEN

헌터
Hunter

향긋한 단맛으로 감싼 위스키

'사냥꾼'이라는 이름이 붙은 이 칵테일은 위스키와 체리 리큐어만으로 만들어 간단하다. 체리 리큐어의 향긋한 단맛이 위스키에 녹아들어 부담 없이 마시기 좋고 맛의 밸런스도 좋다.

Recipe
STIR

라이 위스키	45ml
체리 리큐어	15ml

Memo

체리 리큐어는 역사가 깊은 '히어링 체리 리큐어'를 추천한다.

얼음과 재료를 전부 믹싱 글라스에 넣고 저어 섞는다. 잔에 따르면 완성.

맛	단맛					쓴맛
알코올 도수	낮음					높음
용도	Aperitif	After dinner	All day			

LONG SHORT FROZEN

뷰 카레

Vieux Carré

라이 위스키와 코냑의 심오한 협연

1930년대 뉴올리언스에 있는 호텔에서 월터 베르제론이 고안했다는 역사적인 칵테일이다. 프랑스어로 '오래된 광장'이라는 뜻이며, 뉴올리언스의 프렌치쿼터 지역에서 유래했다고 한다.

Recipe
BUILD

라이 위스키	20ml
코냑	20ml
스위트 베르무트	20ml
베네딕틴	1tsp.
앙고스투라 비터스	2dash

Memo

미국산 라이 위스키와 프랑스산 코냑을 재료로 사용하는 데는, 이 칵테일이 만들어진 환경에서 영향을 받았을지도 모른다.

얼음을 담은 잔에 재료를 전부 넣고 가볍게 섞는다. 오렌지 필을 곁들이면 완성.

맛	단맛	쓴맛
알코올 도수	낮음	높음
용도	Aperitif	After dinner	All day

LONG SHORT FROZEN

불바디에

Boulevardier

네그로니의 원형으로도 꼽히는 칵테일

파리 문예지 「Boulevardier」의 기자인 어스킨 그윈이 고안했다고 하며, 1927년에 출간된 칵테일 북에도 기록이 남아 있는 클래식 칵테일. 프랑스어로 '멋쟁이 남자'를 의미한다. 해외에서는 애호가들도 즐겨 마시는 스테디셀러 칵테일이다.

Recipe
BUILD

버번 위스키	20ml
스위트 베르무트	20ml
캄파리	20ml

Memo

버번을 라이 위스키로 바꿔도 맛있다.

얼음을 담은 잔에 재료를 전부 넣고 가볍게 섞는다. 자른 오렌지를 곁들이면 완성.

맛	단맛	쓴맛
알코올 도수	낮음	높음
용도	Aperitif	After dinner	All day

LONG　SHORT　FROZEN

블러드 앤 샌드

Blood & Sand

소설에서 따온 산뜻한 칵테일

스페인 소설가가 한 투우사의 삶을 그린 『피와 모래』에서 따온 칵테일. 달콤하고 향신료 향이 살아 있는 스위트 베르무트에 향긋한 체리 리큐어, 오렌지 주스가 더해져 입맛이 부드럽다.

Recipe
SHAKE

위스키	15ml
스위트 베르무트	15ml
체리 리큐어	15ml
오렌지 주스	15ml

얼음과 재료를 전부 셰이커에 넣고 흔들어 섞는다. 잔에 따르면 완성.

Memo

이 칵테일과 동명(〈피와 모래〉)의 영화도 여러 편 제작되었다. 2001년에는 다카라즈카 가극단에서도 공연했다.

맛	단맛						쓴맛
알코올 도수	낮음						높음
용도	Aperitif		After dinner		All day		

LONG　SHORT　FROZEN

브루클린

Brooklyn

맨해튼 옆 동네의 칵테일

맛이 드라이 맨해튼(P83)과 비슷하다고 해서, 맨해튼 옆 동네인 '브루클린'이라는 이름을 붙였다고 한다. 쌉싸름한 아메르 피콩과 마라스키노의 풍미가 라이 위스키와 조화를 이룬다.

Recipe
SHAKE

라이 위스키	40ml
드라이 베르무트	20ml
아메르 피콩	1dash
마라스키노	1dash

Memo

브루클린은 뉴욕시에 있는 행정구의 명칭이다. 이 지역에서만 '뉴욕', '맨해튼', '브롱크스' 등 지명을 딴 칵테일이 많이 만들어졌다.

얼음과 재료를 전부 셰이커에 넣고 흔들어 섞는다. 잔에 따르면 완성.

맛	단맛						쓴맛
알코올 도수	낮음						높음
용도	Aperitif		After dinner		All day		

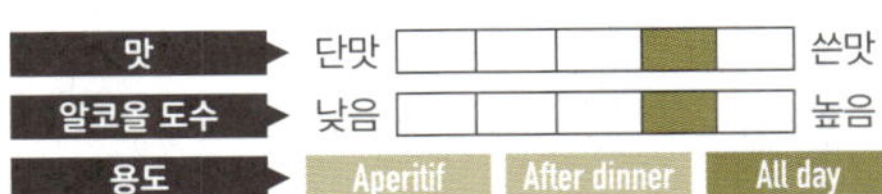

LONG SHORT FROZEN

페니실린

Penicillin

두 가지 스카치 위스키를 사용한 칵테일

2005년에 뉴욕의 바텐더가 고안했으며, 이름은 동명의 항생 물질 '페니실린'에서 따왔다. 두 가지 스카치 위스키와 레몬과 생강의 풍미가 어우러지고 상쾌해서 부담 없이 마시기 좋다. 인기 스테디셀러 메뉴로 자리 잡아 가고 있다.

Recipe

SHAKE

스카치 위스키(블렌디드)	45ml
스카치 위스키(아일러몰트)	15ml
레몬 주스	15ml
꿀	2~3tsp.
진저 시럽	1tsp.

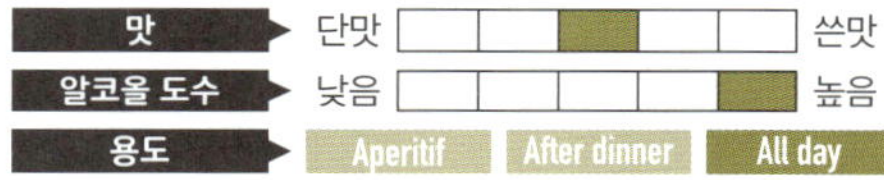

Memo

꿀에 절인 생강이 있으면 더욱 만들기 편해진다.

스카치 위스키(아일러 몰트)를 제외한 재료와 얼음을 셰이커에 넣고 흔들어 섞는다. 얼음을 담은 잔에 따른 다음 그 위에 아일러 몰트를 조심히 따라 층을 만든다. 레몬 필을 잔에 넣으면 완성.

맛	단맛					쓴맛
알코올 도수	낮음					높음
용도	Aperitif	After dinner	All day			

LONG SHORT FROZEN

베네딕트

Benedict

허브를 사용한 베네딕틴을 듬뿍 넣은 칵테일

스카치 위스키에 다양한 허브와 약초를 담가 만드는 베네딕틴을 듬뿍 넣어 만드는 칵테일. 진저에일의 단맛과 탄산이 어우러져 입맛이 상쾌하고 향기로워 편히 마시기 좋다.

Recipe

BUILD

스카치 위스키	30ml
베네딕틴	30ml
진저에일	30ml

Memo

진저에일은 생강 맛이 많이 나는 제품을 추천한다. 조금만 (30ml) 넣는 것이 포인트다.

얼음을 담은 잔에 진저에일을 제외한 재료를 넣고 섞는다. 차가운 진저에일을 따르고 가볍게 섞으면 완성.

맛	단맛					쓴맛
알코올 도수	낮음					높음
용도	Aperitif	After dinner	All day			

LONG **SHORT** FROZEN

홀인원

Hole In One

각 소재의 특색이 빛나는 칵테일

영국의 바텐더 L. 리카드가 고안했다고 하며, 골프 용어에서 유래한 칵테일이다. 향이 풍부한 드라이 베르무트와 감귤류 주스의 맛, 위스키의 향긋함 등이 잔 안에 응축되어 있다.

Recipe
SHAKE

스카치 위스키	45ml
드라이 베르무트	15ml
레몬 주스	2dash
오렌지 주스	1dash

Memo

골프에 관한 칵테일로는 세인트 앤드루스(P81)와 '알바트로스'가 유명하다.

얼음과 재료를 전부 셰이커에 넣고 흔들어 섞는다. 잔에 따르면 완성.

맛	단맛 ▢▢▢▩▢ 쓴맛
알코올 도수	낮음 ▢▢▢▩▢ 높음
용도	Aperitif / After dinner / **All day**

LONG SHORT FROZEN **HOT**

핫 위스키 토디

Hot Whisky Toddy

긴장이 풀리며 몸이 따뜻해지는 칵테일

뜨거운 물을 타서 즐기며, 예로부터 사랑받아 온 칵테일. '토디'란 스피릿과 설탕(설탕 시럽)에 찬물이나 뜨거운 물을 붓는 스타일을 말한다. 레몬과 클로브의 향이 은은하게 난다. 취향에 따라 시나몬 스틱을 넣어도 좋다.

Recipe
BUILD

위스키	45ml
설탕 시럽	1~2tsp.
뜨거운 물	적당량

Memo

스코틀랜드에서는 약용 효과가 있다고 하여 추운 날씨에 몸을 데우는 최고의 칵테일로 인기를 누려 왔다.

잔에 위스키와 설탕 시럽을 넣고 섞는다. 뜨거운 물에 채우고 더 섞은 다음 레몬 슬라이스와 클로브 두세 개를 넣으면 완성.

맛	단맛 ▢▢▩▢▢ 쓴맛
알코올 도수	낮음 ▢▢▩▢▢ 높음
용도	Aperitif / After dinner / **All day**

바비 번스

Bobby Burns

스카치 위스키를 사랑한 시인의 이름을 딴 칵테일

스카치 위스키를 더없이 사랑하고 많은 시를 세상에 남긴 스코틀랜드의 시인, 로버트(바비) 번스의 이름을 딴 칵테일. 허브 리큐어인 베네딕틴도 절묘하게 존재감을 드러낸다.

Recipe
STIR

스카치 위스키	40ml
스위트 베르무트	20ml
베네딕틴	1tsp.

얼음과 재료를 전부 믹싱 글라스에 넣고 저어 섞는다. 잔에 따르고 레몬 필을 짜 넣으면 완성.

Memo

런던 사보이 호텔의 해리 크래독이 고안했다. 1930년에 출간된 『사보이 칵테일북(The Savoy Cocktail Book)』에도 실려 있다.

맛	▶ 단맛						쓴맛
알코올 도수	▶ 낮음						높음
용도	▶	Aperitif	After dinner	All day

마이애미 비치(위스키 베이스)

Miami Beach

한여름의 태양을 쬐며 맛보고 싶은 칵테일

마이애미 해변처럼 한여름의 태양이 내리쬐는 뜨겁고 개방적인 분위기를 지닌 칵테일. 위스키와 드라이 베르무트의 쌉쌀한 맛 속에 자몽의 산미가 더해져 여름에 어울리는 상쾌한 칵테일이다.

Recipe
SHAKE

위스키	30ml
드라이 베르무트	15ml
자몽 주스	15ml

Memo

럼 베이스로 만드는 동명의 칵테일도 있으니 유의하자.

얼음과 재료를 전부 셰이커에 넣고 흔들어 섞는다. 잔에 따르면 완성.

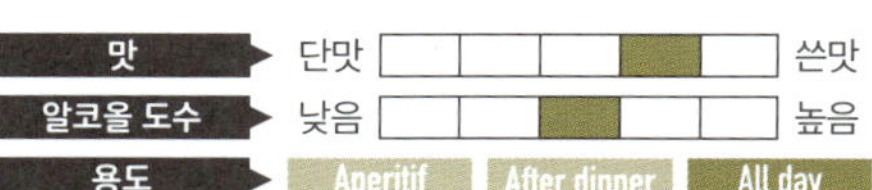

맛	▶ 단맛						쓴맛
알코올 도수	▶ 낮음						높음
용도	▶	Aperitif	After dinner	All day

마미 테일러

Mamie Taylor

오랫동안 사랑받아 온 스탠더드 칵테일

정말 '어머니의 맛'이라고 하고 싶을 정도로 질리지 않는 스탠더드한 칵테일. 레몬 주스의 산뜻한 산미가 향긋한 스카치 위스키를 돋보이게 하여 청량감 있는 맛을 낸다. '스카치 벅'이라고도 부른다.

Recipe
BUILD

스카치 위스키	45ml
레몬 주스	20ml
진저에일	적당량

얼음이 담긴 잔에 진저에일을 제외한 재료를 따르고 차가운 진저에일로 채운다. 레몬 조각을 곁들이면 완성.

Memo

베이스를 진으로 바꾸면 '마미즈 시스터', 럼이라면 '수지 테일러', 버번이라면 '마미즈 서던 시스터'가 된다.

맛	단맛						쓴맛
알코올 도수	낮음						높음
용도		Aperitif	After dinner	All day	

맨해튼

Manhattan

100년 넘게 사랑받아 온 '칵테일의 여왕'

뉴욕에서 만들어져 100년 넘게 '칵테일의 여왕'으로서 전 세계에서 사랑받아 온 칵테일. 스위트 베르무트의 부드러운 단맛이 위스키를 부드럽게 감싼다. 변형 칵테일도 다양하다.

Recipe
STIR

버번 위스키	45ml
스위트 베르무트	15ml
앙고스투라 비터스	1dash

얼음과 재료를 전부 믹싱 글라스에 넣고 저어 섞는다. 잔에 따른 다음 체리를 장식하고 레몬 필을 짜 넣으면 완성.

Memo

체리를 파슬리로 바꾸면 '센트럴 파크'라는 칵테일이 된다. 캐주얼한 바에서는 주문할 수도 있다.

맛	단맛						쓴맛
알코올 도수	낮음						높음
용도		Aperitif	After dinner	All day	

미스티 네일

Misty Nail

섬세하고 풍부한 풍미를 가진 아이리시 칵테일

입맛이 부드러운 아이리시 위스키에 같은 아일랜드산인 리큐어, 아이리시 미스트를 더한 심플한 칵테일. 아이리시 미스트의 달콤하고 풍부한 풍미가 아이리시 위스키와 잘 어우러진다.

Recipe BUILD		
	아이리시 위스키	45ml
	아이리시 미스트	15ml

Memo

'Misty'는 '안개의, 안개 모양의'라는 뜻이다. 사용하는 얼음을 크러시드 아이스로 바꾸는 방법도 추천한다.

얼음을 담은 잔에 재료를 넣고 잘 섞으면 완성. 취향에 따라 레몬 필을 짜 넣어도 된다.

맛	단맛					쓴맛
알코올 도수	낮음					높음
용도	Aperitif	After dinner	All day

민트 줄렙

Mint Julep

유명한 켄터키 더비 공식 음료

미국에서 만들어졌다. 버번 위스키에 설탕 시럽과 탄산수만 넣은 간단한 조합에 민트 잎으로 포인트를 주었다. 민트 잎을 으깨면 상쾌한 향이 퍼지면서 청량감 만점이다. 더운 여름에 목을 축이고 싶은 칵테일이다.

Recipe BUILD		
	버번 위스키(또는 라이 위스키)	60ml
	설탕 시럽	2tsp.
	탄산수	적당량
	민트 잎	적당량

Memo

민트는 집에서도 쉽게 키울 수 있어, 수제 민트를 사용하는 것도 추천한다.

크러시드 아이스를 채운 잔에 재료를 전부 넣고 민트 잎을 으깨듯이 섞는다. 취향에 따라 민트 잎과 오렌지 등을 장식하고 빨대를 꽂으면 완성.

맛	단맛					쓴맛
알코올 도수	낮음					높음
용도	Aperitif	After dinner	All day

LONG　**SHORT**　**FROZEN**　　　▼ **Original**

해후

Meguriai

보기에도 산뜻한 최고의 한 잔

영화 〈러브 어페어〉의 일본어판 제목 '해후'에서 이름을 딴 칵테일. 버번 위스키와 그랑 마르니에의 조합은 언뜻 보면 안 어울릴 것 같지만, 두 재료가 자아내는 감미로운 맛은 그야말로 일품이다.

Recipe

SHAKE

버번 위스키	30ml
그랑 마르니에	10ml
크렘 드 카시스	10ml
레몬 주스	10ml

얼음과 재료를 전부 셰이커에 넣고 흔들어 섞는다. 잔에 따르고 체리를 장식하면 완성.

Memo

저자가 좋아하는 러브 로맨스 영화 〈러브 어페어〉에서 힌트를 얻어 이름을 붙였다.

맛	단맛					쓴맛
알코올 도수	낮음					높음
용도		Aperitif	After dinner	All day

LONG　**SHORT**　**FROZEN**

러스티 네일

Rusty Nail

역사가 있는 드람뷔와 위스키의 조화

'녹슨 못', '예스러운'이란 의미가 있으며, 오랫동안 위스키파 사람들의 사랑을 받아 온 칵테일. 위스키로 만드는 리큐어 중에서도 역사가 있는 드람뷔를 조합했다. 묵직한 위스키와의 하모니를 즐겨 보자.

Recipe

BUILD

| 위스키 | 45ml |
| 드람뷔 | 15ml |

얼음을 담은 잔에 재료를 전부 넣고 잘 섞으면 완성.

Memo

베이스를 아이리시 미스트로 바꾸면 미스티 네일(P94)이 된다.

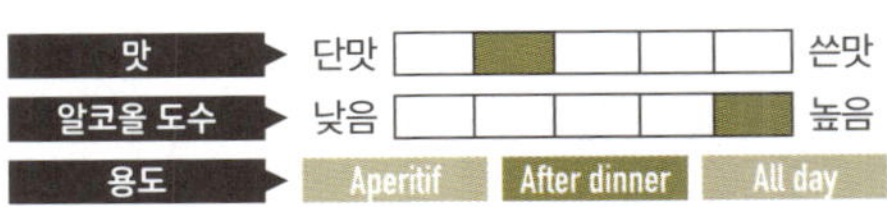

맛	단맛					쓴맛
알코올 도수	낮음					높음
용도		Aperitif	After dinner	All day

95

롭 로이

Misty Nail

영웅의 이름을 딴 스카치 베이스의 맨해튼

'붉은 머리 로버트'로 불리며 사람들에게 금품을 나눠 주어 영웅으로 추앙된 스코틀랜드 출신 의적의 이름을 붙였다. 맨해튼(P93)의 베이스를 스카치 위스키로 바꾸어 만들기 때문에 '스카치 맨해튼'으로도 불린다.

Recipe STIR		
스카치 위스키		45ml
스위트 베르무트		15ml
앙고스투라 비터스		1dash

얼음과 재료를 전부 믹싱 글라스에 넣고 저어 섞은 다음 칵테일 잔에 따른다. 체리를 장식하고 레몬 필을 짜 넣으면 완성.

Memo

바비 번스(P92)와 마찬가지로 사보이 호텔의 해리 크래독이 고안했다. 1930년에 출간된 『사보이 칵테일북』에도 실려 있다.

맛	단맛	쓴맛
알코올 도수	낮음	높음
용도	Aperitif　After dinner　All day	

워드 에이트

Ward Eight

보스턴의 행정 구역 출범을 기념하는 칵테일

보스턴시를 8구로 나눈 구역 정책이 시작된 것을 기념하여 만들어진 상큼한 칵테일. 레몬과 오렌지 주스의 과일 향 가득한 산미가 라이 위스키의 진한 맛과 조화를 이룬다.

Recipe SHAKE		
라이 위스키		30ml
레몬 주스		15ml
오렌지 주스		15ml
그레나딘 시럽		2dash

얼음과 재료를 전부 셰이커에 넣고 흔들어 섞는다. 잔에 따르면 완성.

Memo

1898년에 창작되었다는 기록이 남아 있는 역사적인 칵테일. 여전히 꾸준한 인기를 자랑한다.

맛	단맛	쓴맛
알코올 도수	낮음	높음
용도	Aperitif　After dinner　All day	

Vodka

보드카

진과 마찬가지로 주로 곡류를 원료로 발효하고 증류하여 활성탄에 걸러 불필요한 맛을 내는 성분을 뺀 무색투명한 증류주(스피릿)다. 알코올 도수는 40~96도로 매우 다양하다. 무미 무취하고 깔끔하여 다양한 칵테일 제조에 적합하다. 러시아가 처음 만들었다고 하며, 1917년 러시아 혁명 이후에는 미국과 북유럽에서도 생산하게 되었다.

아쿠아

Aqua

아름다운 에메랄드그린 칵테일

맑은 바다가 떠오르는 에메랄드그린의 아름다움과 부글부글 끓어오르는 탄산의 시원한 거품이 매력적이다. 민트의 상쾌한 풍미 속에 라임 주스의 산미가 어우러져 기분 좋은 입맛을 자랑한다.

Recipe
SHAKE

보드카	30ml
그린 페퍼민트	20ml
라임 주스	10ml
토닉 워터	적당량

Memo

아름다운 초록색은 물론이고 맛이 쉽게 상상되는 심플한 이름도 멋지다.

토닉 워터를 제외한 재료와 얼음을 셰이커에 넣고 흔들어 섞는다. 얼음을 담은 잔에 따르고 시원한 토닉 워터로 채운다. 레몬 조각을 곁들이면 완성.

맛	단맛			■			쓴맛
알코올 도수	낮음		■				높음
용도		Aperitif	After dinner	All day			

Original

뜨거운 시선

Atsuimanazashi

달콤하고 부드러운 맛을 즐기는 칵테일

입맛이 좋은 패션프루트 리큐어, 파쏘아를 사용해서 부드럽고 달콤한 맛을 즐길 수 있다. 감귤류의 신맛을 싫어하는 사람에게도 추천할 만한 정열적이고 화려한 칵테일이다.

Recipe
SHAKE

보드카	20ml
패션프루트 리큐어(파쏘아)	20ml
화이트 큐라소(쿠앵트로)	10ml
오렌지 주스	10ml

Memo

마음에 둔 사람을 떠올리며 '뜨거운 시선'을 전한다는 마음으로 마시고 싶은 칵테일이다.

얼음과 재료를 전부 셰이커에 넣고 흔들어 섞는다. 잔에 따른 다음 취향에 따라 체리와 꽃을 장식하면 완성.

맛	단맛			■			쓴맛
알코올 도수	낮음			■			높음
용도		Aperitif	After dinner	All day			

LONG **SHORT** FROZEN

안젤로

Angelo

천사가 자아내는 심오한 맛

'천사'라는 이름이 붙었지만, 실은 과일 향미가 가득한 칵테일이다. 수십 가지 과일과 허브로 만든 리큐어, 서던 컴포트와 과일 주스만의 깊이 있는 맛을 즐길 수 있다.

Recipe
SHAKE

보드카	30ml
서던 컴포트	10ml
갈리아노	10ml
오렌지 주스	40ml
파인애플 주스	40ml

Memo

보드카를 제외한 부재료 모두 개성적인 재료이다. 그런데도 흔들어 섞으면 잘 어우러져 신기한 칵테일이다.

얼음과 재료를 전부 셰이커에 넣고 흔들어 섞는다. 얼음을 담은 잔에 따르고 파인애플을 장식하면 완성.

맛	단맛					쓴맛
알코올 도수	낮음					높음
용도	Aperitif	After dinner	All day

LONG SHORT FROZEN　　　🍸 Original

옐로 매직

Yellow Magic

진하고, 두드러진 개성의 상승 효과

일본의 음악 그룹 '옐로 매직 오케스트라(YMO)'에서 유래했다. YMO를 좋아하는 고객의 요청에 따라 진한 재료들을 조합하여 만든 칵테일이다. 두드러지는 단맛과 초콜릿의 쓴맛이 상승효과를 낳는다.

Recipe
SHAKE

보드카	15ml
아드보카트	15ml
바나나 리큐어(볼스)	15ml
생크림	15ml

Memo

칵테일의 색깔도 '옐로'로 표현했다.

얼음과 재료를 전부 셰이커에 넣고 흔들어 섞는다. 잔에 따르고 얇게 깎은 초콜릿을 띄우면 완성.

맛	단맛					쓴맛
알코올 도수	낮음					높음
용도	Aperitif	After dinner	All day

보드카 아이스버그

Vodka Ice-Berg

아름다운 빙산에 숨은 강한 알코올

커다란 얼음을 '빙산'에 비유하여 투명한 느낌으로 가득한 심플한 칵테일. 하지만 보기와는 달리 알코올 도수가 상당히 높아 입가에 열기를 느껴질 정도다. 보드카의 강렬함과 페르노의 향기가 이루는 조화를 만끽해보자.

Recipe
BUILD

| 보드카 | 60ml |
| 페르노 | 1tsp. |

Memo

잡지 「에스콰이어」에서 주최한 '유명인이 만든 칵테일'이라는 코너에서 미국 언론인, 낸시 버그가 고안했다.

큰 얼음을 담은 잔에 재료를 전부 따르고 가볍게 섞으면 완성.

맛	단맛				■	쓴맛
알코올 도수	낮음				■	높음
용도	Aperitif	After dinner	**All day**

보드카 김렛

Vodka Gimlet

보드카를 그대로 맛보는 드라이한 칵테일

진을 베이스로 만드는 스테디셀러 칵테일, 김렛(P35)의 보드카 버전이다. 김렛보다 깨끗한 맛을 즐길 수 있는 칵테일이다. 재료가 간단해서 보드카를 좋아하는 사람이라면 아주 좋아할 만한 깔끔한 맛이 특징이다.

Recipe

SHAKE

보드카	45ml
라임 주스	15ml
설탕 시럽	1tsp.

Memo

라임 주스가 아닌 코디얼 라임으로 만들거나, 시럽 없이 깔끔하게 만드는 가게도 있다.

얼음과 재료를 전부 셰이커에 넣고 흔들어 섞는다. 잔에 따르면 완성.

맛	단맛				■	쓴맛
알코올 도수	낮음				■	높음
용도	Aperitif	After dinner	**All day**

보드카 토닉

Vodka Tonic

진 토닉의 베이스를 보드카로 변경

진 토닉(P41)의 베이스를 보드카로 바꿔 만드는 칵테일. 보드카의 강렬하고 깨끗한 맛과 라임의 드라이한 산미가 토닉 워터와 어우러져 상쾌한 맛을 낸다.

Recipe
BUILD

보드카	45ml
토닉 워터	적당량

취향에 따라 보드카 양을 조절해보자. 라임 대신 레몬을 사용해도 맛있다.

얼음을 담은 잔에 보드카를 따르고 차가운 토닉 워터로 채운다. 가볍게 섞은 다음 라임 조각을 곁들이면 완성.

맛	단맛					쓴맛
알코올 도수	낮음					높음
용도	Aperitif		After dinner		All day	

보드카 마티니

Vodka Martini

보드카로 만드는 부드러운 마티니

마티니(P62)의 베이스를 보드카로 바꾸어 만든다. '캥거루'나 '보드카티니'라는 별칭으로도 불린다. 진 베이스 마티니보다 맛이 부드럽다. 온더록스 스타일로 즐겨도 좋다.

Recipe
STIR

보드카	50ml
드라이 베르무트	10ml

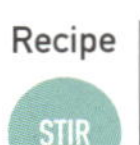

007에 등장하는 본드 마티니(P122)는 "Vodka Martini, Shaken, not stirred"라는 대사처럼 보드카 마티니를 젓지 않고 흔들어 만드는 스타일이다.

얼음과 재료를 전부 믹싱 글라스에 넣고 저어 섞는다. 잔에 따른 다음 칵테일 핀에 꽂은 올리브를 넣는다. 레몬 필을 짜 넣으면 완성.

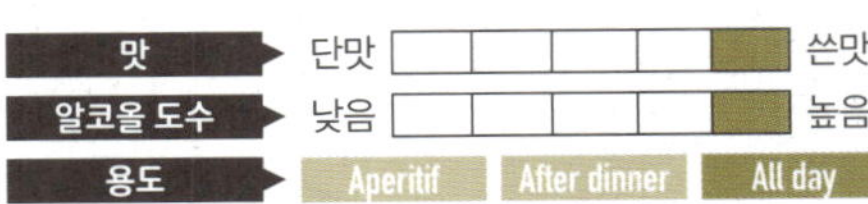

맛	단맛					쓴맛
알코올 도수	낮음					높음
용도	Aperitif		After dinner		All day	

보드카 리키

Vodka Rickey

라임의 상큼한 과육이 풍기는 상쾌한 향

'리키'는 칵테일의 스타일 중 하나로, 스피릿에 라임 과육과 탄산수를 더한 것이다. 라임을 으깨어 취향에 따라 산미를 조절하며 즐기는 재미도 있다. 라임을 넣지 않으면 '보드카 소다'가 된다.

Recipe
BUILD

보드카	45ml
탄산수	적당량
자른 라임	1/2개

잔에 라임을 짜 넣은 다음 얼음을 담고 보드카를 따른다. 차가운 탄산수로 채운다. 가볍게 섞은 후 머들러를 곁들이면 완성.

Memo

같은 방법으로 만드는 진 리키(P45)에 비해 보드카 리키는 더 직접적으로 라임의 풍미가 느껴진다.

맛	단맛					쓴맛
알코올 도수	낮음					높음
용도	Aperitif	After dinner	All day

에스프레소 마티니

Espresso Martini

최근 인기 급상승 중인 마티니

1980년대에 런던에서 만들어졌다고 한다. 에스프레소의 쓴맛과 설탕 시럽의 단맛이 어우러진 칵테일로, 세계적으로도 인기 급상승 중이다. 다양한 제조법이 존재하며, 바뿐만 아니라 커피 전문점에서 제공하기도 한다.

Recipe
SHAKE

보드카	40ml
커피 리큐어	30ml
에스프레소	30ml
설탕 시럽	1tsp.

얼음과 재료를 전부 셰이커에 넣고 흔들어 섞는다. 잔에 따르고 초콜릿을 깎아 넣으면 완성.

Memo

마티니(P62)다운 요소가 없는데도 마티니란 말이 붙는 신기한 칵테일이다.

맛	단맛					쓴맛
알코올 도수	낮음					높음
용도	Aperitif	After dinner	All day

카미카제

Kamikaze

일본 이름이 붙여진 미국산 칵테일

일본식 이름이 붙여졌지만, 미국 서해안에서 처음 만들어졌다. 그 이름에서 알 수 있듯이, 술맛이 강하고 화이트 큐라소의 향미가 살아 있는 다소 톡 쏘는 입맛이 특징이다. 특히 보드카 애호가들에게 권하고 싶다.

Recipe — SHAKE

보드카	30ml
화이트 큐라소	20ml
라임 주스	20ml

얼음과 재료를 전부 셰이커에 넣고 흔들어 섞는다. 큰 얼음 덩어리를 담은 잔에 따르면 완성.

Memo

"톡 쏘는 예리함은 일본 가마쿠라시대의 원구(원나라의 일본 원정을 말한다-옮긴이)로부터 일본을 구했다는 '카미카제'를 방불케 한다"라는 설명을 굳이 손님에게 하게 되었다.

맛	단맛						쓴맛
알코올 도수	낮음						높음
용도		Aperitif	After dinner	**All day**

걸프 스트림

Gulf Stream

강력하고 거대한 멕시코 해류를 표현한 칵테일

걸프 스트림은 세계적으로도 크고 강한 해류인 '멕시코 만류'를 말한다. 푸르른 카리브해가 떠오른다. 리큐어와 주스가 들어가 과일 향이 가득한 산미와 단맛이 녹아들어 남국다운 풍부한 맛을 즐길 수 있다.

Recipe — SHAKE

보드카	20ml
피치 리큐어	20ml
블루 큐라소	10ml
자몽 주스	30ml
파인애플 주스	20ml

얼음과 재료를 전부 셰이커에 넣고 흔들어 섞는다. 얼음이 담긴 잔에 따르고 파인애플과 체리 등을 장식하면 완성.

Memo

멕시코 만류를 표현한 칵테일 같지만, 만들어진 경위가 확실하지 않아 수수께끼가 많다.

맛	단맛						쓴맛
알코올 도수	낮음						높음
용도		Aperitif	After dinner	**All day**

LONG　**SHORT**　FROZEN

키스 오브 파이어

Kiss of Fire

재즈 명곡에서 유래한 매혹적인 칵테일

재즈 명곡의 제목을 딴 칵테일. 슬로 진의 새콤달콤한 풍미와 드라이 베르무트의 허브향이 어우러져 매혹적이다. 스노 스타일로 묻힌 설탕과 함께 마시는 재미도 있다.

Recipe
SHAKE

보드카	20ml
슬로 진	20ml
드라이 베르무트	20ml
레몬 주스	1tsp.

Memo

1955년 '제5회 올 재팬 드링크스 콩쿠르'에서 1위를 차지한 이시오카 겐지의 작품이다.

얼음과 재료를 전부 셰이커에 넣고 흔들어 섞는다. 스노 스타일(설탕)로 만든 잔에 따르면 완성이다.

맛	단맛						쓴맛
알코올 도수	낮음						높음
용도		Aperitif	After dinner	All day			

LONG　SHORT　FROZEN

케이프 코더

Cape Codder

참을 수 없는 크랜베리의 새콤달콤함

미국 매사추세츠주에 있는 크랜베리의 산지로 유명한 '케이프 코드'에서 이름을 따왔다. 심플한 칵테일이어서 변형도 다수 존재한다. 그 일례로 시 브리즈(P107), 베이 브리즈(P119)를 들 수 있다.

Recipe
BUILD

보드카	45ml
크랜베리 주스	적당량

Memo

라임 대신 레몬으로 장식해도 된다. 좋아하는 만큼 짜 넣어 신맛을 조절해보자.

얼음을 담은 잔에 보드카를 따르고 크랜베리 주스로 채운다. 가볍게 섞은 다음 라임을 곁들이면 완성.

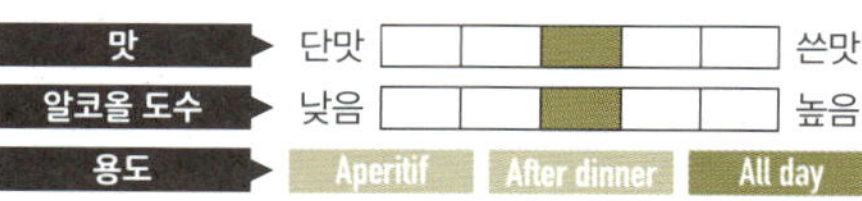

맛	단맛						쓴맛
알코올 도수	낮음						높음
용도		Aperitif	After dinner	All day			

LONG SHORT FROZEN

코사크

Cossack

강인한 기병대를 방불케 하는 보드카와 브랜디

코사크는 러시아 제국 시대에 활약한 기병대로, '담대한 자'라는 뜻한다. 보드카에 브랜디라는 강력한 조합이 강한 군대를 상상하게 만든다. 그 속에서도 브랜디의 깊은 맛과 라임의 가벼운 향을 즐길 수 있다.

Recipe
SHAKE

보드카	30ml
브랜디	20ml
라임 주스	10ml
설탕 시럽	1tsp.

Memo

같은 양의 보드카와 브랜디를 사용하여 만들기도 한다.

얼음과 재료를 전부 셰이커에 넣고 흔들어 섞는다. 잔에 따르면 완성.

맛	단맛	쓴맛
알코올 도수	낮음	높음
용도	Aperitif	After dinner	All day

LONG **SHORT** FROZEN

코스모폴리탄

Cosmoporitan

연약해 보이지만 알코올이 강한 칵테일

코스모폴리탄은 '지구 시민, 세계주의자, 국제인'이라는 뜻. 여성의 사회 진출이 현저해진 시대와 맞물려 인기를 얻은 칵테일이다. 인기 미국 드라마 〈섹스 앤 더 시티〉에서도 등장해 주목받았다.

Recipe
SHAKE

보드카	30ml
화이트 큐라소	10ml
크랜베리 주스	10ml
라임 주스	10ml

Memo

알코올 도수를 낮추고 싶다면, 보드카 양을 줄이고 크랜베리 주스의 양으로 조절한다.

얼음과 재료를 전부 셰이커에 넣고 흔들어 섞는다. 잔에 따르면 완성.

맛	단맛	쓴맛
알코올 도수	낮음	높음
용도	Aperitif	After dinner	All day

갓마더

God-Mother

온화하고 부드러운 향기가 포근하게 퍼지는 칵테일

갓파더(P79)의 베이스를 위스키에서 보드카로 바꾸어 만든다. 살구씨로 향을 입힌 리큐어, 아마레토의 풍미가 부드러워 온화한 단맛과 아몬드 같은 향기를 즐길 수 있다.

Recipe
BUILD

보드카	45ml
아마레토	15ml

얼음을 담은 잔에 재료를 전부 넣고 섞으면 완성.

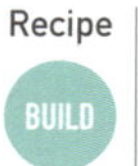

Memo

기본적으로 무미 무취한 보드카를 사용하여 갓파더에 비해 아마레토의 풍미가 더욱 돋보인다.

맛	단맛 ▮▮▮ 쓴맛
알코올 도수	낮음 ▮▮▮ 높음
용도	Aperitif　After dinner　**All day**

골드 핑거

Gold Finger

약초 계열 향과 파인애플 주스가 이루는 조화

보드카와 이탈리아 육군 소령의 이름을 딴 약초 리큐어인 갈리아노를 섞는다. 갈리아노는 바닐라나 아니스 같은 개성적인 향기를 가진 것이 특징이지만, 파인애플 주스와 섞으면 많은 사람에게 사랑받는 맛이 된다.

Recipe
SHAKE

보드카	20ml
갈리아노	20ml
파인애플 주스	20ml

얼음과 재료를 전부 셰이커에 넣고 흔들어 섞는다. 잔에 따르면 완성

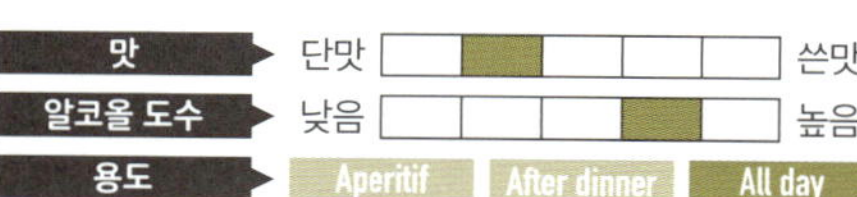

Memo

1946년에 개봉된 영화 〈007 골드핑거〉와 관련이 있을 것 같지만, 딱히 없는 모양이다.

맛	단맛 ▮▮▮ 쓴맛
알코올 도수	낮음 ▮▮▮ 높음
용도	Aperitif　After dinner　**All day**

LONG **SHORT** FROZEN

시 브리즈

Sea Breeze

알코올 도수가 낮아 달게 마시기 좋은 칵테일

시 브리즈는 '바닷바람'이라는 뜻이다. 1980년대 미국에서 만들어져 당시 큰 인기를 끌었던 칵테일이다. 과일 주스가 들어가 아름다운 핑크빛을 띤다. 알코올 도수가 낮아 달콤하게 마시기 좋다.

Recipe
SHAKE

보드카	30ml
크랜베리 주스	30ml
자몽 주스	30ml

얼음과 재료를 전부 셰이커에 넣고 흔들어 섞는다. 큰 얼음 덩어리를 담은 잔에 따르면 완성.

Memo

자몽 주스를 파인애플 주스로 바꾸면 베이 브리즈(P119), 오렌지 주스로 바꾸면 마드라스(P122)가 된다.

맛	단맛					쓴맛
알코올 도수	낮음					높음
용도	Aperitif	After dinner	**All day**			

LONG **SHORT** FROZEN

집시

Gypsy

쓴맛이 포인트인 강력한 칵테일

칵테일 말은 '잠깐의 이별'이다. 허브 리큐어인 베네딕틴의 부드러운 단맛과 앙고스투라 비터스의 쓴맛이 자아내는 맛은 심플하고 품위 있지만 어딘가 애틋함도 느껴지는 신비한 칵테일이다.

Recipe
SHAKE

보드카	45ml
베네딕틴	15ml
앙고스투라 비터스	1dash

Memo

베네딕틴은 중세 유럽의 교회에서 꾸준히 만들어 온 비장의 약초 술이다. 이국적인 느낌을 자아내는 풍미가 특징이다.

얼음과 재료를 전부 셰이커에 넣고 흔들어 섞는다. 잔에 따르면 완성.

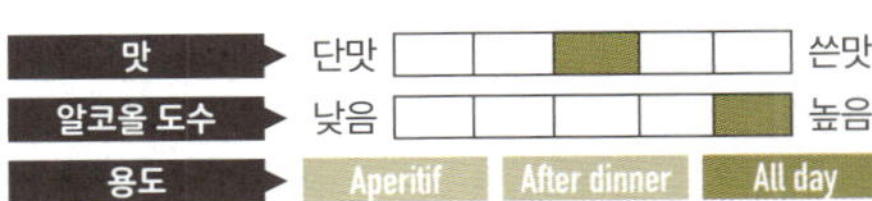

맛	단맛					쓴맛
알코올 도수	낮음					높음
용도	Aperitif	After dinner	**All day**			

LONG　SHORT　FROZEN

스크루드라이버

Screw Driver

나사돌리개로 섞은 것이 그 기원

칵테일 이름은 이란의 유전에서 일하던 미국인들이 보드카와 오렌지 주스를 섞은 칵테일을 스크루드라이버(나사돌리개)로 섞은 데서 유래했다고 한다. 싱그럽고 마시기 좋은 입맛이 매력이다.

Recipe

BUILD

보드카	45ml
오렌지 주스	적당량

얼음을 담은 잔에 재료를 전부 따르고 섞는다. 취향에 따라 자른 오렌지를 장식하면 완성.

Memo

보드카는 튀는 맛이나 향이 없어 오렌지 주스와 섞어도 알코올이 잘 느껴지지 않는다. 달콤한 맛 뒤에 높은 도수가 숨어 있다.

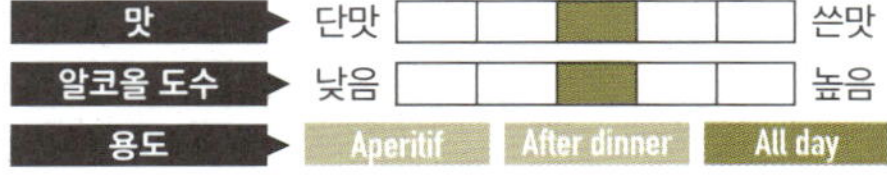

맛	단맛					쓴맛
알코올 도수	낮음					높음
용도	Aperitif	After dinner	All day

LONG　SHORT　FROZEN

슬레지 해머

Sledge Hammer

망치에 맞는 듯한 강한 맛

슬레지 해머란 양손으로 다루는 큰 망치를 말한다. 두 가지 재료로 만드는 심플한 칵테일이지만, 라임의 신맛이 보드카를 돋보이게 해주며 그야말로 '망치에 맞은 듯한' 강력한 맛을 자랑한다.

Recipe
SHAKE

보드카	50ml
라임 주스	10ml

얼음과 재료를 전부 셰이커에 넣고 흔들어 섞는다. 잔에 따르면 완성.

Memo

비슷한 칵테일로 보드카 김렛(P100)이 있다. 설탕 시럽을 넣느냐 넣지 않느냐의 차이일 뿐이다.

맛	단맛					쓴맛
알코올 도수	낮음					높음
용도	Aperitif	After dinner	All day

LONG SHORT FROZEN

섹스 온 더 비치

Sex On The Beach

인기 영화에도 등장하는 어른들의 비장의 칵테일

강렬한 이름을 가진 이 칵테일은 톰 크루즈가 주연을 맡았던 영화 〈칵테일〉에 등장하면서 일약 인기를 얻었다. 멜론 리큐어와 파인애플 주스의 풍미가 어우러져 과일 향미가 가득한 맛을 즐길 수 있다. 보기에도 화려해서 눈도 즐겁다.

Recipe
SHAKE

보드카	30ml
멜론 리큐어	20ml
프랑부아즈 리큐어	30ml
파인애플 주스	60ml

Memo

발상지인 플로리다에서도 다양한 레시피가 존재한다. 이름뿐만 아니라 맛도 캐주얼하다.

얼음과 재료를 전부 셰이커에 넣고 흔들어 섞는다. 크러시드 아이스를 채운 잔에 따른다. 빨대를 꽂고 자른 파인애플을 장식하면 완성.

맛	단맛					쓴맛
알코올 도수	낮음					높음
용도	Aperitif	After dinner	All day			

LONG SHORT FROZEN

솔티 독

Salty Dog

주스처럼 즐길 수 있는 친숙한 칵테일

이름은 영국 해군에서 사용하는 '갑판원'을 뜻하는 속어에서 비롯되었다. 갑판원들이 바닷바람을 맞으며 일을 하는 데서 "짠 내 나는 놈"이라고 불렀다고. 시원한 스노 스타일로 만드는 인기 칵테일이다.

Recipe
BUILD

보드카	45ml
자몽 주스	적당량

Memo

진, 라임, 소금 약간을 흔들어 섞어 만드는 '솔티 독 콜린스'가 원형이다. 지금도 솔티 독을 진 베이스로 만드는 바텐더가 있다.

스노 스타일(소금)로 만든 잔에 얼음을 넣고 재료를 따른다. 섞으면 완성.

맛	단맛					쓴맛
알코올 도수	낮음					높음
용도	Aperitif	After dinner	All day			

솔트 릭

Salt Lick

토닉 워터를 추가한 솔티 독

솔티 독(P109)의 재료에 토닉 워터가 더해져 상쾌한 칵테일. 과일 향미가 가득한 자몽 주스의 산미와 토닉 워터의 탄산이 어우러져 기분 좋게 목을 적셔 준다.

Recipe **BUILD**

보드카	30ml
자몽 주스	45ml
토닉 워터	적당량

스노 스타일(소금)로 만든 잔에 얼음을 담고 보드카와 자몽 주스를 따른다. 토닉 워터로 채우고 섞으면 완성.

Memo

솔트 릭은 '동물이 핥는 소금, 소금을 핥는 장소'를 뜻하는 말이다. 스노 스타일에 사용된 소금이 강조된 칵테일이다.

맛	단맛					쓴맛
알코올 도수	낮음					높음
용도	Aperitif	After dinner	All day

타바리시치(타와리시)

Tovarisch

보드카의 본고장에서 태어난 칵테일

러시아에서 만들어진 칵테일. 이름은 '동료'나 '동지'를 뜻한다. 퀴멜의 달콤하고 풍부한 향과 라임 주스의 상큼한 산미가 잘 어우러져 전체적으로 깔끔한 맛을 즐길 수 있다.

Recipe **SHAKE**

보드카	30ml
퀴멜	15ml
라임 주스	15ml

Memo

퀴멜은 '캐러웨이'를 원료로 만든 달콤한 약초 리큐어다.

얼음과 재료를 전부 셰이커에 넣고 흔들어 섞는다. 잔에 따르면 완성.

맛	단맛					쓴맛
알코올 도수	낮음					높음
용도	Aperitif	After dinner	All day

LONG **SHORT** FROZEN

치치

Chi-Chi

밀키하고 트로피컬한 하와이산 칵테일

하와이에서 만들어진 트로피컬 칵테일인 치치는 미국 속어로 '멋진', '스타일리시한'이라는 뜻이다. 코코넛 밀크가 없을 때는 대신 생크림에 코코넛 리큐어를 첨가하여 만들 수 있다.

Recipe

SHAKE

보드카	30ml
파인애플 주스	60ml
코코넛 밀크	45ml

Memo

럼 베이스로 만든 피냐 콜라다(P148)와 함께 정통 트로피컬 칵테일을 대표한다.

얼음과 재료를 전부 셰이커에 넣고 흔들어 섞는다. 크러시드 아이스를 채운 잔에 따른다. 빨대를 꽂고 자른 파인애플과 체리 등을 장식하면 완성.

맛	단맛						쓴맛
알코올 도수	낮음						높음
용도		Aperitif	After dinner	All day

LONG **SHORT** FROZEN

차린

Czarine

러시아 제국 황후의 이름을 딴 칵테일

러시아 제국 시대의 '황후'를 의미하는 차린. 칵테일이 지닌 고귀한 향기와 품위 있는 분위기는 마치 황후를 방불케 한다. 향이 풍부한 드라이 베르무트와 향긋한 애프리콧 리큐어가 깊은 맛을 연출한다.

Recipe

STIR

보드카	30ml
드라이 베르무트	15ml
애프리콧 리큐	15ml
앙고스투라 비터스	1dash

Memo

'황후'라는 이름만큼 강력한 맛을 자랑한다. 유럽에서 인기 있는 칵테일 중 하나다.

얼음과 재료를 전부 믹싱 글라스에 넣고 저어 섞는다. 잔에 따르면 완성.

맛	단맛						쓴맛
알코올 도수	낮음						높음
용도		Aperitif	After dinner	All day

테이크 파이브

Take Five

재즈 명곡에 감명받아 탄생한 칵테일

재즈 피아니스트, 데이브 브루벡의 명곡 '테이크 파이브'에 감명받은 덴마크의 바텐더가 고안했다고 한다. 허브가 들어간 샤르트뢰즈(그린)와 라임 주스가 어우러져 맛이 상쾌하다.

Recipe
SHAKE

보드카	30ml
샤르트뢰즈(그린)	15ml
라임 주스	15ml

얼음과 재료를 전부 셰이커에 넣고 흔들어 섞는다. 잔에 따르면 완성.

Memo
당시 재즈계에서는 이색적인 리듬인 5/4 박자로 유명해진 명곡의 세계관을 칵테일로 훌륭하게 표현했다.

맛	단맛					쓴맛
알코올 도수	낮음					높음
용도	Aperitif	After dinner	All day

Original

천국의 창문

Tengokunomado

풍부한 헤이즐넛 풍미로 널리 사랑받는 맛

헤이즐넛의 향기와 달콤한 입맛이 생크림과 찰떡궁합이다. 꿈꾸는 듯한 맛은 마치 '천국의 창문' 같다고 표현하고 싶다. 귀여운 핑크빛 비주얼에 무심코 과음하지 않도록 주의하자.

Recipe
SHAKE

보드카	30ml
헤이즐넛 리큐어 (프란젤리코)	30ml
생크림	45ml
그레나딘 시럽	10ml

Memo
딸기 쇼트 케이크를 칵테일로 만든 듯한 맛이 나서, 즐겁게 마시게 되는 칵테일이다.

얼음과 재료를 전부 셰이커에 넣고 흔들어 섞는다. 크러시드 아이스를 담은 잔에 따르고 꽃을 장식하면 완성.

맛	단맛					쓴맛
알코올 도수	낮음					높음
용도	Aperitif	After dinner	All day

LONG　SHORT　FROZEN

바바라

Barbara

식후에 마시고 싶은 디저트 같은 단맛

브랜디 베이스인 알렉산더(P181)의 변형 칵테일로, 일명 '러시안 베어'라고도 한다. 카카오 리큐어와 생크림의 풍부한 단맛이 입안에서 퍼지며 디저트를 먹는 듯한 행복을 맛볼 수 있다. 식후에 즐겨 보자.

Recipe
SHAKE

보드카	30ml
크렘 드 카카오	15ml
생크림	15ml

Memo

단맛을 좋아한다면 모든 재료를 1/3씩(각각 20ml 등) 넣어 만들어도 맛있다.

얼음과 재료를 전부 셰이커에 넣고 흔들어 섞는다. 잔에 따르면 완성.

맛	단맛 ■□□□□ 쓴맛
알코올 도수	낮음 □□□■□ 높음
용도	Aperitif　After dinner　All day

LONG　SHORT　FROZEN

하비 월뱅어

Harvey Wallbanger

벽치기 하비의 달콤한 한 잔

캘리포니아의 서퍼로 알려진 하비가 이 칵테일을 마시고는 술에 취해 벽을 치며 돌아간 모습에서 유래한 이름이라고 한다. 스크루드라이버(P108)에 갈리아노를 더해 더욱 달콤한 맛이 되었다.

Recipe
BUILD

보드카	45ml
갈리아노	10ml
오렌지 주스	적당량

Memo

갈리아노의 양을 조절해 자신의 취향에 맞는 맛을 찾는 재미도 쏠쏠하다.

얼음을 담은 잔에 재료를 전부 넣고 섞는다. 자른 오렌지를 장식하면 완성.

맛	단맛 □■□□□ 쓴맛
알코올 도수	낮음 □□■□□ 높음
용도	Aperitif　After dinner　All day

발랄라이카

Balalaika

보드카의 장점을 느낄 수 있는 드라이한 맛

발랄라이카는 러시아 등지에서 사용되는 민속 악기를 말한다. 사이드카(P185)의 베이스를 보드카로 바꿔 깔끔하고 드라이한 맛을 즐길 수 있다. 화이트 큐라소와 레몬 주스의 상큼함도 한몫한다.

Recipe
SHAKE

보드카	30ml
화이트 큐라소	15ml
레몬 주스	15ml

얼음과 재료를 전부 셰이커에 넣고 흔들어 섞는다. 잔에 따르면 완성.

Memo

베이스를 진으로 바꾸면 화이트 레이디(P61), 럼으로 바꾸면 엑스와이지(P132), 테킬라로 바꾸면 마가리타(P175), 위스키로 바꾸면 사일런트 서드(P79)가 된다.

맛	단맛						쓴맛
알코올 도수	낮음						높음
용도	Aperitif		After dinner		All day		

빅 애플

Big Apple

사과 주스를 사용한 솔티 독

빅 애플은 뉴욕시의 애칭이다. 솔티 독(P109)의 변형 칵테일로 자몽 주스 대신 사과 주스를 사용하여 만든다. 사과의 단맛과 신선한 맛이 보드카와 잘 어울린다.

Recipe
BUILD

보드카	30ml
사과 주스	적당량

얼음을 담은 잔에 보드카를 따르고 차가운 사과 주스로 채운다. 가볍게 섞은 다음 자른 사과를 장식하면 완성.

Memo

보드카에 사과 주스를 타기만 하면 되는 심플한 칵테일이어서 집에서 만들어 보고 싶은 사람에게도 추천하고 싶다.

맛	단맛						쓴맛
알코올 도수	낮음						높음
용도	Aperitif		After dinner		All day		

퍼스트 러브

First Love

첫사랑에 얽힌 추억에 잠길 수 있는 부드러운 맛

카시스와 애프리콧 리큐어를 사용하여 부드럽고 진한 맛으로 완성한 칵테일. 장식은 칵테일을 연출하는 데 중요한 아이템이다. '첫사랑'에서 떠오르는 꽃이나 과일을 자유롭게 골라 보자.

Recipe — SHAKE

보드카	30ml
애프리콧 리큐어(르제)	10ml
크렘 드 카시스(르제)	10ml
레몬 주스	10ml

Memo

가슴이 뜨거워지는 청춘의 추억을 칵테일로 표현했다.

얼음과 재료를 전부 셰이커에 넣고 흔들어 섞는다. 잔에 따르고 취향에 따라 꽃이나 체리 등을 장식하면 완성.

맛	단맛 □□■□□ 쓴맛
알코올 도수	낮음 □□■□□ 높음
용도	Aperitif / After dinner / **All day**

블랙 러시안

Black Russian

추운 밤에 마시는 식후주로 안성맞춤

커피 리큐어의 진한 풍미와 단맛이 애프터 디너로 제격이다. 보드카가 몸속부터 따뜻하게 데워 준다. 부담 없이 마시기 좋은 입맛을 지녔지만, 알코올 도수가 높은 편이니 과음에 주의하자.

Recipe — BUILD

보드카	40ml
커피 리큐어(깔루아)	20ml

Memo

변형으로 생크림을 더한 화이트 러시안(P121)이 있다.

얼음을 담은 잔에 재료를 전부 넣고 잘 섞으면 완성.

맛	단맛 ■□□□□ 쓴맛
알코올 도수	낮음 □□□□■ 높음
용도	Aperitif / After dinner / All day

블러디 시저

Bloody Caesar

클라마토 주스를 사용한 칼칼한 맛

이름은 고대 로마 시대의 정치가 줄리어스 시저에서 따왔다. 대합 추출물과 토마토가 들어간 클라마토 주스를 사용하여 칼칼하면서도 건강한 맛이 난다. 장식용 셀러리를 머들러가 대신 사용해도 된다

Recipe
BUILD

보드카 ····························· 45ml
클라마토 주스 ··············· 적당량

Memo

클라마토 주스에는 클램(대합 추출물)이 들어 있어 섭취된 알코올을 간이 분해하도록 도와준다. 숙취가 있을 때 추천한다.

얼음을 담은 잔에 보드카를 넣고 차가운 클라마토 주스로 채워 가볍게 섞는다. 셀러리와 레몬 조각을 장식하면 완성.

맛	단맛				■		쓴맛
알코올 도수	낮음		■				높음
용도		Aperitif		After dinner		All day	

블러디 메리

Bloody Mary

주스를 사용한 보드카 칵테일 중 가장 오래된

16세기 중반 잉글랜드 여왕인 메리 1세에서 이름을 따왔다. 보드카에 주스를 타는 칵테일 중 가장 역사가 오래된 것으로 알려졌다. 토마토 주스의 풍미가 풍부하여 샐러드를 먹듯이 마시게 되는 건강한 느낌이 매력이다.

Recipe
BUILD

보드카 ····························· 45ml
토마토 주스 ··············· 적당량

Memo

우스터소스(리 앤드 페린스※)나 타바스코, 소금, 후추 등을 더하면 색다른 맛을 즐길 수 있다.

※ 리 앤드 페린스는 영국에서 만들어진 우스터소스다.

얼음을 담은 잔에 보드카를 따르고 차가운 토마토 주스로 채워 가볍게 섞는다. 셀러리와 레몬 조각을 장식하면 완성.

맛	단맛			■		쓴맛
알코올 도수	낮음			■		높음
용도		Aperitif		After dinner		All day

불 샷

Bull Shot

수프처럼 마시는 진귀한 칵테일

보드카에 비프 부용을 더해 수프 같은 맛을 연출했다. 식전주로도 이용한다. 북유럽 등지에서는 금주하기로 정한 날에 이 칵테일을 수프처럼 마시는 곳도 있다고 한다. 비프 부용은 고형 수프를 녹여서 사용해도 된다.

Recipe
BUILD

| 보드카 | 45ml |
| 비프 부용 | 적당량 |

Memo

비프 부용의 맛에 따라 맛이 좌우되는 칵테일이다. 호텔 바에서 만드는 것이 특히 맛있다고 한다.

얼음을 담은 잔에 재료를 넣고 가볍게 섞으면 완성. 취향에 따라 파슬리를 위에 뿌려도 좋다.

맛	단맛						쓴맛
알코올 도수	낮음						높음
용도		Aperitif	After dinner	All day

불독(보드카 베이스)

Bull Dog

심플하고 과일 향미가 가득한 상쾌함이 매력

자몽 주스의 상큼한 산미에 보드카의 알코올 느낌이 어우러진 칵테일. '테일리스 독'이나 '그레이하운드'라고도 부른다. 잔 테두리를 스노 스타일로 만들면 솔티 독(P109)이 된다.

Recipe
BUILD

| 보드카 | 45ml |
| 자몽 주스 | 적당량 |

Memo

생 자몽을 짜면 더욱 신선한 맛이 난다. 루비자몽을 사용하면 핑크 칵테일이 된다.

얼음을 담은 잔에 보드카를 따르고 차가운 자몽 주스로 채운다. 가볍게 섞으면 완성. 자몽 등을 장식해도 좋다.

맛	단맛						쓴맛
알코올 도수	낮음						높음
용도		Aperitif	After dinner	All day

블루 먼데이

Blue Monday

아름다운 맑은 블루와 상쾌한 맛

'우울한 월요일'이라는 이름이 붙은 칵테일이지만, 맑은 푸른빛이 정말 아름답다. 단맛이 없는 보드카와 오렌지 풍미를 가진 화이트 큐라소가 어우러져 상쾌한 맛을 즐길 수 있다.

Recipe
STIR

보드카	45ml
화이트 큐라소	15ml
블루 큐라소	1tsp.

Memo

이름은 우울(블루)하다 지만, 정신이 번쩍들 듯 한 아름다운 파란색을 즐겨 보자.

얼음과 재료를 전부 믹싱 글라스에 넣고 저어 섞는다. 잔에 부으면 완성.

맛	단맛					쓴맛
알코올 도수	낮음					높음
용도		Aperitif	After dinner	All day		

블루 라군

Blue Lagoon

입맛 없는 여름에 마시는 아페리티프로 안성맞춤

'푸른 석호'라는 이름을 가지고 파리에서 태어난 칵테일. 보기에도 시원한 파란색처럼 뒷맛이 깔끔하고 새콤한 레몬도 상큼하다. 푹 푹 찌는 더위에 식욕이 떨어지기 쉬운 여름날 아페리티프로 마시기에도 안성맞춤이다. 대화 분위기도 무르익을 것이다.

Recipe
SHAKE

보드카	30ml
블루 큐라소	20ml
레몬 주스	20ml

Memo

샴페인 잔에 얼음을 담아 롱인지 쇼트인지 구분하기 어려운 칵테일이다.

얼음과 재료를 전부 셰이커에 넣고 흔들어 섞는다. 얼음을 조금 넣은 잔에 따른다. 레몬 슬라이스와 꽃 등을 장식하면 완성. 체리를 장식해도 좋다.

맛	단맛					쓴맛
알코올 도수	낮음					높음
용도		Aperitif	After dinner	All day		

베이 브리즈

Bay Breeze

과일 주스가 듬뿍 든 칵테일

파인애플 주스와 크랜베리 주스를 듬뿍 사용하여 과일 향미가 가득하다. 알코올 도수가 낮고 입맛도 부드럽다. 미국에서는 보드카 베이스 칵테일 중에서 시 브리즈(P107)와 함께 인기가 많다.

Recipe / BUILD

보드카	30ml
파인애플 주스	60ml
크랜베리 주스	60ml

얼음을 담은 잔에 재료를 전부 넣고 가볍게 섞는다. 취향에 따라 파인애플과 체리를 곁들이면 완성.

Memo

파인애플 주스 대신 자몽 주스를 넣은 칵테일이 바로 시 브리즈다. 더욱 단맛이 적은 맛으로 완성된다.

맛	단맛			■		쓴맛
알코올 도수	낮음		■			높음
용도	Aperitif		After dinner		All day	

핫 불 샷

Hot Bull Shot

몸과 마음이 따뜻해지는 따뜻한 수프 같은 칵테일

불 샷(P117)을 핫 드링크 스타일로 만들어 수프처럼 즐길 수 있는 칵테일. 파슬리 외에도 취향에 따라 소금이나 후추, 타바스코 등을 곁들여도 좋다. 추운 날에 이 칵테일을 마시며 몸과 마음을 따뜻하게 데우면서 잠시 쉬고 싶다.

Recipe / BUILD

보드카	45ml
비프 부용(hot)	적당량
파슬리	적당량

데운 비프 부용 속에 보드카를 따르고 섞는다. 파슬리를 위에 뿌리면 완성.

Memo

비프 부용 대신 콩소메를 넣어도 맛있다. 호텔 바(Bar) 중에는 직접 만든 수프를 사용하는 곳도 있다.

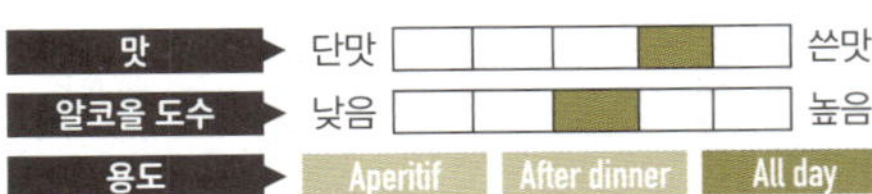

맛	단맛			■		쓴맛
알코올 도수	낮음			■		높음
용도	Aperitif		After dinner		All day	

LONG **SHORT** FROZEN

볼가 보트맨

Volga Boatman

뱃사람들에게 사랑받은 과일 향미가 가득한 칵테일

러시아 볼가강의 뱃사람들이 사랑했다는 과일 향미가 가득한 칵테일. 체리 리큐어의 향긋한 단맛과 오렌지 주스의 상큼한 산미가 보드카와 어우러져 밸런스 좋게 완성되었다.

Recipe **SHAKE**

보드카	20ml
체리 리큐어	20ml
오렌지 주스	20ml

얼음과 재료를 전부 셰이커에 넣고 흔들어 섞는다. 잔에 따르면 완성.

Memo

체리 리큐어를 체리 브랜디 '키르슈바서'로 바꾸면 더욱 단맛을 줄일 수 있다. 해외에서 이 레시피가 더 인기인 모양이다.

맛	단맛					쓴맛
알코올 도수	낮음					높음
용도	Aperitif	After dinner	All day

LONG **SHORT** FROZEN

포르노스타 마티니

Pornstar Martini

이제는 인기 스테디셀러 칵테일

2000년대에 런던에서 만들어진 칵테일. 바텐더가 포르노 배우에게 영향을 받아 고안했다고 알려졌지만, 진위는 알 수 없다. 자극적인 이름과는 달리 파쏘아가 자아내는 아름다운 색감과 산뜻한 맛이 특징이다.

Recipe **SHAKE**

보드카	30ml
패션프루트 리큐어 (파쏘아)	30ml
레몬 주스	10ml
바닐라 시럽	1tsp.

얼음과 재료를 전부 셰이커에 넣고 흔들어 섞는다. 잔에 따르고 오렌지 필을 장식하면 완성.

Memo

역사는 짧지만 최근에 인기가 상승 중이다. '영국에서 가장 많이 마시는 칵테일'이라고 한다.

맛	단맛					쓴맛
알코올 도수	낮음					높음
용도	Aperitif	After dinner	All day

LONG **SHORT** FROZEN

폴로네즈

Polonaise

춤곡 같은 품격 있는 칵테일

폴로네즈는 폴란드의 궁정 무용과 그 춤곡을 일
컫는다. 이름에서 알 수 있듯이 화려한 칵테일로,
체리 리큐어의 단맛과 레몬의 상큼함이 빚어내는
고급스러운 맛을 즐길 수 있다.

Recipe SHAKE

보드카	40ml
체리 리큐어	20ml
레몬 주스	1tsp.
설탕 시럽	1tsp.

얼음과 재료를 전부 셰이커에 넣고
흔들어 섞는다. 잔에 따르면 완성.

맛 ▶ 단맛 `□□■□□` 쓴맛   알코올 도수 ▶ 낮음 `□□□■□` 높음

용도 ▶ Aperitif   After dinner   **All day**

LONG **SHORT** FROZEN

화이트 스파이더

White Spider

페퍼민트의 청량감과 맑은 흰색이 매력

'흰 거미'라는 이름을 가진 칵테일. 맑고 하얀 색
에 화이트 페퍼민트의 상쾌한 청량감이 매력적
이다. 스팅어(P188)의 변형 칵테일이기도 하다.

Recipe SHAKE

보드카	40ml
화이트 페퍼민트	20ml

얼음과 재료를 전부 셰이커에 넣고
흔들어 섞는다. 잔에 따르면 완성.

맛 ▶ 단맛 `□□□■□` 쓴맛   알코올 도수 ▶ 낮음 `□□□■□` 높음

용도 ▶ Aperitif   After dinner   **All day**

LONG SHORT FROZEN

화이트 러시안

White Russian

생크림 더한 블랙 러시안

블랙 러시안(P115)에 생크림을 넣은 칵테일.
부드러운 생크림이 더해져 블랙 러시안보다
달콤하다. 엄동설한인 러시아를 떠올리면서
차분히 맛보자.

Recipe BUILD

보드카	40ml
커피 리큐어(깔루아)	20ml
생크림	30ml

얼음을 담은 잔에 보드카와 커피 리큐어
를 넣고 섞는다. 마지막으로 생크림을 올
리면 완성.

맛 ▶ 단맛 `□■□□□` 쓴맛   알코올 도수 ▶ 낮음 `□□□■□` 높음

용도 ▶ Aperitif   After dinner   **All day**

본드 마티니

Bond Martini

제임스 본드가 사랑한 자극적인 칵테일

영화 007 시리즈의 주인공 제임스 본드가 즐겨 마시는 마티니의
애칭이다. 마티니 레시피 중에서 진을 보드카로 바꿔 아주 도수가
높은 칵테일이다. 영화에 나온 "스터 말고 셰이크로"라는 대사처
럼 흔들어 섞어 만든다.

Recipe
SHAKE

보드카(스미노프 40도)	45ml
드라이 베르무트 (마티니)	15ml

Memo

007 시리즈의 1편에서
베이스로 사용할 보드
카를 스미노프 40도로
주문했다.

얼음과 재료를 전부 셰이커에 넣고 흔들어 섞
는다. 잔에 따르고 레몬 필을 곁들이면 완성.

맛	단맛 ▸					쓴맛
알코올 도수	낮음 ▸					높음
용도	▸	Aperitif		After dinner		All day

마드라스

Madras

더운 날씨에 즐기고 싶은 과즙이 가득한 칵테일

오렌지 주스와 크랜베리 주스를 듬뿍 사용하여 과즙이 가득한 칵
테일. 과일의 단맛과 적당한 산미가 조화롭게 어우러져 입맛도 깔
끔하다. 특히 더운 날씨에는 상쾌한 목 넘김에 기분이 좋아진다.

Recipe
BUILD

보드카	40ml
오렌지 주스	60ml
크랜베리 주스	60ml

Memo

인기 칵테일인 시 브리
즈(P107)에 들어가는 자
몽 주스 대신 오렌지 주
스로 바꾸어 만든다.

얼음을 담은 잔에 재료를 전부 넣고 가볍게
섞는다. 오렌지 슬라이스와 체리를 장식하면
완성.

맛	단맛 ▸					쓴맛
알코올 도수	낮음 ▸					높음
용도	▸	Aperitif		After dinner		All day

마릴린 먼로

Marilyn Monroe

왕년의 대여배우 이름을 딴 칵테일

누구나 아는 전설의 할리우드 여배우 마릴린 먼로를 표현한 칵테일. 요염한 비주얼과 캄파리의 쓴맛, 베르무트의 향이 전면에 드러나 개성적인 맛이 세계적인 대스타 그 자체를 보여 준다.

Recipe
STIR

보드카	45ml
캄파리	10ml
스위트 베르무트	5ml

Memo

셰이크로 만들면 더욱 부드럽고 순한 맛이 된다.

얼음과 재료를 전부 믹싱 글라스에 넣고 저어 섞는다. 잔에 따르면 완성.

맛	단맛					쓴맛
알코올 도수	낮음					높음
용도	Aperitif	After dinner	All day

마린 블루 로망

Marine Blue Roman

여름밤에 마시고 싶은 과일 향미 가득한 칵테일

잔에 가득 넘치는 과일 향기와 차가운 파란색이 여름밤에 잘 어울린다. 알코올 도수가 낮아 주스처럼 즐길 수 있다. 1967년 창업한 도쿄 긴자의 'JBA BAR SUZUKI'의 인기 오리지널 칵테일이다.

Recipe
SHAKE

보드카	30ml
블루 큐라소	20ml
파인애플 주스	20ml
자몽 주스	20ml

Memo

오랫동안 일본 바텐더 협회 이사를 지낸 전설의 바텐더, 스즈키 노보루가 고안한 칵테일이다.

얼음과 재료를 전부 셰이커에 넣고 흔들어 섞는다. 얼음을 담은 잔에 따르면 완성.

맛	단맛					쓴맛
알코올 도수	낮음					높음
용도	Aperitif	After dinner	All day

마루루

Maruru

머스크멜론을 사용한 화려한 칵테일

머스크멜론을 아낌없이 사용하고 라임과 꽃으로 수놓은 비주얼은 그야말로 화려한 트로피컬 칵테일의 대표 주자다. 멜론 리큐어와 과일 주스가 자아내는 맛도 특별하다.

Recipe
SHAKE

보드카	30ml
멜론 리큐어	45ml
파인애플 주스	60ml
레몬 주스	10ml
코코넛 밀크	20ml

얼음과 재료를 전부 셰이커에 넣고 흔들어 섞는다. 크러시드 아이스를 담은 잔에 따른다. 빨대를 꽂은 다음 꽃과 자른 멜론, 라임 등을 장식하면 완성.

Memo

1981년에 개최된 '산토리 트로피컬 칵테일 콘테스트'에서 대상에 빛난 나카무라 겐지의 오리지널 칵테일. 병 칵테일로 판매되었다.

맛	단맛						쓴맛
알코올 도수	낮음						높음
용도		Aperitif		After dinner		All day	

미드나이트 선

Midnight Sun

백야를 연상시키는 환상적인 색

한밤중에도 해가 지지 않는 북유럽의 백야를 표현한 칵테일이다. 따라서 일반적으로 보드카는 북유럽 핀란드산을 사용한다. 과일의 단맛과 산미가 어우러져 상쾌한 맛이 난다.

Recipe
SHAKE

보드카	40ml
멜론 리큐어	30ml
오렌지 주스	20ml
레몬 주스	10ml
그레나딘 시럽	1tsp.
탄산수	적당량

탄산수와 그레나딘 시럽을 제외한 재료를 셰이커에 넣고 흔들어 섞는다. 얼음이 담긴 잔에 따르고 탄산수를 채운 다음 그레나딘 시럽을 바닥에 가라앉힌다. 취향에 따라 과일 등을 장식하면 완성.

Memo

그레나딘 시럽으로 그러데이션을 만들어 태양처럼 보이게 하는 것이 포인트다.

맛	단맛						쓴맛
알코올 도수	낮음						높음
용도		Aperitif		After dinner		All day	

LONG SHORT FROZEN

모스코 뮬

Moscow Mules

진저에일이 결정타인 스테디셀러 칵테일

모스코 뮬은 '모스크바의 노새'라는 뜻. 노새는 뒷다리로 킥을 날리는 습성이 있어, 술로 위에 자극을 주는 것을 "킥이 있다"라고 표현하는 데서 이러한 이름이 붙었다. '모스크바'는 보드카를 사용해서 붙은 이름이다.

Recipe
BUILD

보드카	45ml
라임 주스	15ml
진저에일(생강 맛이 강한 것) (또는 진저 비어)	적당량

Memo

껍질을 벗겨 슬라이스한 생강을 보드카에 담근 수제 진저 보드카를 만들어 보는 것도 추천한다.

얼음을 담은 잔에 보드카와 라임 주스를 따르고 차가운 진저에일로 채운다. 가볍게 섞은 다음 라임 조각을 넣으면 완성.

맛	단맛						쓴맛
알코올 도수	낮음						높음
용도	Aperitif	After dinner	All day

LONG SHORT FROZEN

설국

Yukiguni

단골손님의 낙서에서 비롯된 아름다운 이름

1959년 산토리(당시 고토부키야)에서 주최한 '홈 칵테일 콩쿠르'에서 1위에 오른 작품(예선은 1958년). 가와바타 야스나리의 명작 『설국』과 연관 짓는 사람도 많지만, 전혀 관련 없다. 단골손님이 "인적이 드문 설국의 숙소"라고 끄적인 낙서에서 힌트를 얻었다.

Recipe
SHAKE

보드카	40ml
화이트 큐라소	20ml
코디얼 라임 주스	2tsp.

Memo

스노 스타일에 사용한 설탕과 차가운 색으로 통일된 색감이 설국이란 이름에 꼭 어울린다.

재료와 얼음을 셰이커에 넣고 흔들어 섞는다. 스노 스타일(설탕)로 만든 잔에 따르고 민트 체리를 가라앉히면 완성.

맛	단맛						쓴맛
알코올 도수	낮음						높음
용도	Aperitif	After dinner	All day

Original

유토피아

Utopia

남국 과일의 향기가 풍부하게 감도는 칵테일

보드카 베이스로 러시아의 이상향을 표현한 칵테일. 패션프루트 리큐어와 바나나 리큐어를 사용하여 프로즌으로 만들기도 한다. 달콤하고 과일 향미가 가득해서 남국의 뉘앙스도 즐길 수 있다.

Recipe
BLEND

보드카	30ml
패션프루트 리큐어 (파쏘아)	30ml
바나나 리큐어	15ml
파인애플 주스	30ml
그레나딘 시럽	10ml

Memo

남국 리조트 호텔에 가까운 해변에서 수영복을 입은 채 마시기 좋은 칵테일이다.

크러시드 아이스와 재료를 전부 핸드 블렌더로 함께 간다(블렌드). 잔에 따르고 자른 파인애플과 체리, 꽃 등을 장식하면 완성.

맛	단맛						쓴맛
알코올 도수	낮음						높음
용도		Aperitif	After dinner	All day			

러시안

Russian

감미로운 맛에 반하는 높은 알코올 도수

칵테일 이름은 '러시아의'라는 뜻이다. 드라이한 보드카와 진을 달콤한 향기를 지닌 크렘 드 카카오가 부드럽게 감싸 여성도 마시기 좋은 순한 입맛을 선사한다. 하지만 알코올 도수가 높으니 주의해야 한다.

Recipe
SHAKE

보드카	20ml
드라이 진	20ml
크렘 드 카카오	20ml

Memo

비슷한 칵테일로 블랙 러시안(P115)과 화이트 러시안(P121)도 있지만, 러시안의 역사가 더 길다.

얼음과 재료를 전부 셰이커에 넣고 흔들어 섞는다. 잔에 따르면 완성.

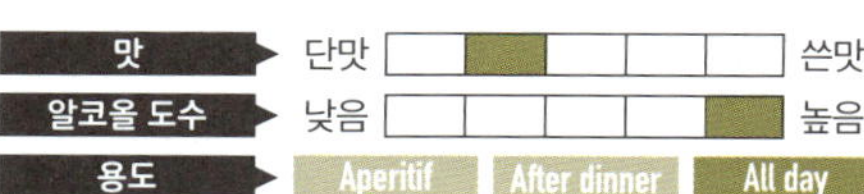

맛	단맛						쓴맛
알코올 도수	낮음						높음
용도		Aperitif	After dinner	All day			

LONG SHORT FROZEN

레드 버드

Red Bird

맥주를 더한 블러디 메리

블러디 메리(P116)에 맥주를 타서 더 마시기 쉬운 맛을 냈다. 토마토 주스의 풍미에 맥주의 쌉싸름한 맛과 상쾌함이 더해져 과음한 다음 날 마시기 좋은 해장술로도 유명하다. 재료는 미리 차갑게 준비해두자.

Memo

토마토 주스와 맥주를 섞은 칵테일로는 레드 아이(P276)가 유명한데, 그것으로는 조금 부족하다 싶은 사람에게 추천한다.

Recipe
BUILD

보드카	30ml
토마토 주스	100ml
맥주	적당량

보드카와 토마토 주스를 잔에 담고 맥주로 채운다. 가볍게 섞은 다음 취향에 따라 셀러리를 곁들이면 완성.

| 맛 | 단맛 □□□□■ 쓴맛 | 알코올 도수 | 낮음 □■□□□ 높음 |

| 용도 | Aperitif | After dinner | All day |

LONG SHORT FROZEN

레몬 사워

Lemon Sour

누구나 아는 스테디셀러 칵테일

대중적인 레몬 사워도 실은 칵테일이다. 일반적으로 베이스로 소주를 사용하지만, 보드카를 사용하면 더욱 심오하고 본격적인 맛을 낼 수 있다.

Memo

레몬 주스 대신 반으로 자른 레몬 조각을 잔에 담아 머들러에 으깨면서 마셔도 맛있다.

Recipe
BUILD

보드카	45ml
레몬 주스	15ml
탄산수	적당량
레몬 슬라이스	3~4 장

얼음을 담은 잔에 탄산수를 제외한 재료를 넣고 섞는다. 탄산수로 채우고 레몬 슬라이스를 넣으면 완성.

| 맛 | 단맛 □□□□■ 쓴맛 | 알코올 도수 | 낮음 □□□■□ 높음 |

| 용도 | Aperitif | After dinner | All day |

LONG SHORT FROZEN

로드 러너

Road Runner

땅을 달리는 새의 이름을 딴

로드 러너란 '길달리기새'라는 새의 이름이다. 아몬드 향이 물씬 풍기는 아마레토와 진한 코코넛 밀크가 어우러져 크리미하고 품격있는 달콤한 칵테일이 완성된다. 육두구로 포인트를 준 점도 좋다.

Memo

1976년 미국에서 바텐더협회가 주최한 칵테일 콘테스트에서 1위를 차지했다.

Recipe
SHAKE

보드카	30ml
아마레토	15ml
코코넛 밀크	15ml

얼음과 재료를 전부 셰이커에 넣고 흔들어 섞는다. 잔에 따르고 육두구를 뿌리면 완성.

| 맛 | 단맛 □■□□□ 쓴맛 | 알코올 도수 | 낮음 □□□■□ 높음 |

| 용도 | Aperitif | After dinner | All day |

칵테일과 음악은 닮았다?

칵테일은 음악이 유행하는 모습과 비슷하다는 말을 들은 적이 있다.

"노래는 세상을 따라 세상은 노래를 따라"라는 말이 있듯이 음악이 유행하는 데는 항상 세상의 시세가 반영된다. 마찬가지로 칵테일의 인기와 기호도 실은 그 시대에 따라 변화한다.

1970년대 초반부터 1980년대 중반에는 일본에도 트로피컬 칵테일이 많이 건너왔고, 여기서 힌트를 얻은 오리지널 칵테일이 전국 각지에서 생겨났다. 최근에는 건강지향주의를 반영해서인지 리큐어 베이스나 리큐어에 주스나 탄산수만 타 알코올 도수가 낮고 캐주얼한 칵테일을 선호하는 경향을 보인다.

음악으로 치면 1970년대부터 1980년대 당시에는 알기 쉬운 가사나 명쾌한 멜로디, 혹은 당시 일본의 세태를 반영한 포크송 같은 음악이 유행했던 것 같다. 한편 최근에는 복잡하고 경쾌하며 세상의 다양성을 반영한 팝 음악이 주류를 이루는 듯하다.

더불어 패션과 마찬가지로 일정 주기를 두고 유행이 반복되는 것 또한 칵테일 세계의 특징이다. 최근에도 외국 손님을 중심으로 '올드 패션드'나 '네그로니'를 주문하는 사람이 많아 왕년의 인기 칵테일이 시간을 초월하여 부활한 느낌이 든다.

술을 둘러싼 최근 경향을 보자면, 논 알코올 음료의 인기가 올라가고 '목테일'이라는 논 알코올 칵테일이 유행하는 한편, 세계적으로는 재패니즈 위스키나 스카치 같은 하드 드링크가 인기다.

고객이 찾는 술이 다양하고 양극화되어 마치 '백화요란' 시대를 맞이한 것 같다.

Rum

럼

럼은 17세기에 카리브 섬에서 탄생했다. 사탕수수를 착즙(당밀)한 것이 원료다. 마시면 술에 취해 흥분한다고 해서 잉글랜드 일부 지역에서 사용하던 사투리에서 유래되었다고 한다. 색상에 따라 화이트, 골드, 다크, 그리고 풍미에 따라 라이트, 미디엄, 헤비의 세 단계로 나뉜다.

LONG · **SHORT** · FROZEN

아카풀코

Acapulco

남국의 휴양지 기분을 즐길 수 있는 칵테일

멕시코 리조트 도시의 이름을 딴 칵테일. 화이트 럼에 오렌지 풍미를 가진 화이트 큐라소, 상쾌한 레몬 주스를 더하고, 달걀흰자가 부드러움을 연출하여 남국의 분위기에 잘 어울린다.

Recipe
SHAKE

화이트 럼	30ml
화이트 큐라소	15ml
레몬 주스	15ml
설탕 시럽	1tsp.
달걀흰자	1/2 개 분량

Memo

일본 산토리의 옛날 상품 중에 위스키에 보리차를 탄 '아카풀코'라는 것이 있었지만, 별개의 것이다.

얼음과 재료를 전부 셰이커에 넣고 흔들어 섞는다. 잔에 따르면 완성.

맛	단맛					쓴맛
알코올 도수	낮음					높음
용도		Aperitif	After dinner	All day

LONG · **SHORT** · FROZEN

옐로 버드

Yellow Bird

럼과 바나나의 트로피컬한 만남

보기만 해도 힘이 날 것 같은 밝은색이 눈길을 끈다. 나무통에서 숙성시킨 호박색 골드 럼을 사용하여 바나나 리큐어의 감칠맛 나는 단맛 등과 어우러져 부드럽고 트로피컬한 칵테일로 완성되었다. 여름에 즐겨 보자.

Recipe
SHAKE

골드 럼	30ml
애프리콧 리큐어	15ml
바나나 리큐어	15ml
오렌지 주스	60ml
레몬 주스	30ml
설탕 시럽	1tsp.

Memo

선명한 노란색을 띤 칵테일은 작은 새인 카나리아를 표현한 것이라서 이러한 이름이 붙었다는 등 여러 가지 설이 있다.

얼음과 재료를 전부 셰이커에 넣고 흔들어 섞는다. 얼음을 담은 잔에 따르고 자른 오렌지와 체리를 장식하면 완성.

맛	단맛					쓴맛
알코올 도수	낮음					높음
용도		Aperitif	After dinner	All day

LONG **SHORT** FROZEN

이슬라 데 피노스

Isla de Pinos

수수께끼 같은 이름의 여름용 칵테일

독특한 풍미를 가진 럼 베이스에 자몽 주스 특유의 쌉쌀한 산미를 더한다. 트로피컬 칵테일이면서도 깔끔한 상쾌함도 맛볼 수 있다. 여름에 즐기고 싶은 칵테일이다.

Recipe
SHAKE

화이트 럼	45ml
자몽 주스	45ml
그레나딘 시럽	2tsp.

Memo

1970년대 일본에 들어온 트로피컬 칵테일 중 하나다. 'Isla de Pinos'는 스페인어로 '소나무 섬'이라는 뜻이다.

얼음과 재료를 전부 셰이커에 넣고 흔들어 섞는다. 얼음을 담은 잔에 따르면 완성.

맛	▶	단맛						쓴맛
알코올 도수	▶	낮음						높음
용도	▶	Aperitif	After dinner	All day

LONG SHORT FROZEN

이브닝 미스트

Evening Mist

블루 칵테일을 감싸는 안개

'저녁 안개'라는 이름을 딴 칵테일. 얼음 때문에 차가워진 잔이 안개처럼 흐려지면서 블루 큐라소의 색과 어우러져 만들어 내는 서정적인 분위기도 좋다. 피치 리큐어와 과일 주스의 과일 향 가득한 단맛 덕에 부담 없이 마시기 좋다.

Recipe
SHAKE

화이트 럼	20ml
피치 리큐어	10ml
파인애플 주스	15ml
레몬 주스	10ml
블루 큐라소	1tsp.

Memo

피치 리큐어에 레몬 주스와 파인애플 주스를 섞어 상큼한 산미를 즐길 수 있다. 트로피컬 칵테일처럼 보여서 여성들에게도 인기 있다.

얼음과 재료를 전부 셰이커에 넣고 흔들어 섞는다. 얼음을 담은 잔에 따르면 완성.

맛	▶	단맛						쓴맛
알코올 도수	▶	낮음						높음
용도	▶	Aperitif	After dinner	All day

LONG **SHORT** FROZEN

에어 메일
Air Mail

스파클링 와인과의 화려한 융합

세계적으로 인기 있는 칵테일로 이름은 20세기 초 항공우편을 뜻
하던 '에어 메일'에서 따왔다고 한다. 향긋한 골드 럼과 스파클링
와인의 조합으로 특별한 날에도 잘 어울리는 칵테일이다.

Recipe
SHAKE

골드 럼	45ml
라임 주스	20ml
꿀	10ml
스파클링 와인	적당량

Memo

세계적으로 인기 있는
칵테일이다. 리조트나
호텔의 수영장에서 느
긋하게 마시기에 제격
이다.

스파클링 와인을 제외한 재료와 얼음을 셰이
커에 넣고 흔들어 섞는다. 얼음을 담은 잔에 따
르고 스파클링 와인으로 채운다. 가볍게 섞은
후 라임 필을 곁들이면 완성.

맛	단맛	쓴맛
알코올 도수	낮음	높음
용도	Aperitif · After dinner · **All day**	

LONG SHORT FROZEN

엑스와이지
XYZ

드라이함 속에서 느껴지는 은은한 단맛

알파벳 끝의 세 글자를 딴 이름에는 '이보다 더 좋은 것은 없다'라
는 뜻이 담겨 있다고 한다. 드라이한 입맛과 동시에 투명한 느낌
이 드는 럼의 달콤한 향이 입안에 퍼진다.

Recipe
SHAKE

화이트 럼	30ml
화이트 큐라소	15ml
레몬 주스	15ml

Memo

베이스인 럼을 진으로 바꾸
면 화이트 레이디(P61), 보
드카로 바꾸면 발랄라이카
(P114), 테킬라로 바꾸면 마
가리타(P175), 브랜디로 바꾸
면 사이드카(P185)로 다양하
게 변형할 수 있다.

얼음과 재료를 전부 셰이커에 넣고 흔
들어 섞는다. 얼음을 담은 잔에 따르면
완성.

맛	단맛	쓴맛
알코올 도수	낮음	높음
용도	Aperitif · After dinner · **All day**	

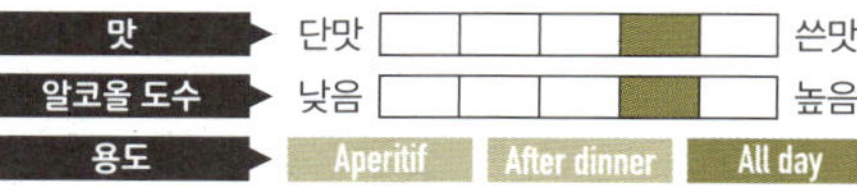

엘 프레지덴테

El Presidente

고귀한 분위기를 지닌 역사 있는 칵테일

칵테일의 이름은 스페인어로 '대통령', '사장'을 뜻한다. 1920년대 무렵부터 마셔 온 역사적인 칵테일로, 그 유래에는 여러 가지 설이 있다. 그레나딘 시럽의 색이 이름에 어울리는 고귀한 분위기를 자아낸다.

Recipe
STIR

화이트 럼	30ml
드라이 베르무트	15ml
오렌지 큐라소	15ml
그레나딘 시럽	1dash

얼음과 재료를 전부 믹싱 글라스에 넣고 저어 섞는다. 잔에 따르면 완성.

Memo

엘 프레지덴테는 쿠바에서 만들어진 유서 깊은 칵테일이다. 럼을 사용한 칵테일 중에서도 특히 맛이 세련되어 인기가 있으며, '카리브의 맨해튼'이라는 별명도 있다.

맛	단맛						쓴맛
알코올 도수	낮음						높음
용도		Aperitif	After dinner	All day

오토기바나시

Otogi-Banashi

부드럽고 크리미한 디저트 칵테일

생크림이 럼 본연의 단맛을 더욱 돋보이게 하여 옛날이야기(오토기바나시)처럼 부드럽고 크리미하다. 바나나 향도 즐기면서 애프터 디너 디저트로 한번 맛보자.

Recipe
SHAKE

화이트 럼	20ml
바나나 리큐어	20ml
헤이즐넛 리큐어 (프란젤리코)	10ml
생크림	10ml

얼음과 재료를 전부 셰이커에 넣고 흔들어 섞는다. 잔에 따르고 체리를 장식하면 완성.

Memo

헤이즐넛 리큐어에는 '견과류 리큐어의 원조'라고 할 정도로 오랜 역사가 있으며, 지금으로부터 300년도 전에 만들어진 것으로 알려져 있다.

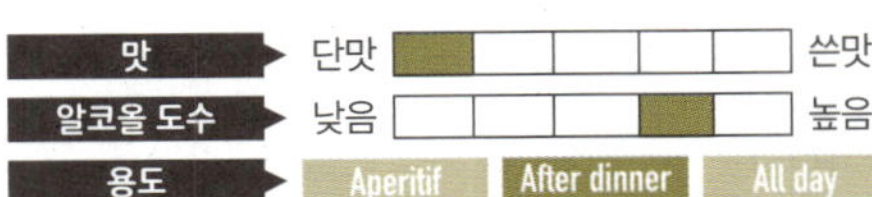

맛	단맛						쓴맛
알코올 도수	낮음						높음
용도		Aperitif	After dinner	All day

133

LONG **SHORT** FROZEN ┃ ▼ **Original** ┃

추억은 너무 아름다워서

Omoide ha Utsukushisugite

세 가지 과일과 럼의 협연

그린 바나나, 멜론, 피치의 세 가지 리큐어를 흔들어 섞음으로써
단품으로는 낼 수 없는 풍부한 맛을 만들어 냈다. 달걀흰자 1tsp.
을 더하면 더욱 크리미해지고 거품도 아름답게 완성된다.

Recipe
SHAKE

화이트 럼	20ml
그린 바나나 리큐어	10ml
멜론 리큐어(미도리)	10ml
피치 리큐어(피치트리)	10ml
생크림	10ml

얼음과 재료를 전부 셰이커에 넣고 흔들어 섞
는다. 잔에 따르면 완성.

Memo

레시피만 보면 트로피
컬 칵테일 같은 인상을
주지만, 각 과일 리큐어
를 럼이 하나로 아우르
며 제대로 된 '진짜' 칵
테일로 완성했다.

맛	단맛					쓴맛
알코올 도수	낮음					높음
용도	Aperitif		After dinner		All day	

LONG **SHORT** FROZEN

올드 쿠반

Old Cuban

특별한 날에 어울리는 우아한 맛

뉴욕의 바텐더, 오드리 손더스가 고안한 칵테일. 깊은 감칠맛이
나는 다크 럼에 라임과 민트의 청량감, 스파클링 와인의 화려함이
더해져 우아하다.

Recipe
SHAKE

다크 럼	20ml
라임 주스	10ml
설탕 시럽	10ml
앙고스투라 비터스	2dash
스파클링 와인	60ml

스파클링 와인를 제외한 재료와 얼음을
셰이커에 넣고 흔들어 섞는다. 잔에 따
르고 스파클링 와인을 붓는다. 민트를
장식하면 완성.

Memo

눈치 챈 사람도 있겠지만 이
칵테일은 모히토(P158)를 바
탕으로 고안되었다. 마지막
에 스파클링 와인을 더하여
화려한 맛을 연출했다.

맛	단맛					쓴맛
알코올 도수	낮음					높음
용도	Aperitif		After dinner		All day	

LONG　SHORT　FROZEN

쿠바 리브레
Cuba Libre

럼과 콜라의 상쾌한 조합

스페인의 식민지였던 쿠바. 이 칵테일은 독립전쟁 때 내걸었던 표어 "Viva Cuba Libre!(자유 쿠바 만세!)"에서 따왔다. 럼과 콜라가 잘 어울린다.

Recipe
BUILD

화이트 럼	45ml
라임 주스	15ml
콜라	적당량

얼음을 담은 잔에 화이트 럼과 라임 주스를 넣고 차가운 콜라로 채운다. 가볍게 섞은 다음 라임 조각을 장식하면 완성.

Memo

제2차 쿠바 독립전쟁에서 미국이 승리하면서 1902년 쿠바는 독립 국가가 되었다. 이를 축하한 칵테일이라고 전해지지만, 진위는 알 수 없다.

맛	▶ 단맛					쓴맛
알코올 도수	▶ 낮음					높음
용도	▶	Aperitif	After dinner	All day

LONG　SHORT　FROZEN

쿼터 덱
Quarter Deck

셰리와 라임이 주는 시원한 맛

럼과 셰리, 그리고 라임의 조합이 시원하고 기분 좋은 맛을 가져다 준다. 쿼터 덱이란 대형 여객선의 선미 갑판을 말한다. 갑판에서 바람을 쐬면서 맛보는 모습을 상상하며 즐겨 보자.

Recipe
STIR

화이트 럼	40ml
드라이 셰리	20ml
라임 주스	1tsp.

재료를 전부 믹싱 글라스에 넣고 저어 섞는다. 잔에 따르면 완성.

Memo

배에 얽힌 이름을 가진 칵테일 레시피에는 '럼+감귤류' 조합이 많다. 이는 '바다 남자의 술'인 럼과 괴혈병 예방을 위한 감귤류가 혼합된 칵테일이 많기 때문이라고 한다.

맛	▶ 단맛					쓴맛
알코올 도수	▶ 낮음					높음
용도	▶	Aperitif	After dinner	All day

그린 아이즈

Green Eyes

로스앤젤레스 올림픽에도 채용된 프로즌 칵테일

미국에서 높은 평가를 받아 1984년 로스앤젤레스 올림픽 공식 음료로도 지정된 칵테일. 럼과 멜론 리큐어가 만들어 내는 감미로운 맛을 프로즌 스타일로 느긋하게 만끽해보자.

Recipe
BLEND

골드 럼	30ml
멜론 리큐어(미도리)	25ml
파인애플 주스	45ml
코코넛 밀크	15ml
라임 주스	15ml

재료와 얼음과 재료를 전부 블렌더에 넣고 갈아 준다. 잔에 따르고 라임 슬라이스를 장식하면 완성.

Memo

로스앤젤레스 올림픽 하면 미국의 칼 루이스가 달성한 4관왕, 여자 체조 선수 메리 루 레튼의 금메달 수상, 존 윌리엄스의 주제곡이 생각난다.

맛 ▶	단맛						쓴맛
알코올 도수 ▶	낮음						높음
용도 ▶	Aperitif	After dinner	All day

클레오파트라

Cleopatra

여왕의 매력을 표현한 진한 칵테일

너무나도 유명한 고대 이집트의 여왕 클레오파트라의 매력을 담은 칵테일. 럼과 커피 리큐어, 그리고 생크림이 빚어내는 풍부하고 진한 맛을 즐길 수 있다. '아라비안나이트'라는 이름으로도 불린다.

Recipe
SHAKE

화이트 럼	20ml
커피 리큐어	20ml
생크림	20ml

얼음과 재료를 전부 셰이커에 넣고 흔들어 섞는다. 잔에 따르면 완성.

Memo

클레오파트라 외에도 양귀비, 그리스 신화의 헬레네 등을 세계적인 미녀로 꼽기도 한다.

맛 ▶	단맛						쓴맛
알코올 도수 ▶	낮음						높음
용도 ▶	Aperitif	After dinner	All day

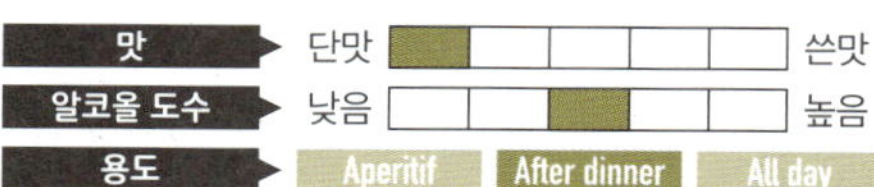

그로그

Grog

핫 레몬 같은 따뜻한 칵테일

그로그는 '물(뜨거운 물)을 탄 술' 등을 나타내는 말이다. 실로 추운 계절에 제격인 핫 칵테일이다. 다크 럼을 사용한 핫 레몬 같은 맛 이어서 달콤하게 마시기 좋다. 시나몬과 클로브도 맛을 돋운다.

Recipe
BUILD

다크 럼	45ml
레몬 주스	15ml
각설탕	1~2tsp.
뜨거운 물	적당량

내열 텀블러에 뜨거운 물을 제외한 재료를 넣고 뜨거운 물로 채운다. 시나몬 스틱과 클로브 3~4개를 곁들이면 완성.

Memo

그로그는 원래 영국 해군에서 사용하던 말로 '찬 물을 탄 럼주'를 뜻한다. 그 말이 변하여 지금처럼 칵테일을 가리키는 말이 되었다.

맛	단맛					쓴맛
알코올 도수	낮음					높음
용도	Aperitif	After dinner	All day			

콜럼버스

Columbus

향기롭고 심오한 호박색 칵테일

대항해시대에 신대륙을 발견했다는 콜럼버스의 이름을 딴 호박색 칵테일. 골드 럼과 애프리콧 리큐어의 향긋함, 레몬 주스의 산뜻함이 절묘한 밸런스로 어우러져 깊이 있는 맛을 낸다.

Recipe
SHAKE

골드 럼	30ml
애프리콧 리큐어	15ml
레몬 주스	15ml

얼음과 재료를 전부 셰이커에 넣고 흔들어 섞는다. 잔에 따르면 완성.

Memo

콜럼버스처럼 역사상 위인에서 유래한 칵테일도 많다. 이 책에서 찾아봐도 재미있을 것이다.

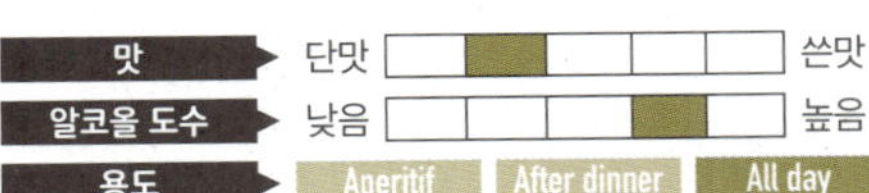

맛	단맛					쓴맛
알코올 도수	낮음					높음
용도	Aperitif	After dinner	All day			

LONG **SHORT** FROZEN

산티아고
Santiago

럼의 산지 이름을 딴 강력한 칵테일

쿠바의 럼 산지, 산티아고에서 이름을 딴 칵테일. 럼의 매력을 만끽하기에는 제격이다. 조금 들어간 라임 주스와 그레나딘 시럽의 단맛이 럼을 한층 돋보이게 한다. 알코올 도수가 높으니 주의하자.

Recipe **SHAKE**

화이트 럼	50ml
라임 주스	5ml
그레나딘 시럽	5ml

얼음과 재료를 전부 셰이커에 넣고 흔들어 섞는다. 잔에 따르면 완성.

Memo

람의 발상지로 알려진 쿠바 제2의 도시 산티아고에 경의를 표하고자 붙인 이름이라고 한다. 오래전부터 럼 애호가들에게 사랑받아 온 칵테일이다.

맛	단맛					쓴맛
알코올 도수	낮음					높음
용도	Aperitif	After dinner	All day			

LONG **SHORT** **FROZEN** ▼ **Original**

시크릿 러브
Secret Love

시대와 함께 변하는 칵테일

창작 당시에 사용했던 재료(P139 참조) 중에서 현재는 구할 수 없는 것도 많다. 하지만 보라보라 대신에 칼피스와 파인애플 주스를 섞어 당시의 맛을 재현했다. 멜론 시럽은 더욱 향이 짙은 제품으로 바꾸는 등 당시의 맛을 부활시켰다.

Recipe **SHAKE**

화이트 럼(산토리)	30ml
멜론 리큐어(미도리)	30ml
그린 바나나 리큐어	30ml
파인애플 주스	30ml
칼피스	20ml

얼음과 재료를 전부 셰이커에 넣고 흔들어 섞는다. 크러시드 아이스를 담은 잔에 따르고 자른 바나나와 체리, 꽃을 장식하면 완성.

Memo

1983년에 개최된 '산토리 트로피컬 칵테일 콘테스트'에서 대상을 수상한 칵테일. 그 뒷이야기는 P139에서 이어진다.

맛	단맛					쓴맛
알코올 도수	낮음					높음
용도	Aperitif	After dinner	All day			

추억의 칵테일 콘테스트

다양한 기업이나 단체가 주최하는 칵테일 콘테스트. 여기서 지금은 스테디셀러나 명작이라고 불리는 수많은 칵테일이 탄생했다. 콘테스트는 매일 카운터에 서는 바텐더에게 실력을 시험해볼 무대이자, 경험을 쌓아 한 단계 더 올라가기 위한 귀중한 기회이기도 하다. 나도 젊은 시절부터 자주 참가했다.

그중에서도 1983년에 열린 '제4회 산토리 트로피컬 칵테일 콘테스트'는 인상 깊었다. 이 대회는 응모 인원 2,651명, 응모 작품 수 3,010개라는 대규모 대회로, 당시 일본 내에서는 최대 규모를 자랑하는 칵테일 콘테스트였다. 현재 개최되는 '산토리 더 칵테일 어워드'의 원형이기도 하다. 여기서 운 좋게도 출품한 작품이 대상을 수상하게 되었다.

대상의 부상으로 트로피컬 칵테일의 본고장인 타히티 모레아 섬 여행을 받게 되었다. 나는 그동안 콘테스트의 부상으로 십여 개국을 여행할 기회가 있었지만, 스무네 살에 처음으로 받은 대상의 부상으로 간 타히티 여행이 가장 인상 깊은 추억으로 새겨졌다.

참고로 내가 응모하면서 곁들인 설명은 다음과 같다.

"인간은 누구나 시크릿, 비밀을 갖고 있다.
곰의 타는 듯한 햇살 아래에서
아내의 옆 얼굴 너머로 시크릿 러브…
결코 입에 담아서는 안 될 비밀스러운 사랑.
내게는 남국의 과일처럼
달콤하고 애틋한 허니문이었다."

물론 이것은 만들어 낸 이야기다(그래도 아내에게 혼났지만…). 젊었던 나는 '어떻게든 강렬한 인상을 남길 설명을 달아야 한다'라는 일념으로 이러한 이야기를 지어냈던 것 같다. 콘테스트에서 사회를 맡은 미노 몬타가 "그 얼굴로 잘도 이런 대사를 쳤군요~(웃음)" 하고 농담을 섞어 가며 놀렸던 일도 지금으로서는 좋은 추억으로 남았다.

그랬던 나의 '시크릿 러브'는 수상 이후 많은 손님이 주문하는 인기 칵테일 중 하나가 되었다. 특히 최근에 '이 칵테일이 맛있어!' 하고 칵테일북이나 유튜브 등에서 거론되면서 감사하게도 다시금 인기를 끌게 되었다.

다만 콘테스트 당시 사용했던 재료(아래 레시피 참조) 중 몇 가지는 현재 단종되었다. 당시의 맛과 비슷하게 재현한 레시피를 138페이지에 실었으니 집에서도 꼭 한번 만들어 보기 바란다.

대상을 받았을 때의 레시피

골드 럼	30ml
바카디 럼(화이트)	30ml
헤르메스 바나나 리큐어	30ml
보라보라(트로피컬 프루티 믹스 주스)	50ml
산토리 멜론 시럽	30ml

큰 잔에 크러시드 아이스를 가득 채우고 흔들어 섞은 재료를 따른다. 바나나와 마라스키노 체리, 민트 체리를 장식한다.

개최 당시 팸플릿. 젊었던 나의 사진도 실려 있다.

잭 타르

Jack Tar

요코하마에서 만들어진 깔끔한 맛

일본의 항구 도시 요코하마에 있는 바 '윈드재머'의 오리지널 칵테일이다. '선원'을 의미하는 요코하마다운 이름이 붙여졌다. 과일 향미가 가득한 풍미에 기분이 좋아지지만, 알코올 도수 75.5도짜리 럼을 사용해서 칵테일로서도 독한 편이다.

Recipe
SHAKE

럼(151 프루프)	…………	30ml
서던 컴포트	…………	25ml
코디얼 라임 주스	……	25ml

Memo

전통 있는 재즈바 '윈드재머'는 2024년 1월, 아쉽게도 51년 동안 이어진 역사에 막을 내렸다.

얼음과 재료를 전부 셰이커에 넣고 흔들어 섞는다. 크러시드 아이스를 담은 잔에 따르고 라임 조각을 장식하면 완성.

맛	단맛					쓴맛
알코올 도수	낮음					높음
용도	Aperitif		After dinner		All day	

자메이카 조

Jamaica Joe

자메이카산 커피 리큐어를 사용한 칵테일

'자메이카 놈'이라는 야생미 넘치는 이름을 가지면서도 비주얼은 아주 아름다운 칵테일. 자메이카산 블루 마운틴 커피를 사용한 티아 마리아와 달걀 리큐어인 아드보카트의 단맛이 럼과 조화를 이룬다.

Recipe
SHAKE

화이트 럼	…………	20ml
커피 리큐어 (티아 마리아)	………	20ml
아드보카트	…………	20ml
그레나딘 시럽	……	1dash

Memo

1948년 런던에서 열린 '자메이카 럼 칵테일 대회'에서 우승하며 70년이 넘는 역사를 자랑하는 클래식 칵테일이기도 하다.

그레나딘 시럽을 제외한 재료와 얼음을 셰이커에 넣고 흔들어 섞는다. 잔에 따르고 그레나딘 시럽을 넣으면 완성.

맛	단맛					쓴맛
알코올 도수	낮음					높음
용도	Aperitif		After dinner		All day	

LONG　SHORT　FROZEN

정글 버드

Jungle Bird

리조트에 온 듯한 느낌으로 즐기는 트로피컬 칵테일

세계에서 사랑받는 클래식 칵테일. 베이스로 사용한 감칠맛과 단맛이 나는 다크 럼에 더해 캄파리의 쓴맛과 새콤달콤한 파인애플 주스, 상큼한 라임 주스가 어우러져 다른 트로피컬 칵테일과는 차별화된다.

Recipe
SHAKE

다크 럼	30ml
캄파리	15ml
파인애플 주스	45ml
라임 주스	15ml
설탕 시럽	2tsp.

얼음과 재료를 전부 셰이커에 넣고 흔들어 섞는다. 얼음을 담은 잔에 따르고 자른 파인애플과 체리를 곁들이면 완성.

Memo

1973년 말레이시아 쿠알라룸푸르에 있는 힐튼호텔의 바에서 만들어졌다고 한다. 처음에는 섬 모양을 본뜬 컵에 담아 제공하며 '남국의 정글 섬'을 표현했다고.

맛	단맛						쓴맛
알코올 도수	낮음						높음
용도		Aperitif	After dinner	All day

LONG　SHORT　FROZEN

상하이

Shanghai

마도가 떠오르는 매혹적인 빨간색

왜 그런 이름이 붙여졌는지는 알 수 없지만, '마도(魔都)'라고 불리던 상하이가 떠오르는 붉은색이 인상적이다. 바디감 있는 다크 럼에 과일 향미가 가득한 재료가 더해져 새콤달콤하고 깔끔한 맛으로 완성됐다.

Recipe
SHAKE

다크 럼	30ml
아니세트	10ml
레몬 주스	20ml
그레나딘 시럽	1/2 tsp.

얼음과 재료를 전부 셰이커에 넣고 흔들어 섞는다. 잔에 따르면 완성.

Memo

1920년대에 상하이의 외국인 거주지 '외국 조계'에서 만들어졌다는 설이 주류를 이루었지만, 최근에 유럽에서 만들어졌다는 설도 떠오르고 있다.

맛	단맛						쓴맛
알코올 도수	낮음						높음
용도		Aperitif	After dinner	All day

LONG **SHORT** FROZEN

스카이다이빙

Sky Diving

맑고 푸른 하늘을 표현한 칵테일

마치 맑은 하늘 같은 칵테일이다. 1967년 전일본바텐더협회 칵테일 대회에서 우승한 작품이다. 블루 큐라소에 코디얼 라임 주스의 달콤한 풍미도 어우러져 눈앞에 파란 하늘이 펼쳐지는 듯하다.

Recipe
SHAKE

화이트 럼	30ml
블루 큐라소	20ml
코디얼 라임 주스	10ml

얼음과 재료를 전부 셰이커에 넣고 흔들어 섞는다. 잔에 따르면 완성.

Memo

이 칵테일이 고안된 1967년 당시에는 생 라임이 구하기 어려워서 코디얼 라임 주스를 사용했을 것으로 짐작한다. 지금 레시피에 비하면 입맛이 다소 진하고 달콤하다.

맛	단맛						쓴맛
알코올 도수	낮음						높음
용도	Aperitif	After dinner	All day

LONG SHORT FROZEN

스콜피온

Scorpion

전갈이라는 이름을 가진 트로피컬 칵테일

귀여운 비주얼에서는 상상할 수 없는 '전갈'이라는 이름. 하와이에서 만들어진 트로피컬 칵테일로, 과일 향기가 가득한 맛이다. 하지만 럼과 브랜디를 들어가서 알코올 도수가 높으니 주의하자.

Recipe
SHAKE

화이트 럼	45ml
브랜디	30ml
오렌지 주스	20ml
레몬 주스	20ml
라임 주스(코디얼)	15ml

얼음과 재료를 전부 셰이커에 넣고 흔들어 섞는다. 크러시드 아이스를 채운 잔에 따르고 자른 오렌지 등을 장식하면 완성.

Memo

1940년대에 하와이에서 유명했던 레스토랑 바 '트레이더 빅스'의 창시자, 빅터 J. 베르게론이 고안했다.

맛	단맛						쓴맛
알코올 도수	낮음						높음
용도	Aperitif	After dinner	All day

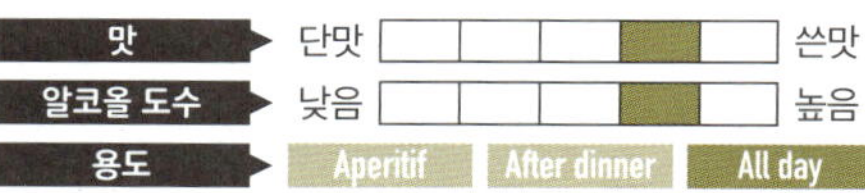

솔 쿠바노

Sol Cubano

고베에서 만들어진 쿠바의 태양

고베의 바 '칵테일 라운지 사보이(당시)'의 기무라 요시히사가 고안한 칵테일이다. 이름은 '쿠바의 태양'에서 유래했다. 자몽 주스의 상쾌한 산미가 터지는 이 칵테일은 지금도 여전히 사랑받고 있다.

Recipe
BUILD

화이트 럼	45ml
자몽 주스	45ml
토닉 워터	적당량

얼음을 담은 잔에 화이트 럼과 자몽 주스를 따르고 차가운 토닉 워터로 채운다. 레몬 슬라이스와 민트를 올리면 완성.

Memo

1980년에 처음으로 개최된 '산토리 트로피컬 칵테일 콘테스트'에서 대상을 받은 작품. 만들기 쉬워 인기가 있다.

맛	단맛			■		쓴맛
알코올 도수	낮음			■		높음
용도		Aperitif	After dinner	**All day**		

좀비

Zombie

명작 영화에도 등장한 칵테일

무서운 이름과는 대조적으로 색이 화려한 칵테일. 세 가지 독한 럼을 사용해서 '만취한 사람도 한 모금만 마시면 정신이 든다'라고 평한다. 풍미는 상쾌하지만, 과음해서 죽은 사람(좀비)처럼 되지 않도록 주의하자.

Recipe
BUILD

화이트 럼	30ml
골드 럼	30ml
다크 럼	30ml
애프리콧 리큐어	15ml
오렌지 주스	15ml
파인애플 주스	20ml
레몬 주스	20ml
그레나딘 시럽	10ml

Memo

영화 〈티파니에서 아침을〉의 파티 장면에서 오드리 헵번이 마시던 것으로도 유명하다.

크러시드 아이스가 담긴 잔에 재료를 전부 넣고 가볍게 섞는다. 과일 등을 장식하고 빨대를 꽂으면 완성.

맛	단맛		■			쓴맛
알코올 도수	낮음				■	높음
용도		Aperitif	After dinner	**All day**		

LONG **SHORT** **FROZEN**

다이키리

Daiquiri

쿠바 광산이 발상지인 시원한 칵테일

산뜻하고 시원한 맛과 적당한 단맛을 가진 칵테일. 이름은 쿠바에 있는 다이키리 광산에서 따왔다. 광부들이 혹독한 더위를 물리치고자 특산물인 럼에 라임을 짜 넣고 설탕을 넣어 마신 것이 기원이라고 한다.

Recipe SHAKE	화이트 럼 ················ 40ml
	라임 주스 ················ 20ml
	설탕 시럽 ················ 1tsp.

Memo

여러 가지 과일을 사용한 프로즌 스타일 다이키리의 원형이기도 하다.

얼음과 재료를 전부 셰이커에 넣고 흔들어 섞는다. 잔에 따르면 완성.

맛	단맛	쓴맛
알코올 도수	낮음	높음
용도	Aperitif / After dinner / All day

LONG **SHORT** **FROZEN**

다크 앤 스토미

Dark And Stormy

폭풍 같은 강렬함과 풍부한 풍미

다크 럼의 진하고 깊은 향과 진저 비어의 자극적인 맛이 빚어내는 에너지 넘치는 칵테일. 라임의 산미가 상쾌함을 더한다. 정말 이름 그대로 '폭풍'처럼 강렬한 맛을 만끽하자.

Recipe BUILD	다크 럼 ················ 60ml
	라임 주스 ················ 10ml
	진저 비어 ················ 적당량

Memo

1991년에 미국에서 상표 등록이 되었기 때문에 버뮤다 제도에 있는 럼 제조회사가 만드는 '고슬링스 블랙 실 럼'을 사용하지 않으면 이 칵테일 이름을 댈 수 없다고.

크러시드 아이스를 담은 잔에 라임 주스를 따른다. 진저 비어로 채우고 다크 럼을 조심히 따라 층을 만든다. 라임 조각과 민트를 장식하면 완성.

맛	단맛	쓴맛
알코올 도수	낮음	높음
용도	Aperitif / After dinner / All day

LONG **SHORT** FROZEN ‖ ♼ **Original** ‖

천사의 미소
Tenshi no Hohoemi

다이애나 왕세자비 일본 방문을 기념하여 창작

1986년 다이애나비의 일본 방문을 기념하여 창작했다. 로열 블루를 연상시키는 밀키 블루가 청초한 인상을 연출한다. 잉글랜드 왕실의 식탁을 상상하며 럼의 단맛과 진한 향을 느긋하게 즐기고 싶다.

Recipe
SHAKE

화이트 럼	20ml
크렘 드 카카오 화이트 (볼스)	10ml
블루 큐라소	10ml
생크림	20ml
갈리아노	1tsp.

얼음과 재료를 전부 셰이커에 넣고 흔들어 섞는다. 잔에 따르고 초콜릿을 띄우면 완성.

Memo

1986년 '전국 칵테일 콘테스트'에서 금상을 받은 저자의 작품이다. '당시에는 레이디 다이애나'라는 이름으로 내놓았으나 그녀가 불의의 사고로 세상을 떠난 후로 이름을 바꿨다.

맛	▶	단맛						쓴맛
알코올 도수	▶	낮음						높음
용도	▶	Aperitif	After dinner	All day

LONG SHORT FROZEN **HOT**

톰 앤 제리
Tom and Jerry

몸을 데우는 뜨겁고 진한 핫 칵테일

고안자인 미국의 명 바텐더, 제리 토마스에서 유래한 이름이다. 크리스마스 음료로 오랫동안 사랑받고 있지만, 자양강장제로도 한몫한다. 추운 날이나 감기에 걸렸나 싶을 때 마시면 몸이 따뜻해진다.

Recipe

BUILD

다크 럼	30ml
브랜디	15ml
설탕시럽	10ml
달걀(달걀노른자와 달걀흰자로 나눠 놓는다)	1개
뜨거운 물	적당량

Memo

이름을 듣고 유명한 미국의 애니메이션을 연상하는 사람도 많지만, 관련 없다. 다만 마시다 보면 왠지 모르게 기분이 유쾌해진다.

달걀노른자에 설탕 시럽을 넣어 거품을 내고, 따로 거품 낸 달걀흰자를 더한다. 거기에 럼과 브랜디를 넣고 가볍게 섞는다. 데운 내열 텀블러에 옮긴 다음 뜨거운 물로 채우면 완성. 블렌더를 사용해 만들기도 한다.

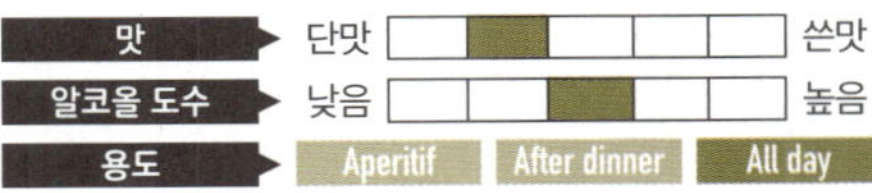

맛	▶	단맛						쓴맛
알코올 도수	▶	낮음						높음
용도	▶	Aperitif	After dinner	All day

LONG **SHORT** FROZEN ┃ **Ⓨ Original** ┃

나이트 신

Night Scene

밤에 즐기는 은은하게 달콤한 칵테일

식후주나 나이트캡에 제격인 칵테일. 럼주와 커피 리큐어의 풍부한 향에 더해 아마레토를 넣어 진한 맛으로 완성했다. 초콜릿 토핑을 올려 어른들을 위한 디저트로도 어울린다.

Recipe
SHAKE

화이트 럼	20ml
커피 리큐어	20ml
아마레토	10ml
생크림	20ml

얼음과 재료를 전부 셰이커에 넣고 흔들어 섞는다. 잔에 따르고 얇게 깎은 초콜릿을 올리면 완성.

Memo

이름 그대로 앞으로 시작될 남녀의 요염한 장면이 상상되는 관능적인 분위기가 감돈다.

맛	단맛					쓴맛
알코올 도수	낮음					높음
용도	Aperitif		After dinner		All day	

LONG **SHORT** FROZEN

니커보커 스페셜

Knickerbocker Special

역사가 있는 네덜란드 바지에서 유래한 칵테일

니커보커는 오래전부터 네덜란드에서 착용해 온, 옷자락이 좁아지는 디자인의 바지다. 오렌지 큐라소와 감귤류 주스를 럼과 조합하여 과일 풍미가 돋보이는 칵테일로 완성했다.

Recipe
SHAKE

화이트 럼	45ml
오렌지 큐라소	2dash
레몬 주스	1tsp.
오렌지 주스	1tsp.
그레나딘 시럽	1tsp.

얼음과 재료를 전부 셰이커에 넣고 흔들어 섞는다. 잔에 따르고 자른 파인애플을 장식하면 완성.

Memo

19세기 중반 칵테일 역사상 가장 초기에 만들어졌다고 한다. 세계적으로 인지도가 높은 칵테일이다. 앞으로는 유행할지도?

맛	단맛					쓴맛
알코올 도수	낮음					높음
용도	Aperitif		After dinner		All day	

LONG · **SHORT** · **FROZEN**

네바다

Nevada

사막지대에서 목을 축여 주는 칵테일

미국 사막지대로 유명한 네바다주의 이름을 땄다. 사막에서 겪는 갈증을 풀어주는 음료로 고안된 것이 시초라고 한다. 라임이나 자몽 주스의 신맛과 단맛이 럼과 어우러져 입맛이 좋은 칵테일 이다.

Recipe
SHAKE

화이트 럼	40ml
라임 주스	10ml
자몽 주스	10ml
설탕 시럽	1tsp.
앙고스투라 비터스	1dash

얼음과 재료를 전부 셰이커에 넣고 흔들어 섞는다. 잔에 따르면 완성.

Memo

네바다주에는 도박의 도시 라스베이거스가 있고, 그 주위에는 광대한 사막이 펼쳐진다. 도박을 즐기면서 이 칵테일을 마시고 있는지도 모르겠다.

맛	단맛						쓴맛
알코올 도수	낮음						높음
용도		Aperitif	After dinner	All day

LONG · **SHORT** · **FROZEN**

바카디

Bacardi

바카디 사가 고안한 칵테일

미국 바카디 사가 고안했으며, 1925년에는 이미 일본에 상륙했다는, 역사가 긴 칵테일이다. 이 칵테일은 집에서 만들 때도 반드시 바카디 사의 럼을 사용해야 하는 등 타협을 모르는 맛을 만끽해보자.

Recipe
SHAKE

화이트 럼(바카디)	45ml
라임 주스	15ml
그레나딘 시럽	1tsp.

Memo

1936년 뉴욕 고등법원에서 바카디 칵테일은 바카디의 럼으로 만들어야 한다는 판결을 내린 것으로 유명하다.

얼음과 재료를 전부 셰이커에 넣고 흔들어 섞는다. 잔에 따르면 완성.

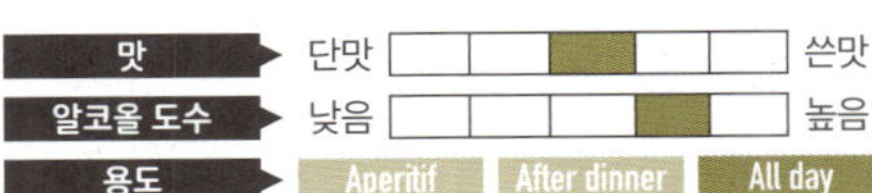

맛	단맛						쓴맛
알코올 도수	낮음						높음
용도		Aperitif	After dinner	All day

LONG **SHORT** **FROZEN**

비즈 키스

Bee's Kiss

꿀벌들의 달콤한 한 잔

벌꿀을 사용한 칵테일로, '꿀벌의 키스'라는 이름도 사랑스럽다.
럼에 꿀을 더하여 감칠맛 나는 단맛을 내고, 동시에 생크림을 넣
어 크리미한 입맛을 만들어 냈다.

Recipe
SHAKE

화이트 럼	30ml
꿀	15ml
생크림	15ml

얼음과 재료를 전부 셰이커에 넣고 흔들
어 섞는다. 잔에 따르면 완성.

Memo

이름은 귀엽지만 알코올 도
수는 높은 편이다. 벌꿀처럼
점도가 높은 재료를 사용할
때는 평소보다 더 충분히 흔
들어 잘 섞는 것이 중요하다.

맛	단맛					쓴맛
알코올 도수	낮음					높음
용도		Aperitif	After dinner	All day		

LONG **SHORT** **FROZEN**

피냐 콜라다

Pina Colada

파인애플을 듬뿍 사용한 칵테일

1970년대에 미국에서 유행해 지금은 트로피컬 칵테일의 스테디
셀러로 자리 잡았다. 스페인어로 '체로 거른 파인애플'이란 칵테일
이름처럼 파인애플 주스를 듬뿍 넣는다. 코코넛 밀크의 풍미가 풍
부한 향을 퍼뜨린다.

Recipe
SHAKE

화이트 럼	30ml
파인애플 주스	80ml
코코넛 밀크	45ml

얼음과 재료를 전부 셰이커에 넣고 흔들어 섞
는다. 크러시드 아이스를 채운 잔에 따른 다
음 자른 파인애플이나 꽃을 장식하면 완성.

Memo

발상지로 여겨지는 푸에
르토리코 비에호 산후안
(올드 산후안)에 있는 바에
서는 대형 기계를 이용하
여 프로즌 스타일로 만들
어 제공하고 있다.

맛	단맛					쓴맛
알코올 도수	낮음					높음
용도		Aperitif	After dinner	All day		

LONG **SHORT** FROZEN

플래티넘 블론드
Piatinum Blonde

은백색 머리의 여성을 아름답게 표현한 칵테일

아름다운 플래티넘 블론드 머리의 여성 같은 색감을 표현한 칵테일. 화이트 럼과 화이트 큐라소에 생크림을 더하여 달콤하고 크리미한 입맛으로 완성했다. 식후에 디저트처럼 즐겨 보자.

Recipe
SHAKE

화이트 럼	20ml
화이트 큐라소	20ml
생크림	20ml

얼음과 재료를 전부 셰이커에 넣고 흔들어 섞는다. 잔에 따르면 완성.

Memo

생크림도 들어가 부드럽게 잘 넘어가지만, 알코올 도수는 높은 편이다. 과음에 주의하자!

맛	단맛 →		쓴맛
알코올 도수	낮음 →		높음
용도	Aperitif	After dinner	All day

LONG **SHORT** FROZEN

블랙 데빌
Black Devil

럼으로 맛보는 마티니

마티니에서 진을 럼으로 바꾸어 만드는 변형 칵테일. 럼 특유의 단맛이 없어 깔끔하고 강렬한 맛을 자랑한다. 블랙 올리브를 가라앉혀 보기에도 고급스럽다. 저녁 식사 전에 느긋하게 즐겨 보자.

Recipe
STIR

화이트 럼	40ml
드라이 베르무트	20ml

재료를 전부 믹싱 글라스에 넣고 저어 섞는다. 잔에 따르고 블랙 올리브를 넣으면 완성.

Memo

'블랙 데빌'이라고 하면 옛날 일본 예능 프로그램에서 유행했던 온몸을 검은색 의상으로 감싼 채 자칭 악마의 아이라던 모 캐릭터를 떠올리는 사람도 많지 않을까. 하지만 이 칵테일은 예능 요소가 전혀 없는 정통 칵테일이다.

맛	단맛 →		쓴맛
알코올 도수	낮음 →		높음
용도	Aperitif	After dinner	All day

플랜터즈 칵테일

Planter's Cocktail

농장을 표현한 과일 칵테일

'농장주'나 '농부'를 뜻하는 플랜터. 남국에서 만들어진 중남미와 동남아시아 등지의 농장에서 일하는 이들을 표현한 칵테일이다. 오렌지 주스를 듬뿍 사용하여 과일 향미가 물씬 난다. 레몬의 신 맛도 밸런스 좋게 어우러진다.

Recipe
SHAKE

화이트 럼	30ml
오렌지 주스	20ml
레몬 주스	10ml

Memo

고전적인 정통파 칵테일이다. 정통 칵테일의 맛을 맛볼 수 있다.

얼음과 재료를 전부 셰이커에 넣고 흔들어 섞는다. 잔에 따르면 완성.

맛	단맛					쓴맛
알코올 도수	낮음					높음
용도	Aperitif	After dinner	All day			

블루하와이

Blue Hawaii

하와이의 파란색을 아름답게 표현한 칵테일

1957년 하와이의 바텐더가 고안한 칵테일. 블루 큐라소로 하와이의 푸른 바다와 하늘을 표현하고, 파인애플과 레몬 주스로 트로피컬한 맛을 나타냈다. 늘 여름인 해변에서 즐기고 싶은 칵테일이다.

Recipe
SHAKE

화이트 럼	45ml
블루 큐라소	30ml
파인애플 주스	45ml
레몬 주스	10ml

Memo

예쁜 파란색을 내려면 블루 큐라소를 넉넉하게 넣는 것이 중요하다.

얼음과 재료를 전부 셰이커에 넣고 흔들어 섞는다. 크러시드 아이스를 채운 잔에 따른다. 파인애플과 꽃 등을 장식하고 빨대를 꽂으면 완성.

맛	단맛					쓴맛
알코올 도수	낮음					높음
용도	Aperitif	After dinner	All day			

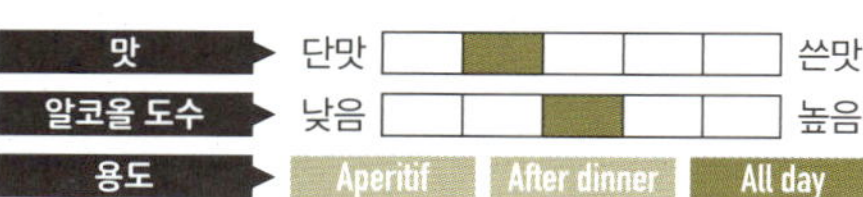

LONG **SHORT** **FROZEN**

프레지던트

President

쿠바 대통령의 이름을 딴 새콤달콤한 칵테일

쿠바 대통령의 이름을 땄다는 칵테일. 오렌지 주스와 그레나딘 시럽이 럼과 어우러져 새콤달콤한 맛을 낸다. 이름의 뜻은 같지만 스페인어인 엘 프레지덴테(P133)와는 레시피가 다르다.

Recipe
SHAKE

화이트 럼		45ml
오렌지 주스		15ml
그레나딘 시럽		2dash

얼음과 재료를 전부 셰이커에 넣고 흔들어 섞는다. 잔에 따르면 완성.

Memo

프레지던트에는 '사장'이란 의미도 있다. '언젠가 출세해서 사장이 되겠어' 하는 사람은 이 칵테일을 마시며 의욕을 높여 보면 어떨까.

맛	▶	단맛						쓴맛
알코올 도수	▶	낮음						높음
용도	▶	Aperitif		After dinner		All day	

LONG **SHORT** **FROZEN**

프로즌 다이키리

Frozen Daiquiri

헤밍웨이도 사랑한 프로즌 칵테일

마신다기보다 먹는다는 느낌으로 즐기는 청량감 가득한 프로즌 스타일. 특히 남국의 휴양지 섬에서 사랑받고 있으며, 그중에서도 이 프로즌 다이키리는 그 유명한 헤밍웨이가 좋아했던 칵테일로 유명하다.

Recipe

BLEND

화이트 럼		40ml
화이트 큐라소		30ml
라임 주스		20ml

Memo

화이트 큐라소 대신 설탕 시럽을 사용하기도 하지만, 화이트 큐라소를 넣어야 더 깊은 맛이 난다.

모든 재료와 얼음을 블렌더에 넣고 갈아 준다. 잔에 따르고 라임 슬라이스를 장식하면 완성.

맛	▶	단맛						쓴맛
알코올 도수	▶	낮음						높음
용도	▶	Aperitif		After dinner		All day	

프로즌 바나나 다이키리

Frozen Banana Daiquiri

바나나를 사용한 감미로운 디저트 칵테일

프로즌 다이키리(P151)의 변형 칵테일로, 바나나를 듬뿍 사용한다. 바나나와 설탕 시럽의 단맛과 라임 주스의 상큼함이 어우러져 시원한 디저트 칵테일을 즐길 수 있다.

Recipe
BLEND

화이트 럼	30ml
화이트 큐라소	20ml
설탕 시럽	15~20ml
라임 주스	10ml
바나나	2/3개

Memo

바나나 대신 딸기나 멜론, 망고 등을 넣어도 맛있다. 이때 칵테일 이름에서 '바나나' 부분을 사용한 과일의 이름으로 바꾸자.

모든 재료와 얼음을 블렌더에 넣고 갈아준다. 잔에 따르고 자른 바나나를 장식하면 완성.

맛	단맛						쓴맛
알코올 도수	낮음						높음
용도		Aperitif		After dinner		All day	

페인킬러

Pain Killer

진통제 같은 칵테일?

이 칵테일은 1970년대 카리브해에 있는 영국령 버진 제도의 '소기 달러 바'에서 만들어졌다고 한다. 코코넛과 파인애플에 럼이 더해지면서 오묘하고 개성적인 단맛이 난다.

Recipe
SHAKE

다크 럼	30ml
파인애플 주스	60ml
오렌지 주스	15ml
코코넛 크림	15ml

Memo

'진통제'를 뜻하는 칵테일 이름 때문인지 어딘가 약 같은 맛처럼 느껴지기도 한다. 산미와 단맛에 이국적인 풍미도 느낄 수 있다.

얼음과 재료를 전부 셰이커에 넣고 흔들어 섞는다. 크러시드 아이스가 담긴 잔에 따르면 완성.

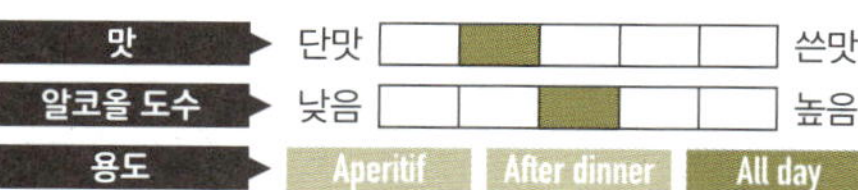

맛	단맛						쓴맛
알코올 도수	낮음						높음
용도		Aperitif		After dinner		All day	

LONG **SHORT** FROZEN

보스턴 쿨러

Boston Cooler

여름에 딱 맞는 청량감이 매력

미국의 도시 보스턴 이름을 딴 이 칵테일은 청량감이 가득해 여름에 제격이다. 레몬의 신맛과 설탕의 단맛이 럼과 어우러져 기분 좋은 목 넘김을 선사한다. 더 달게 만들고 싶다면 탄산수 대신 진저에일을 넣으면 된다.

Recipe
SHAKE

화이트 럼	·················	45ml
레몬 주스	·················	20ml
설탕 시럽	·················	1tsp.
탄산수(또는 진저에일)		
	·················	적당량

Memo

이 칵테일처럼 도시의 이름을 딴 칵테일을 '시티 칵테일'이라고 부른다.

탄산수를 제외한 재료와 얼음을 셰이커에 넣고 흔들어 섞는다. 얼음을 담은 잔에 따르고 탄산수로 채운 다음 가볍게 섞으면 완성.

맛	단맛	⬜⬜🟩⬜⬜	쓴맛
알코올 도수	낮음	⬜⬜🟩⬜⬜	높음
용도	Aperitif	After dinner	**All day**

LONG SHORT FROZEN **HOT**

핫 버터드 럼

Hot Buttured Rum

몸이 따뜻해지는 영국산 칵테일

영국에서 만들어진 핫 칵테일. 달걀은 들어가지 않았지만, 달걀 술처럼 감기에 걸렸을 때나 추운 날에 마신다. 버터와 향을 내기 위한 시나몬 스틱의 풍미가 퍼지며 긴장이 풀리는 맛이다.

Recipe
BUILD

다크 럼	··········	45ml
설탕 시럽	··········	1tsp.
버터	··········	한 조각
뜨거운 물	··········	적당량

Memo

이 칵테일은 '캡틴 모건 스파이스드 럼' 등 단맛이 강한 럼을 사용해도 맛있다.

설탕 시럽을 넣고 럼을 따른다. 뜨거운 물을 채우고 가볍게 섞는다. 버터를 띄우고 취향에 따라 시나몬 스틱과 레몬 조각을 곁들이면 완성.

맛	단맛	⬜🟩⬜⬜⬜	쓴맛
알코올 도수	낮음	⬜⬜🟩⬜⬜	높음
용도	Aperitif	After dinner	All day

LONG　SHORT　FROZEN　**HOT**

핫 버터드 럼 카우
Hot Buttured Rum Cow

따뜻한 우유를 사용한 영양 만점 칵테일

핫 버터드 럼(P153)에서 뜨거운 물 대신 따뜻한 우유를 사용하여 만드는 칵테일. 영양가가 높아 미국 등에서는 감기에 걸렸을 때 자주 마신다. 버터는 소재의 풍미를 살릴 수 있도록 무염 제품을 추천한다.

Recipe
BUILD

골드 럼	30ml
다크 럼	15ml
설탕 시럽	1tsp.
버터	한 조각
우유(따뜻한 것)	적당량

Memo

설탕 시럽 대신 꿀을 넣어도 맛있다.

설탕 시럽과 데운 우유를 조금 넣고 두 가지 럼을 따른다. 데운 우유로 채우고 버터를 넣어 잘 섞는다. 취향에 따라 시나몬을 뿌리면 완성.

맛	단맛	▢▢■▢▢▢	쓴맛
알코올 도수	낮음	▢▢▢■▢	높음
용도		Aperitif　After dinner　**All day**	

LONG　**SHORT**　FROZEN

폴라 쇼트 커트
Polar Short Cut

항로 개설 기념 콘테스트에서 우승한 작품

1957년 스칸디나비아 항공의 협찬으로 개최된 '코펜하겐-도쿄 간 북극 경유 항로 개설 기념 칵테일 콘테스트'에서 1위를 차지한 칵테일. 은은한 단맛과 묵직함이 있는 풍미를 즐길 수 있는 어른들을 위한 칵테일이다.

Recipe
STIR

다크 럼	15ml
화이트 큐라소	15ml
체리 리큐어	15ml
드라이 베르무트	15ml

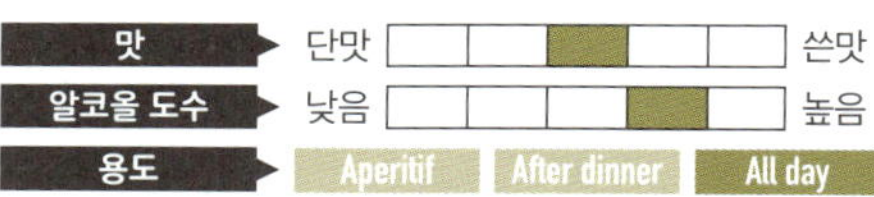
Memo

칵테일 이름은 '북극권으로 가는 최단 비행'을 뜻한다.

얼음과 재료를 전부 믹싱 글라스에 넣고 저어 섞는다. 잔에 따르면 완성.

맛	단맛	▢▢■▢▢▢	쓴맛
알코올 도수	낮음	▢▢▢▢■	높음
용도		Aperitif　After dinner　**All day**	

LONG **SHORT** FROZEN

마이애미

Miami

럼을 사랑하는 휴양지 이름을 딴 칵테일

미국의 유명 휴양지, 마이애미. 럼의 산지인 쿠바와도 가까워 예로부터 마이애미에서는 럼을 즐겨 마셨다. 화이트 페퍼민트 특유의 청량감이 럼과 잘 어울려 깔끔하다.

Recipe
SHAKE

화이트 럼	40ml
화이트 페퍼민트	20ml
레몬 주스	1tsp.

얼음과 재료를 전부 셰이커에 넣고 흔들어 섞는다. 잔에 따르면 완성.

Memo

일본에서는 다양한 레시피가 존재하는 칵테일로 알려져 있다. 바에서 자신이 생각하는 마이애미를 꼭 마시고 싶다면 레시피를 지정하는 편이 무난하다.

맛	단맛					쓴맛
알코올 도수	낮음					높음
용도	Aperitif		After dinner		All day	

LONG SHORT **FROZEN** ♦ Original

마이애미 바이스

Miami Vice

과일 향미가 가득한 프로즌 칵테일

저자가 카리브해에 있는 리조트 호텔의 해변에서 마신 칵테일을 변형한 칵테일. 프로즌 타입으로 만들어 상쾌하다. 강한 럼을 베이스로 사용했지만, 과일 리큐어와 주스를 듬뿍 사용하여 부담 없이 마시기 좋은 맛이다.

Recipe
BLEND

럼(론리코 151)	30ml
딸기 리큐어(르제)	30ml
코코넛 리큐어(말리부)	30ml
파인애플 주스	30ml

모든 재료와 얼음을 블렌더에 넣고 갈아 준다. 잔에 따르고 파인애플과 딸기 등을 장식하면 완성.

Memo

모든 재료를 같은 양으로 섞는 간단한 레시피가 특징이다.

맛	단맛					쓴맛
알코올 도수	낮음					높음
용도	Aperitif		After dinner		All day	

마이애미 비치(럼 베이스)

Miami Beach

더운 여름에 효력을 발휘하는 깔끔한 칵테일

마이애미(P155)에서 화이트 페퍼민트를 화이트 큐라소로 바꿔 만든 칵테일로, 깔끔하고 드라이한 맛을 즐길 수 있다. 알코올 도수는 높은 편이다. 칵테일 이름처럼 늘 여름인 해변에서 즐기고 싶은 칵테일이다.

Recipe

SHAKE

화이트 럼	40ml
화이트 큐라소	20ml
레몬 주스	1tsp.

얼음과 재료를 전부 셰이커에 넣고 흔들어 섞는다. 잔에 따르면 완성.

Memo

위스키 베이스인 동명의 칵테일(P92)도 있으므로 주의하자. 또 엑스와이지(P132)와 재료는 같지만 비율이 다르다.

맛	단맛 ☐☐☐■☐ 쓴맛		
알코올 도수	낮음 ☐☐☐■☐ 높음		
용도	Aperitif	After dinner	All day

마이타이

Maitai

감미로운 트로피컬 칵테일의 여왕

여러 가지 설이 있지만, 1944년에 레스토랑 오너인 빅터 베르게론이 고안했다는 설이 유력하다. 이 칵테일을 친구에게 마셔 보라 했더니 타히티어로 "마이타이(=이 세상 맛이 아니군)!"라고 외쳤다고 한다.

Recipe

SHAKE

화이트 럼	45ml
화이트 큐라소	15ml
파인애플 주스	30ml
오렌지 주스	30ml
레몬 주스	10ml
그레나딘 시럽	10ml

Memo

이 레시피는 럼을 적게 넣어 부담 없이 마시기 좋은 맛으로 완성했다. 과일 등을 화려하게 장식하자.

그레나딘 시럽을 제외한 재료와 얼음을 셰이커에 넣고 흔들어 섞는다. 크러시드 아이스를 담은 잔에 따르고 그레나딘 시럽을 붓는다. 꽃과 자른 파인애플 등 과일을 장식하면 완성.

맛	단맛 ☐■☐☐☐ 쓴맛		
알코올 도수	낮음 ☐■☐☐☐ 높음		
용도	Aperitif	After dinner	All day

LONG **SHORT** FROZEN

밀리어네어

Millionaire

이름의 힘을 빌려 부자가 된 기분으로

'대부호'를 의미하는 재수 좋은 이름. 슬로 진과 애프리콧 리큐어의 과일 향미가 가득한 풍미가 럼과 녹아들어 매혹적인 맛을 낸다. 평소보다 부자가 된 기분으로 즐기고 싶을 때 추천한다.

Recipe
SHAKE

화이트 럼	15ml
슬로 진	15ml
애프리콧 리큐어	15ml
라임 주스	15ml
그레나딘 시럽	1dash

얼음과 재료를 전부 셰이커에 넣고 흔들어 섞는다. 잔에 따르면 완성.

Memo

위스키 베이스인 동명의 칵테일도 있지만, 이 칵테일은 럼 베이스다. 복권을 살 때 기원하는 마음으로 마셔 보면 어떨까?

맛	단맛					쓴맛
알코올 도수	낮음					높음
용도		Aperitif	After dinner	All day	

LONG **SHORT** FROZEN

메리 픽포드

Mary Pickford

미국의 연인이었던 여배우 이름을 딴 칵테일

무성영화 시절 '미국의 연인'으로 불리며 사랑받았던 대배우 메리 픽포드의 이름을 따왔다. 화이트 럼과 파인애플 주스의 풍미와 기품 있는 색이 지난날 그녀의 화려함을 표현한다.

Recipe
SHAKE

화이트 럼	30ml
파인애플 주스	30ml
그레나딘 시럽	1tsp.
마라스키노	1dash

Memo

1920년대 쿠바의 수도 아바나에서 만들어졌다고 한다.

얼음과 재료를 전부 셰이커에 넣고 흔들어 섞는다. 잔에 따르면 완성.

맛	단맛					쓴맛
알코올 도수	낮음					높음
용도		Aperitif	After dinner	All day	

LONG · **SHORT** · FROZEN

모히토

Mojito

쿠바의 국민 칵테일

카리브해의 나라, 쿠바의 국민 칵테일로 알려져 바는 물론 집에서도 간편히 마신다. 마실 때는 민트 잎을 얼음과 함께 거침없이 잘 으깨서 향기를 돋우는 것이 포인트다.

Recipe
BUILD

화이트 럼	45ml
시럽(모닌 모히토 민트 시럽)	10ml
라임 주스	10ml
민트 잎	적당량
탄산수	적당량

Memo

쿠바에 있는 가게 '보데기타'는 모히토의 발상지로 알려졌으며, 헤밍웨이도 이 가게의 모히토를 즐겨 마셨다고 한다.

얼음을 담은 잔에 탄산수를 제외한 재료를 넣고 차가운 탄산수로 채운다. 민트 잎과 라임 조각을 넣고 잘 섞으면 완성.

맛	단맛						쓴맛
알코올 도수	낮음						높음
용도		Aperitif	After dinner	**All day**			

LONG · **SHORT** · FROZEN

라스트 키스

Last Kiss

깔끔하고 드라이한, 어른들을 위한 칵테일

'마지막 키스'라는 슬픈 장면을 상상하게 하는 칵테일. 럼과 브랜디가 빚어내는 달콤하고 향긋한 맛에 레몬의 상쾌한 신맛을 더했다. 알코올 도수가 높아 드라이하고 깔끔한 어른들을 위한 칵테일이다.

Recipe
SHAKE

화이트 럼	45ml
브랜디	10ml
레몬 주스	5ml

Memo

해외에서는 거의 알려지지 않아 정확히 만들어진 시기나 장소는 알 수 없다.

얼음과 재료를 전부 셰이커에 넣고 흔들어 섞는다. 잔에 따르면 완성.

맛	단맛						쓴맛
알코올 도수	낮음						높음
용도		Aperitif	After dinner	**All day**			

러브 미 텐더

Love Me Tender

트로피컬한 리큐어이 들어가 럼이 돋보이는 칵테일

코코넛 리큐어와 패션프루트 리큐어의 찰떡궁합 조합이 럼의 단맛을 한층 돋보이게 하는 칵테일. 트로피컬하고 매력적인 맛은 여름의 태양 아래서 보내는 연인들에게 제격이다.

Recipe
SHAKE

화이트 럼	15ml
코코넛 리큐어(말리부)	15ml
패션프루트 리큐어(파쏘아)	15ml
파인애플 주스	15ml

Memo

이 칵테일은 엘비스 프레슬리의 '러브 미 텐더'를 생각하며 창작했다.

얼음과 재료를 전부 셰이커에 넣고 흔들어 섞는다. 잔에 따르면 완성.

맛	단맛		쓴맛
알코올 도수	낮음		높음
용도	Aperitif	After dinner	All day

럼 올드 패션드

Rum Old Fashioned

올드 패션드의 베이스를 럼으로 바꾼 칵테일

위스키를 사용하는 올드 패션드(P76)의 베이스를 럼으로 바꾼 칵테일. 럼의 향긋하고 부드러운 맛과 앙고스투라 비터스의 풍미가 어우러져 달콤하고 산뜻하다.

Recipe
BUILD

골드 럼	45ml
앙고스투라 비터스	2dash
설탕 시럽	1tsp.
탄산수	1tsp.

Memo

베이스인 골드 럼을 화이트 럼이나 다크 럼으로 바꿔 보면 또 다른 맛을 즐길 수 있다.

잔에 담은 각설탕에 앙고스투라 비터스를 뿌리고 탄산수로 반쯤 녹인다. 얼음과 럼을 넣고 잘 섞는다. 레몬 슬라이스와 오렌지 등을 장식하면 완성.

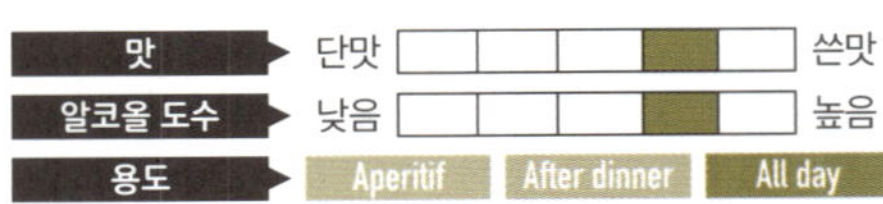

맛	단맛		쓴맛
알코올 도수	낮음		높음
용도	Aperitif	After dinner	All day

럼 콜린스

Rum Collins

럼 베이스로 만든 콜린스 스타일

스피릿에 레몬 주스와 시럽, 탄산수를 더한 콜린스 스타일에 럼을 베이스로 만든 칵테일. 레몬의 상쾌한 산미가 럼의 맛을 돋보이게 하고, 목 넘김도 좋다. 더운 날 첫 잔으로 마시기에도 제격이다.

베이스가 다크 럼일 때는 '럼 콜린스', 화이트 럼일 때는 '페드로 콜린스'로 구분하여 부르기도 한다.

Recipe / SHAKE

럼	45ml
레몬 주스	20ml
설탕 시럽	2tsp.
탄산수	적당량

탄산수를 제외한 재료를 셰이커에 넣고 흔들어 섞는다. 얼음을 담은 잔에 따른 다음 탄산수로 채운다. 가볍게 섞은 후 레몬 슬라이스와 체리를 장식하면 완성.

맛	단맛 ▶ □□□■□ 쓴맛	알코올 도수	낮음 □□■□□ 높음
용도	Aperitif After dinner All day		

리틀 데빌

Little Devil

귀여운 이름 뒤의 강렬한 드라이함

화이트 럼과 드라이 진을 조합한 이 칵테일은 '작은 악마'라는 귀여운 이름과 비주얼과는 달리 알코올 도수가 높아 굉장히 드라이하다. 방심하다 과음하면 순식간에 취해 버리니 주의하자.

엑스와이지(P132)와 화이트 레이디(P61)를 섞어 놓은 듯한 칵테일이다.

Recipe / SHAKE

화이트 럼	20ml
드라이 진	20ml
화이트 큐라소(쿠앵트로)	20ml
레몬 주스	10ml

얼음과 재료를 전부 셰이커에 넣고 흔들어 섞는다. 잔에 따르면 완성.

맛	단맛 ▶ □□□□■ 쓴맛	알코올 도수	낮음 □□□■□ 높음
용도	Aperitif After dinner All day		

리틀 프린세스

Little Princess

꼬마 공주님의 향기로운 칵테일

'꼬마 공주님'이란 이름 그대로 귀여운 빨간색을 두른 칵테일. 실제로는 럼과 향긋한 베르무트가 어우러져 깊은 맛이 나고 알코올 도수도 높다. 'Poker'라는 별칭으로도 부른다.

같은 양의 재료로 만드는 심플한 칵테일. 심플하기에 더욱 바텐더의 기량과 센스를 발휘해야 한다.

Recipe / STIR

화이트 럼	30ml
스위트 베르무트	30ml

얼음과 재료를 전부 믹싱 글라스에 넣고 저어 섞는다. 잔에 따르면 완성.

맛	단맛 ▶ □□■□□ 쓴맛	알코올 도수	낮음 □□□■□ 높음
용도	Aperitif After dinner All day		

Tequila

테킬라

알로에를 닮은 다육식물 용설란(아가베)을
원료로 하는 멕시코 특산 증류주. 화이트
테킬라가 대중적이다. 멕시코시 북서부의
테킬라 지구에서 만들어진 것만 '테킬라'
라고 칭할 수 있고, 그 외로는 '메스칼'이라
고 불러 구별한다. 숙성을 거듭할수록 더
부드러워진다.

아이스 브레이커

Ice Breaker

밝고 부드러운 분위기를 만드는 칵테일

칵테일 이름은 '쇄빙선'이나 '쇄빙기'를 뜻하며, 얼음을 깨듯 그 자리를 쾌활하고 즐거운 분위기로 바꿔주는 칵테일로 사랑받고 있다. 밝은 핑크빛과 깔끔한 입맛이 특징이다. 프로즌으로 만들어도 좋다.

Recipe
SHAKE

테킬라	40ml
화이트 큐라소	20ml
자몽 주스	40ml
그레나딘 시럽	2tsp.

얼음과 재료를 전부 셰이커에 넣고 흔들어 섞는다. 얼음을 담은 잔에 따르면 완성.

Memo

기업 연수 자리 등에서 처음 만나는 사람들의 긴장을 풀기 위해 나누는 잡담이나 게임도 '아이스 브레이커'라고 부른다.

맛	단맛					쓴맛
알코올 도수	낮음					높음
용도	Aperitif	After dinner	All day

앰배서더

Ambassador

테킬라가 베이스인 스크루드라이버

'대사'라는 이름을 딴 이 칵테일은 스크루드라이버(P108)에서 베이스를 보드카 대신 테킬라로 바꿔 만든다. 듬뿍 넣은 오렌지 주스와 설탕 시럽이 테킬라를 부드럽게 감싸 입맛도 상쾌하다.

Recipe
BUILD

테킬라	30~45ml
설탕 시럽	1tsp.
오렌지 주스	적당량

Memo

갓 짜낸 오렌지 주스를 사용하면 신선해서 매우 맛있다.

얼음을 담은 잔에 테킬라와 설탕 시럽을 넣고 오렌지 주스로 채운다. 가볍게 섞은 다음 자른 오렌지나 체리를 장식하면 완성.

맛	단맛					쓴맛
알코올 도수	낮음					높음
용도	Aperitif	After dinner	All day

LONG　SHORT　FROZEN

이구아나

Iguana

식후에 천천히 즐기는 단맛

같은 양의 테킬라와 보드카에 커피 리큐어를 더하여 짙은 향을 즐길 수 있는 달콤한 칵테일. 모든 재료가 알코올 음료여서 알코올 도수도 높은 편이다. 천천히 음미하면서 마셔 보자.

Recipe
BUILD

테킬라	20ml
보드카	20ml
커피 리큐어	20ml

Memo

파충류인 이구아나가 그대로 칵테일 이름이 되었다. 왜 이러한 이름을 붙였는지는 알려진 바가 없다.

얼음을 담은 잔에 재료를 전부 넣고 가볍게 섞는다. 오렌지 필을 장식하면 완성.

맛	▶ 단맛	쓴맛
알코올 도수	▶ 낮음	높음
용도	▶ Aperitif	After dinner	All day

LONG　**SHORT**　FROZEN

엑소시스트

Exorcist

신비로운 비주얼로 인기 있는 칵테일

블루 큐라소가 자아내는 파란색이 강렬한 인상을 준다. 테킬라의 풍미에 레몬 주스의 신맛과 블루 큐라소의 단맛이 절묘하게 어우러져 맛이 오묘하고 심오하다. '퇴마사'를 뜻하는 이름도 어딘가 신비로운 인상을 준다.

Recipe
SHAKE

테킬라	30ml
블루 큐라소	15ml
레몬 주스	15ml

Memo

1972년 개봉한 동명의 영화 〈엑소시스트〉. 지금도 영화 애호가들 사이에서 회자되는 걸작 호러 작품이기도 하다.

얼음과 재료를 전부 셰이커에 넣고 흔들어 섞는다. 잔에 따르면 완성.

맛	▶ 단맛	쓴맛
알코올 도수	▶ 낮음	높음
용도	▶ Aperitif	After dinner	All day

에버그린

Ever Green

보기에도 화려한 트로피컬한 칵테일

이름은 초록빛이 선명한 '상록수'에서 유래했다. 민트 리큐어의 청량감과 파인애플 주스의 달콤함이 인상적이며, 바닐라를 연상시키는 갈리아노의 향기가 개성을 더한다. 부담 없이 마시기 좋으면서도 깊이가 공존하는 칵테일이다.

Recipe
SHAKE

테킬라	30ml
그린 민트 리큐어	15ml
갈리아노	10ml
파인애플 주스	90m

얼음과 재료를 전부 셰이커에 넣고 흔들어 섞는다. 얼음을 담은 잔에 따르고 자른 파인애플과 체리를 곁들이면 완성.

Memo

'테킬라'는 원산지를 가리키는 호칭이다. 멕시코 할리스코주 및 그 주변에서 서식하는 아가베 종으로 만들어진 증류주만 이 이름을 쓸 수 있다.

맛	단맛						쓴맛
알코올 도수	낮음						높음
용도		Aperitif	After dinner	All day			

엘 디아블로

El Diablo

보기에도 아름다운 전 세계적으로 인기 있는 칵테일

스페인어로 '악마'를 뜻하는 이름은 검붉은 색이 악마의 피를 연상시킨다는 데서 유래했다. 카시스의 새콤달콤함과 진저에일의 생강 맛, 그리고 라임의 신맛이 더해져 상큼하고 부담 없이 마시기 좋다.

Recipe
BUILD

테킬라	30ml
크렘 드 카시스	15ml
라임 주스	10ml
진저에일	적당량

얼음을 담은 잔에 테킬라, 카시스 리큐어, 라임 주스를 넣고 가볍게 섞는다. 마지막에 진저에일로 채우고 다시 가볍게 섞으면 완성. 취향에 따라 라임을 곁들여도 맛있다.

Memo

비교적 구하기 쉬운 재료들로 이루어져 있어 초보자도 손쉽게 만들 수 있다. 파티 등에서 꼭 한번 만들어 보도록 하자.

맛	단맛						쓴맛
알코올 도수	낮음						높음
용도		Aperitif	After dinner	All day			

캑터스 뱅어

Cactus Banger

조화를 이루는 테킬라와 오렌지 주스

'캑터스'는 선인장이란 뜻으로 보드카 베이스인 하비 월뱅어(P113)의 변형이다. 테킬라와 오렌지 주스의 풍부한 과일 맛에 갈리아노의 향이 어우러져 마시기 좋은 칵테일이다.

테킬라의 양을 조절하면서 취향에 맞는 알코올 도수를 찾아 보자.

Recipe　BUILD

테킬라	45ml
갈리아노	15ml
오렌지 주스	적당량

얼음을 담은 잔에 테킬라, 갈리아노를 따른다. 오렌지 주스로 채우고 가볍게 섞는다. 자른 오렌지를 곁들이면 완성.

맛 ▶ 단맛 ☐☐▣☐☐ 쓴맛	알코올 도수 ▶ 낮음 ☐☐▣☐☐ 높음

용도 ▶	Aperitif	After dinner	All day

그랑 마르니에 마가리타

Grand Marnier Margarita

오렌지 큐라소의 최고봉을 사용한 칵테일

스노 스타일로 유명한 마가리타(P175)의 변형. 최고급 오렌지 큐라소 제품인 그랑 마르니에의 향이 기분 좋고, 마시는 맛도 있어 만족스럽다. 잔 테두리에 묻힌 소금을 핥으며 '맛을 바꾸는' 재미도 있다.

오렌지 슬라이스를 하나 넣고 흔들어 섞으면, 오렌지의 풍미를 더 그대로 맛볼 수 있어 한 단계 수준 높은 칵테일이 완성된다.

Recipe　SHAKE

테킬라	30ml
그랑 마르니에	15ml
레몬 주스	15ml

얼음과 재료를 전부 셰이커에 넣고 흔들어 섞는다. 스노 스타일(소금)로 만든 잔에 따르면 완성.

맛 ▶ 단맛 ☐☐☐▣☐ 쓴맛	알코올 도수 ▶ 낮음 ☐☐☐▣☐ 높음

용도 ▶	Aperitif	After dinner	All day

콘치타

Conchita

톡 쏘는 산미가 매력

자몽 주스와 레몬 주스는 테킬라와도 찰떡궁합이다. 감귤 특유의 상큼한 신맛과 은은한 단맛을 즐길 수 있다. 테킬라와 레몬의 깔끔하고 톡 쏘는 입맛도 매력적이다.

콘치타는 스페인어로 '작은 조개껍데기'를 의미하는 여성 이름에서 유래했다.

Recipe　SHAKE

테킬라	30ml
자몽 주스	20ml
레몬 주스	10ml

얼음과 재료를 전부 셰이커에 넣고 흔들어 섞는다. 잔에 따르면 완성.

맛 ▶ 단맛 ☐☐☐▣☐ 쓴맛	알코올 도수 ▶ 낮음 ☐☐▣☐☐ 높음

용도 ▶	Aperitif	After dinner	All day

콘테사

Contessa

과일 향미가 가득하고 우아한 칵테일

콘테사는 이탈리아어로 '백작 부인'을 뜻한다. 과일 향기가 가득해서 마시기 좋은 칵테일로, 테킬라와 리치가 어우러져 화려하고 기품 있는 향이 난다. 이름 그대로 우아한 여성에게도 인기 있는 칵테일이다.

Recipe
SHAKE

테킬라	30ml
리치 리큐어	10ml
자몽 주스	20ml

얼음과 재료를 전부 셰이커에 넣고 흔들어 섞는다. 잔에 따르면 완성.

Memo

테킬라와 리치의 조합이 의외로 느껴질 수 있지만, 생각보다 훨씬 기품 있는 맛으로 완성된다.

맛	단맛				■		쓴맛
알코올 도수	낮음				■		높음
용도	Aperitif	After dinner	**All day**

셰이디 레이디

Shady lady

과일 향미가 가득하면서도 달콤한 풍미

그늘이 있는 요염한 여성을 가리키는 '셰이디 레이디'. 멜론 리큐어와 자몽 주스의 절묘한 하모니를 즐길 수 있다. 마지막에 자른 멜론을 장식하면 더욱 풍요롭고 화려하고 고급스러워진다.

Recipe
SHAKE

테킬라	30ml
멜론 리큐어	30ml
자몽 주스	90ml

셰이커에 재료를 전부 넣고 흔들어 섞은 다음 얼음을 담은 잔에 따른다. 마지막에 자른 멜론 등을 잔 테두리에 장식하면 완성.

Memo

shady는 직역하면 '그늘이 많은, 수상한'이라는 의미이지만, 그 이름과는 달리 산뜻한 트로피컬 칵테일이다.

맛	단맛		■			쓴맛
알코올 도수	낮음			■		높음
용도	Aperitif	After dinner	**All day**

LONG **SHORT** FROZEN

실크 스타킹

Silk stockings

부드러워서 나이트캡으로도 제격

이름 그대로 실크를 연상시키는 부드러운 목 넘김을 자랑한다. 테킬라의 개성이 생크림으로 감싸져 맛이 부드럽다. 잠시 쉬고 싶은 날에도 마시기 좋다.

20세기 중반에 미국에서 고안되었다고 한다. 1950~1960년대에 걸쳐 미국에서 여성들을 위한 달콤한 칵테일이 유행했는데, 이것도 그중 하나다. 카카오 화이트로 만들어도 재미있다.

Recipe
SHAKE

테킬라	30ml
크렘 드 카카오	15ml
생크림	15ml
그레나딘 시럽	1tsp.

얼음과 재료를 전부 셰이커에 넣고 흔들어 섞는다. 잔에 따르고 체리를 곁들이면 완성.

맛	단맛 ▢▢◼▢▢ 쓴맛	알코올 도수	낮음 ▢▢▢◼▢ 높음

| 용도 | Aperitif | After dinner | All day |

LONG SHORT FROZEN

스트로 햇

Straw Hat

토마토 주스의 깔끔한 맛

'밀짚모자'를 뜻하는 이름은 이 칵테일은 토마토 주스의 깔끔한 맛이 특징이다. 블러디 메리 (P116)의 베이스를 테킬라로 바꾸어 만들었다.

이 칵테일의 정확한 발상지는 알려지지 않았지만, 잔 테두리의 장식이 밀짚모자의 챙처럼 보여서 이름이 붙여졌다는 설도 있다

Recipe
BUILD

테킬라	45ml
토마토 주스	적당량

얼음을 담은 잔에 테킬라를 따르고 토마토 주스로 채운다. 라임과 셀러리를 장식하면 완성.

맛	단맛 ▢▢▢◼▢ 쓴맛	알코올 도수	낮음 ▢▢◼▢▢ 높음

| 용도 | Aperitif | After dinner | All day |

LONG SHORT FROZEN

슬로 테킬라

Sloe Tequila

새콤달콤함과 어우러지는 테킬라의 개성

유럽 원산인 슬로 베리를 사용한 슬로 진의 단맛과 레몬 주스의 신맛이 합쳐졌다. 테킬라의 개성과도 밸런스가 좋으며, 오이를 곁들여 보기에도 아름답다.

일본에서는 그다지 대중적이지 않지만, 마시기 편해서 테킬라 칵테일 중에서도 인기가 있다.

Recipe
SHAKE

테킬라	30ml
슬로 진	15ml
레몬 주스	15ml

얼음과 재료를 전부 셰이커에 넣고 흔들어 섞는다. 크러시드 아이스를 채운 잔에 따르고 마지막에 오이 스틱을 장식하면 완성.

맛	단맛 ▢▢◼▢▢ 쓴맛	알코올 도수	낮음 ▢▢◼▢▢ 높음

| 용도 | Aperitif | After dinner | All day |

차로 네로

Charo Nero

테킬라와 탄산의 상쾌한 조합

'차로'는 멕시코의 민속 의상을 말하며, '네로'는 검은색을 나타낸다. 테킬라에 콜라를 탄 간단한 레시피로 탄산의 자극과 라임의 상쾌함이 시원한 맛을 연출한다. 테킬라를 별로 안 마셔 본 사람도 마시기 편하다.

Recipe
BUILD

테킬라	45ml
콜라	적당량
라임 주스	1tsp.

Memo

본고장인 멕시코에서도 인기 있는 쿠바 리브레(P135)의 테킬라 버전이다. 라임 대신 레몬으로 만들어도 맛있다.

얼음을 담은 잔에 테킬라와 라임 주스를 따르고 콜라로 채운다. 가볍게 섞은 다음 마지막에 라임을 장식하면 완성.

맛	단맛						쓴맛
알코올 도수	낮음						높음
용도		Aperitif	After dinner	All day

티티티

T.T.T

T가 붙는 세 가지 재료의 조합

칵테일 이름은 테킬라, 트리플 섹, 토닉 워터, 세 개의 머리글자에서 따왔다. 은은한 단맛과 깔끔한 입맛이 특징인 기분이 좋아지는 칵테일. 라임 조각을 곁들이면 보기에도 더욱 청량감이 더해진다.

Recipe
BUILD

테킬라	30ml
트리플 섹(화이트 큐라소)	15ml
토닉 워터	적당량

Memo

화이트 큐라소를 뺀 '테코닉(Tequila+Tonic)'이라는 테킬라에 토닉을 탄 것도 맛있다.

얼음을 담은 잔에 테킬라와 화이트 큐라소를 넣고 토닉 워터로 채운다. 가볍게 저어 섞은 다음 마지막에 라임을 장식하면 완성.

맛	단맛						쓴맛
알코올 도수	낮음						높음
용도		Aperitif	After dinner	All day

테킬라 선스트로크

Tequila Sunstroke

강렬한 햇살 아래서 마시는 시원스러운 한 잔

'일사병'을 뜻하는 선스트로크. 화이트 큐라소의 단맛이 자몽의 신맛을 돋보이게 하며 맛이 상쾌해서 햇빛이 강한 여름에 안성맞춤인 칵테일이다. 시원해 보이는 민트 체리로 트로피컬 칵테일을 연출하자.

Recipe
SHAKE

테킬라 ························· 30ml
화이트 큐라소(쿠앵트로) ·· 20ml
자몽 주스 ···················· 60ml

얼음과 재료를 전부 셰이커에 넣고 흔들어 섞는다. 얼음을 담은 잔에 따라 가볍게 섞는다. 마지막에 라임과 체리 등을 장식하면 완성.

Memo

테킬라를 사용한 칵테일에는 그 밖에도 테킬라 선라이즈(P170), 테킬라 선셋 등 희한하게도 태양의 이름이 들어간 것이 많다.

맛	단맛						쓴맛
알코올 도수	낮음						높음
용도		Aperitif		After dinner		All day	

테킬라 선셋

Tequila Sunset

해 질 녘을 표현한 아름다운 칵테일

'선셋'이란 이름 그대로 해 질 녘의 노을빛으로 물든 하늘에서 저물어 가는 태양을 표현했다. 프로즌 스타일로 서늘한 차가움과 레몬 주스의 상쾌한 산미가 살아 있어 청량감 넘치는 맛을 즐길 수 있다.

Recipe
BLEND

테킬라 ·························· 45ml
레몬 주스 ····················· 20ml
그레나딘 시럽 ················· 10ml

Memo

마지막에 장식하는 체리로 저무는 태양과 노을을 표현했다.

크러시드 아이스와 재료를 전부 블렌더에 넣고 갈아 준다. 잔에 따르고 마지막에 레몬 슬라이스와 체리를 장식하면 완성.

맛	단맛						쓴맛
알코올 도수	낮음						높음
용도		Aperitif		After dinner		All day	

테킬라 선라이즈

Tequila Sunrise

아름다운 아침노을의 그러데이션

이름 그대로 아침노을의 아름다운 그러데이션을 즐길 수 있는 스테디셀러 칵테일. 그레나딘 시럽을 잔의 옆면을 타고 흐르듯이 부으면 더욱 아름답게 완성된다. 매콤한 멕시코 요리와 찰떡궁합이다.

Recipe BUILD

테킬라	45ml
오렌지 주스	90ml
그레나딘 시럽	10ml

Memo

장식용 오렌지에 체리를 곁들여 떠오르는 태양을 표현하기도 한다.

얼음을 담은 잔에 테킬라와 오렌지 주스를 따르고 가볍게 섞는다. 비중이 무거운 그레나딘 시럽을 잔의 옆면을 타고 흐르듯 조심히 부으면 그러데이션이 완성된다. 마지막에 자른 오렌지를 장식하면 완성.

맛	단맛 ▸						쓴맛
알코올 도수	낮음 ▸						높음
용도	▸	Aperitif	After dinner	**All day**

팔로마

Paloma

상큼한 맛으로 세계적으로도 인기 있는 칵테일

팔로마는 '비둘기'란 뜻으로, 멕시코에서 가장 인기 있는 칵테일 중 하나다. 자몽과 소금의 궁합이 잘 맞아 깔끔한 맛이 즐겁다. 일반적인 핑크 자몽 주스를 사용해도 맛있다.

Recipe BUILD

테킬라	30ml
자몽 주스	30ml
탄산수	적당량

Memo

1960년대에 스페인의 세바스티안 이라디에르가 작곡한 'La Paloma'에서 따왔다는 설이 유력하다.

반을 스노 스타일(소금)로 만들고 얼음을 담은 잔에 테킬라와 자몽 주스를 따른다. 탄산수를 잔의 1/10 정도만 남기고 채운 다음 가볍게 섞는다. 라임을 곁들이면 완성.

맛	단맛 ▸						쓴맛
알코올 도수	낮음 ▸						높음
용도	▸	Aperitif	After dinner	**All day**

피카도르

Picador

깊은 맛으로 인기 상승 중

'피카도르'는 투우장에서 말을 타고 창으로 소를 자극하는 역할을 하는 기수를 말한다. 투우가 떠오르는 테킬라의 강력한 풍미에 커피 리큐어의 달콤함과 쌉싸름한 맛이 겹쳐진 개성 있는 칵테일이다.

Recipe
STIR

테킬라	30ml
커피 리큐어	30ml

Memo

브레이브 불(P172)과 비슷하지만, 이 칵테일은 쇼트 칵테일이며, 레몬 필을 짜 넣는다는 점이 다르다.

얼음과 재료를 전부 믹싱 글라스에 넣고 가볍게 섞는다. 잔에 따르고 레몬 필을 짜 넣으면 완성.

맛	단맛 ■□□□□ 쓴맛
알코올 도수	낮음 □□□■□ 높음
용도	Aperitif　After dinner　**All day**

블루 마가리타

Blue Margarita

싱그러운 블루 마가리타

마가리타(P175)의 여러 변형 칵테일 중 블루 큐라소를 이용한 것이다. 새콤달콤함과 잔 테두리에 묻힌 짠맛의 밸런스가 잘 맞고 아름답고 상쾌한 비주얼도 매력적이다.

Recipe
SHAKE

테킬라	30ml
블루 큐라소	15ml
레몬 주스	15ml

Memo

'프로즌 블루 마가리타'도 인기 있다. 이때는 블루 큐라소를 많이 넣으면 좋다.

얼음과 재료를 전부 셰이커에 넣고 흔들어 섞는다. 스노 스타일(소금)로 만든 잔에 따르면 완성

맛	단맛 □□■□□ 쓴맛
알코올 도수	낮음 □□□■□ 높음
용도	Aperitif　After dinner　All day

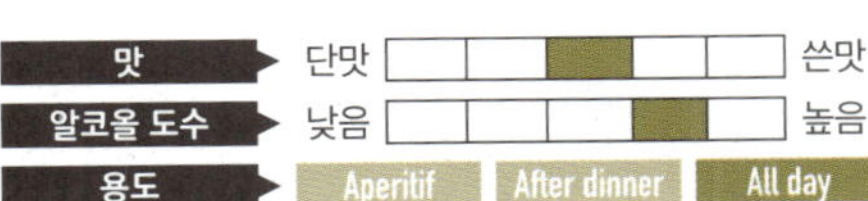

브레이브 불

Brave Bull

웅장함을 풍기는 어른들을 위한 칵테일

이름은 '용감한 황소'를 뜻하며 보기에도 웅장한 분위기가 풍긴다.
블랙 러시안(P115)의 베이스를 보드카에서 테킬라로 바꿔 만든다.
알코올 도수도 높은 편. 여유로운 분위기에서 맛보고 싶은 칵테일
이다.

Recipe
BUILD

| 테킬라 | 40ml |
| 커피 리큐어 | 20ml |

얼음을 담은 잔에 재료를 전부 넣고 가볍게 섞
으면 완성.

Memo

피카도르(P171)와 재료
는 같지만, 여기서는 온
더록스 스타일로 만들
어 단맛이 적다.

맛	▶	단맛					쓴맛
알코올 도수	▶	낮음					높음
용도	▶	Aperitif	After dinner	All day	

프렌치 캑터스

French Cactus

알코올 도수가 높아 차분히 맛보는 칵테일

캑터스는 영어로 '선인장'을 뜻하는 말이다. 멕시코산 테킬라와 프
랑스산 인기 리큐어, 쿠앵트로만 사용한 칵테일로, 주스를 사용하
지 않아 알코올 도수가 높고 심플하다.

Recipe
BUILD

| 테킬라 | 40ml |
| 화이트 큐라소(쿠앵트로) | 20ml |

얼음을 담은 잔에 재료를 전부 넣고 가볍게 섞으
면 완성.

Memo

테킬라 베이스인 칵
테일에는 주스를 사
용하는 것이 많지만,
이 칵테일은 몇 안
되는 알코올만으로
만드는 칵테일이다.

맛	▶	단맛					쓴맛
알코올 도수	▶	낮음					높음
용도	▶	Aperitif	After dinner	All day	

프로즌 스트로베리 마가리타

Frozen Strawberry Margarita

딸기를 넣은 화려한 마가리타

프로즌 마가리타(P173)의 레시피에 딸기를 더해 변형했다. 시원한 입맛을 주는 딸기의 화사한 색감과 새콤달콤함이 매력적이다. 딸기 대신 다른 과일로 사용하여 다양한 변형도 즐길 수 있다.

Recipe
BLEND

테킬라	30ml
화이트 큐라소	15ml
레몬 주스	15ml
그레나딘 시럽	2tsp.
딸기	2 개

Memo

생과일을 사용한 칵테일을 주문할 때는 미리 그 과일이 있는지 확인하고 주문하면 멋지게 보일 것이다.

크러시드 아이스와 재료를 전부 블렌더에 넣고 갈아 준다. 스노 스타일(소금)로 만든 잔에 따르고, 마지막에 딸기를 장식하면 완성.

맛	단맛						쓴맛
알코올 도수	낮음						높음
용도		Aperitif	After dinner	All day

프로즌 마가리타

Frozen Margarita

프로즌 스타일 마가리타

오래 사랑받으며 멕시코를 대표하는 칵테일 마가리타(P175)를 프로즌 스타일로 만들었다. 얼음이 잔뜩 들어가 입맛이 시원하다. 여름에 해변에 있는 바에서 즐기고 싶은 칵테일이다.

Recipe
BLEND

테킬라	30ml
화이트 큐라소	15ml
레몬 주스	15ml
설탕 시럽	1tsp.

Memo

단것을 좋아한다면 설탕 시럽을 2tsp. 정도 넣어도 맛있다.

크러시드 아이스와 재료를 전부 블렌더에 넣고 갈아 준다. 스노 스타일(소금)로 만든 잔에 따르면 완성.

맛	단맛						쓴맛
알코올 도수	낮음						높음
용도		Aperitif	After dinner	All day

브로드웨이 서스트

Broadway Thirst

극장가에서의 흥분을 달래는 한 잔

칵테일 이름은 '브로드웨이에서의 갈증'을 뜻한다. 세계 굴지의 극장가에서 연극을 관람한 흥분을 달래주는 음료라는 뉘앙스일 것이다. 감귤류 주스가 자아내는 색감과 부드러운 입맛이 매력적이다.

Recipe
SHAKE

테킬라	30ml
오렌지 주스	15ml
레몬 주스	15ml
설탕 시럽	1tsp.

얼음과 재료를 전부 셰이커에 넣고 흔들어 섞는다. 잔에 따르면 완성.

Memo

이 칵테일을 고안한 사람은 저명한 바텐더 해리 크래독으로 알려졌지만, 구체적인 시기는 알 수 없다.

맛	단맛			■		쓴맛
알코올 도수	낮음			■		높음
용도		Aperitif	After dinner	**All day**		

마타도르

Matador

화려하고 마시기 좋은 달콤한 칵테일

스페인어로 '(소에 최후의 일격을 가하는 스타)투우사'라는 뜻이다. 파인애플 주스가 달콤하고 트로피컬한 맛을 내고, 라임 주스의 신맛이 전체의 균형을 잡아준다. 투우사 같은 화려함을 가진 칵테일이다.

Recipe
SHAKE

테킬라	30ml
파인애플 주스	45ml
라임 주스	15ml

Memo

큰 칵테일 글라스에 담아 쇼트 칵테일로 만들기도 한다.

얼음과 재료를 전부 셰이커에 넣고 흔들어 섞는다. 얼음을 담은 잔에 따르고 파인애플을 곁들이면 완성.

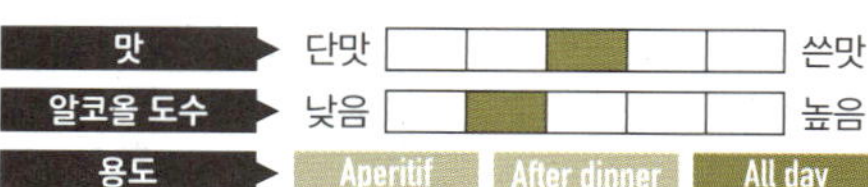

맛	단맛			■		쓴맛
알코올 도수	낮음		■			높음
용도		Aperitif	After dinner	**All day**		

LONG **SHORT** FROZEN

마리아 테레사

Maria Theresa

새콤달콤함이 기분 좋은 어른들을 위한 칵테일

이름의 유래는 분명하지 않지만 스페인의 공주 마리아 테레사 도트리슈(프랑스 루이 14세의 왕비)에서 따왔다는 설도 있다. 테킬라의 풍미가 살아 있고 단맛이 적어 기품이 느껴지는 칵테일이다.

Recipe
SHAKE

테킬라	30ml
크랜베리 주스	20ml
라임 주스	10ml

Memo

칵테일 이름에서도 연상되듯이 여성을 위한 칵테일이다. 파티 등에서 떠들썩하게 즐기고 싶을 때 안성맞춤이다.

얼음과 재료를 전부 셰이커에 넣고 흔들어 섞는다. 잔에 따르면 완성.

맛	▶ 단맛					쓴맛
알코올 도수	▶ 낮음					높음
용도	▶	Aperitif	After dinner	All day

LONG **SHORT** FROZEN

마가리타

Margarita

차가운 맛이 매력적인 인기 칵테일

칵테일 이름의 유래에는 여러 가지 설이 있다. 가장 유명한 것은 1949년 이 칵테일을 고안한 로스앤젤레스의 바텐더가 사냥 중 사고로 숨진 연인 마가리타를 그리워하며 이름을 지었다는 슬픈 이야기다.

Recipe
SHAKE

테킬라	30ml
화이트 큐라소	15ml
레몬 주스	15ml

Memo

사용하는 소금으로는 마가리타 솔트(P291)를 추천한다. 미네랄 성분이 많아 부드러운 맛이 나는 것이 특징이다.

얼음과 재료를 전부 셰이커에 넣고 흔들어 섞는다. 스노 스타일(소금)로 만든 잔에 따르면 완성.

맛	▶ 단맛					쓴맛
알코올 도수	▶ 낮음					높음
용도	▶	Aperitif	After dinner	All day

LONG **SHORT** FROZEN

멕시칸

Mexican

그레나딘 시럽이 돋보이는 칵테일

파인애플 주스와 테킬라가 어우러져 트로피컬한 맛으로 완성되었다. 영국의 호텔 바텐더 해리 크래독이 고안한 테킬라 베이스 칵테일 중에서는 가장 오래된 것 중 하나로 꼽힌다.

Recipe
SHAKE

테킬라	40ml
파인애플 주스	20ml
그레나딘 시럽	1tsp.

얼음과 재료를 전부 셰이커에 넣고 흔들어 섞는다. 잔에 따르면 완성.

Memo

붉은색이 나는 것은 석류 과즙과 설탕으로 만드는 그레나딘 시럽을 사용했기 때문이다.

맛	단맛						쓴맛
알코올 도수	낮음						높음
용도		Aperitif		After dinner		All day	

LONG **SHORT** FROZEN

멕시코 로즈

Mexico Rose

장미의 붉은색을 표현한 부담 없이 마시기 좋은 칵테일

크렘 드 카시스의 달콤함과 레몬 주스의 신맛, 여기에 베이스가 되는 테킬라의 강렬함이 잘 어우러진 쇼트 칵테일. 카시스의 붉은색이 아름다운 장미를 연상시킨다고 하여 이러한 이름이 붙었다고 한다.

Recipe
SHAKE

테킬라	30ml
크렘 드 카시스	15ml
레몬 주스	15ml

얼음과 재료를 전부 셰이커에 넣고 흔들어 섞는다. 잔에 따르면 완성.

Memo

이쪽은 비교적 새로운 칵테일이다. 일본에서 크렘 드 카시스가 유행할 무렵에 창작되었다고 한다.

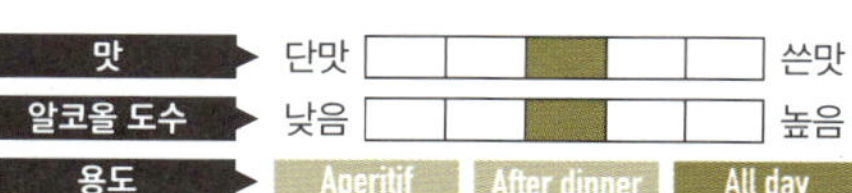

맛	단맛						쓴맛
알코올 도수	낮음						높음
용도		Aperitif		After dinner		All day	

LONG **SHORT** FROZEN

모킹버드

Mockingbird

그린이 돋보여 보기에도 아름다운 칵테일

그린 민트 리큐어가 선명한 색상은 만들어 낸다. 입에 머금으면 민트의 상쾌함과 라임의 산미가 훌륭한 하모니를 선사한다. 모킹버드라는 이름은 멕시코를 포함한 북미 대륙 남부에 서식하는 '흉내지빠귀'에서 유래했다.

Recipe
SHAKE

테킬라	30ml
그린 민트 리큐어	15ml
라임 주스	15ml

얼음과 재료를 전부 셰이커에 넣고 흔들어 섞는다. 잔에 따르면 완성.

Memo

블랑코, 레포사도, 아네호 등 테킬라에는 몇 가지 등급이 있다. 어느 것을 사용할지 고르는 재미도 있다.

맛	단맛 ▶						쓴맛
알코올 도수	낮음 ▶						높음
용도	▶	Aperitif	After dinner	All day

LONG **SHORT** FROZEN

롱 마가리타

Long Margarita

마가리타를 더욱 마시기 좋고 상쾌하게 만든 칵테일

마가리타(P175)에 토닉 워터를 타 상쾌함이 뛰어난 칵테일. 테킬라의 풍미도 느껴지면서 알코올 도수도 낮아 식사와 함께 즐길 수 있다. 레몬의 산미가 돋보여 마시기 좋다.

Recipe
BUILD

테킬라	30ml
화이트 리큐어(쿠앵트로)	15ml
레몬 주스	15ml
토닉 워터	적당량

Memo

장식한 라임을 짜 넣으면 맛이 더욱 산뜻해진다. 라임 대신 레몬을 사용해도 된다.

잔에 얼음을 넣고 테킬라, 쿠앵트로, 레몬 주스를 차례로 따른다. 토닉 워터를 넣고 라임이나 레몬을 곁들이면 완성.

맛	단맛 ▶						쓴맛
알코올 도수	낮음 ▶						높음
용도	▶	Aperitif	After dinner	All day

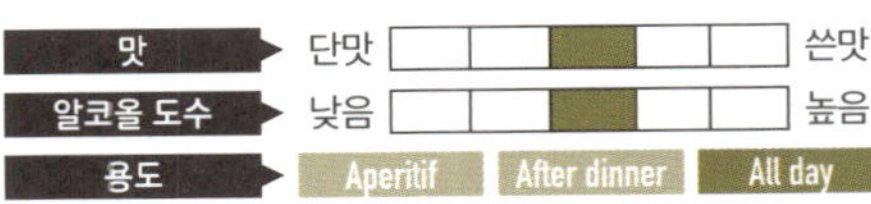

바텐더와 셰이커
【전편】

셰이커란 바에서 빠뜨릴 수 없는 도구이자 바텐더에게는 '요리사의 칼과 같은 존재이기도 하다. 게다가 셰이커가 만들어 내는 소리와 바텐더의 동작도 손님을 더욱 기대하게 만드는 연출 도구라고 할 수 있다. 게다가 셰이커가 만들어 내는 리드미컬한 셰이킹 소리는 가게에 'JAZZ를 뛰어넘는 BGM'을 틀어 주는 셈이다. 바텐더가 '실력을 보여 주는' 칵테일 제조가 곧 셰이킹임은 분명하지 않을까.

그만큼 셰이커에 집착하는 바텐더도 많다. 나에게도 셰이커는 단순한 바 도구를 초월한 '파트너'가 되었다. 지금까지 모아온 셰이커 컬렉션은 족히 300개가 넘고, 그 하나하나에 추억과 드라마가 담겨 있다. 특히 지금처럼 인터넷 환경이 정비되어 있지 않았던 당시에 해외여행을 갈 때마다 현지의 그릇 가게나 골동품 가게, 심지어 벼룩시장 등을 돌아다니며 모아온, 전부 추억이 가득 담긴 것들이다.

사용성과 내구성, 효율을 중시하면 역시 일제 스테인리스 셰이커가 월등히 좋다. 예전에는 전문점에 가면 일본인 장인이 하나하나 수제로 만들어서 아주 깊은 맛이 있고 완성도가 높은 셰이커도 구할 수 있었지만, 안타깝게도 지금은 전부 기계가 만드는 시대가 되었다.

(→ P196의 후편에서 계속)

애용 중인 다양한 셰이커들. 함께 칵테일을 만들어 온 파트너이기도 하다. 실용성 면에서는 일제 스테인리스가 월등히 좋다. 사용하다 보면 손에 익숙해지면서 나만의 도구가 되어 간다.

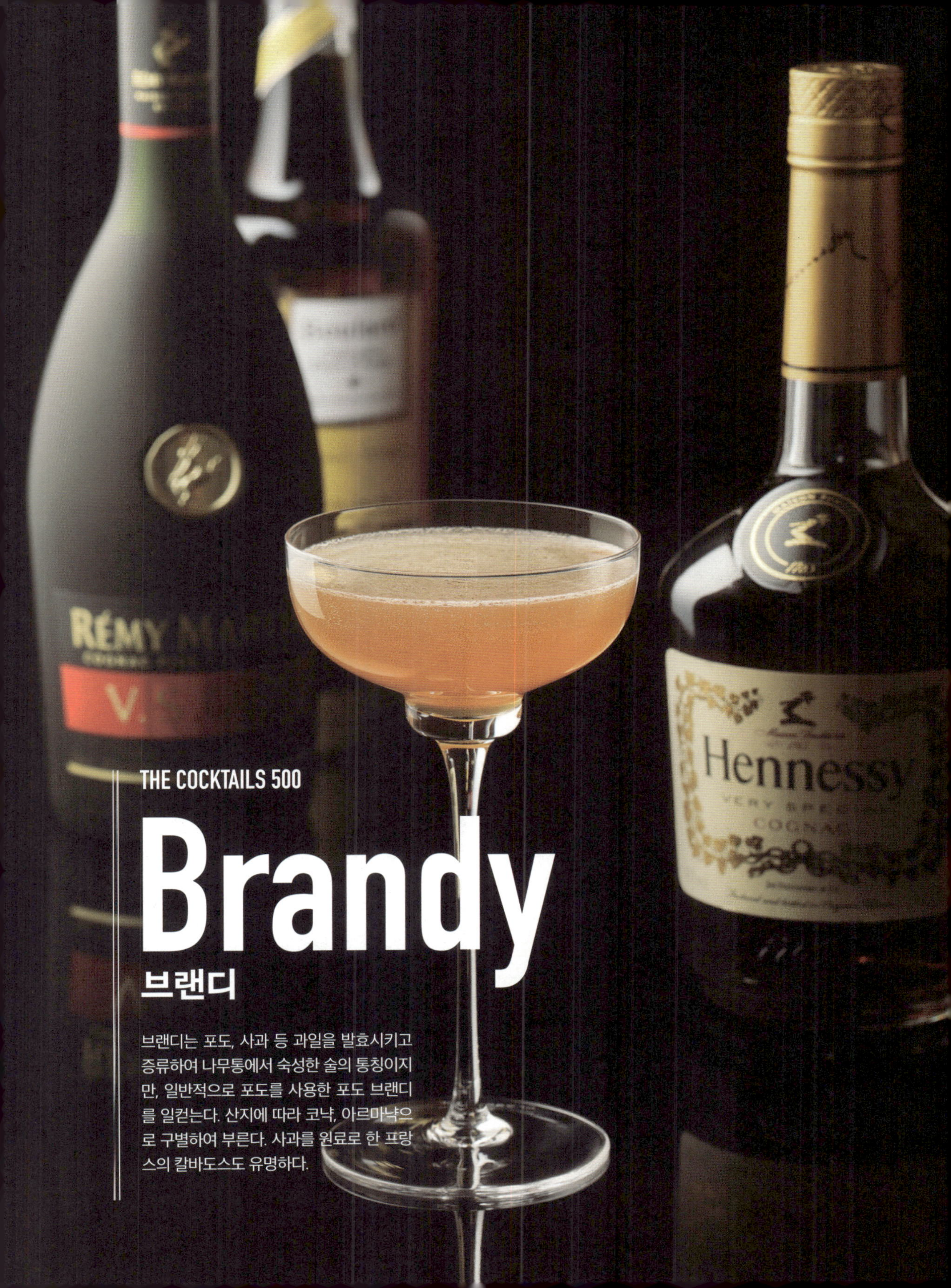

THE COCKTAILS 500

Brandy

브랜디

브랜디는 포도, 사과 등 과일을 발효시키고 증류하여 나무통에서 숙성한 술의 통칭이지만, 일반적으로 포도를 사용한 포도 브랜디를 일컫는다. 산지에 따라 코냑, 아르마냑으로 구별하여 부른다. 사과를 원료로 한 프랑스의 칼바도스도 유명하다.

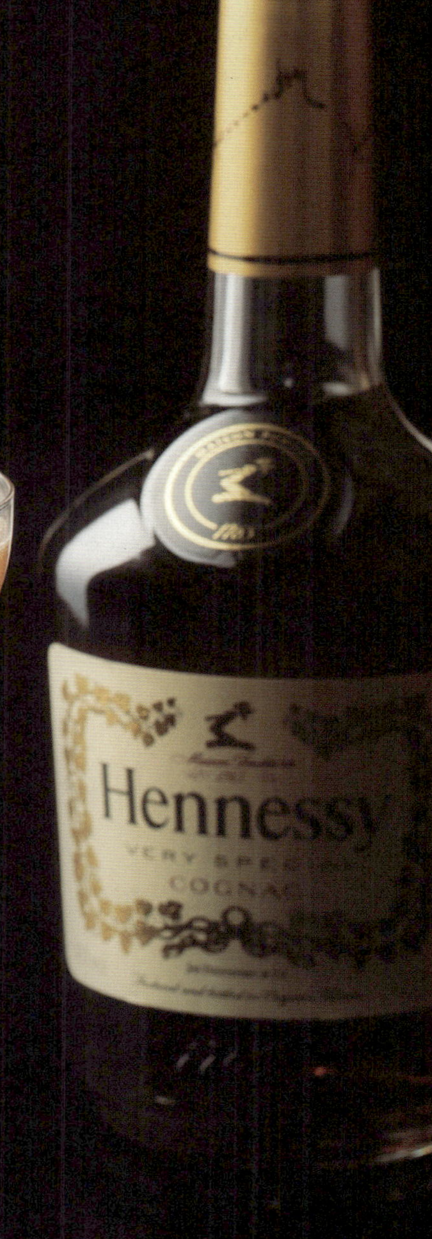

애플 잭

Apple Jack

과일 향미가 가득하고 달콤한 화려한 칵테일

원래 '애플 잭'은 미국 뉴잉글랜드 지방에서 사과로 만들어진 브랜디를 말한다. 애플 브랜디 베이스인 이 칵테일은 레몬의 산미가 더해져 깔끔하다.

Recipe
SHAKE

애플 브랜디	40ml
레몬 주스	10ml
그레나딘 시럽	10ml

Memo

애플 브랜디는 일반적으로 '칼바도스'가 아닌 제품을 사용해 만든다.

얼음과 재료를 전부 셰이커에 넣고 흔들어 섞는다. 잔에 따르면 완성.

맛	단맛					쓴맛
알코올 도수	낮음					높음
용도	Aperitif	After dinner	All day

아메리칸 뷰티

American Beauty

포트 와인을 띄운 아름다운 칵테일

이름은 미국의 수도 워싱턴 D.C.를 상징하는 꽃인 장미에서 유래했다. 장밋빛을 표현한 두 층의 그러데이션이 아름답다. 다양한 재료가 빚어내는 오묘한 맛을 만끽하자.

Recipe
SHAKE

브랜디	15ml
포트 와인	15ml
드라이 베르무트	10ml
오렌지 주스	10ml
그레나딘 시럽	10ml
화이트 민트 리큐어	1dash

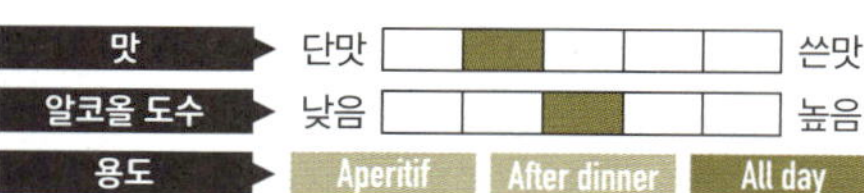

Memo

포트 와인으로 깔끔하게 층을 만드는 것은 고난도 기술로 꼽힌다.

포트 와인을 제외한 재료와 얼음을 셰이커에 넣고 흔들어 섞는다. 잔에 따르고 포트 와인을 띄워 층을 만들면 완성.

맛	단맛					쓴맛
알코올 도수	낮음					높음
용도	Aperitif	After dinner	All day

LONG **SHORT** FROZEN

알렉산더

Alexander

왕비에게 바치는 달콤한 칵테일

영국 왕족인 에드워드 7세의 왕비 알렉산드라에게 바쳤다고 하는
칵테일. 왕비의 미모만큼 보기에도 매력적이고, 크렘 드 카카오와
생크림이 전체적으로 달콤하고 부드럽게 아우른다.

Recipe
SHAKE

브랜디	30ml
크렘 드 카카오(브라운)	15ml
생크림	15ml

Memo

베이스를 진으로 바꾸면
'프린세스 메리', 보드카
로 바꾸면 바바라(P113),
럼으로 바꾸면 '파나마'가
된다.

얼음과 재료를 전부 셰이커에 넣고 흔들어
섞는다. 잔에 따르면 완성.

맛	▶ 단맛				쓴맛
알코올 도수	▶ 낮음				높음
용도	▶	Aperitif	After dinner	All day	

LONG **SHORT** FROZEN

에그노그

Egg nog

어른들을 위한 밀크셰이크

중세 영국에서 마시던 음료 '포셋'이 그 기원으로 알려졌으며, 당
시 감기약 같은 역할도 했다고 한다. 현대에는 미국 등에서 크리
스마스 시즌에 마시는 칵테일로 유명하다. 부드러운 입맛이 특징
으로, 따뜻하게 데워 마셔도 맛있다.

Recipe
SHAKE

브랜디	30ml
다크 럼	15ml
우유	45ml
설탕 시럽	2tsp.
달걀	1개

Memo

달걀이 없을 때는 대신
아드보카트(에그 리큐어)
를 30ml 넣는다. 이때에
는 설탕 시럽은 넣지 않
는다.

얼음과 재료를 전부 셰이커에 넣고 흔들어 섞
는다. 잔에 따르면 완성. 취향에 따라 육두구
가루를 뿌려도 좋다.

맛	▶ 단맛				쓴맛
알코올 도수	▶ 낮음				높음
용도	▶	Aperitif	After dinner	All day	

올림픽

Olympic

올림픽 시기가 되면 마시게 되는 칵테일

1924년 파리에 있는 유명 호텔 '호텔 리츠'의 프란츠 베르마이어가 파리 올림픽 때 고안했다고 하는 칵테일이다※. 오렌지 큐라소와 오렌지 주스가 들어가서 단 과일 향미가 물씬 난다.

Recipe
SHAKE

브랜디	20ml
오렌지 큐라소	20ml
오렌지 주스	20ml

얼음과 재료를 전부 셰이커에 넣고 흔들어 섞는다. 잔에 따르면 완성.

Memo

※ 여러 가지 설이 있다. 1900년 파리에서 열린 제2회 올림픽을 기념하여 만들었다고도 한다.

맛	단맛						쓴맛
알코올 도수	낮음						높음
용도	Aperitif	After dinner	All day

카리오카

Carioca

리우데자네이루의 문화와 분위기를 반영하는 칵테일

카리오카는 브라질 리우데자네이루 출신이나 리우의 독자적인 문화 등을 나타내는 말이다. 커피 리큐어가 브라질을 연상시키고, 고급스러운 향과 깊은 감칠맛이 나며, 입맛이 부드러워 즐거운 칵테일이다.

Recipe
SHAKE

브랜디	30ml
커피 리큐어	15ml
생크림	20ml
달걀노른자	1개 분량

얼음과 재료를 전부 셰이커에 넣고 충분히 흔들어 섞는다. 잔에 따르고 시나몬 가루를 뿌리면 완성.

Memo

재료에 달걀노른자가 들어갈 때는 재료들이 분리되지 않도록 평소보다 더 많이 흔들어야 한다.

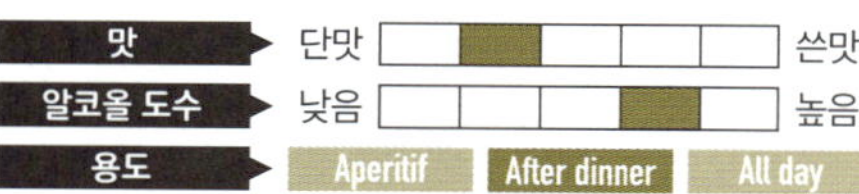

맛	단맛						쓴맛
알코올 도수	낮음						높음
용도	Aperitif	After dinner	All day

키스 프롬 헤븐

Kiss from Heaven

향수를 불러일으키는 브랜디의 달콤한 향기

직역하면 '천국으로부터의 키스'이지만 '오래 알고 지낸 동료', '그리운 친구'라는 의미가 있다. 1920년대에 해리스 뉴욕 바의 해리 맥켈혼이 고안했다고 한다. 드람뷔의 묵직한 향을 즐겨 보자.

Recipe
STIR

브랜디		30ml
드라이 베르무트		15ml
드람뷔		15ml

Memo

드람뷔는 수십 종류의 스카치 위스키를 블렌딩한 것에 꿀과 허브, 향신료를 배합한 리큐어다.

얼음과 재료를 전부 믹싱 글라스에 넣고 저어 섞는다. 잔에 따르면 완성.

맛	단맛						쓴맛
알코올 도수	낮음						높음
용도		Aperitif	After dinner	All day

캐럴

Carol

맑은 날 마시고 싶은 기쁨의 칵테일

'기쁨의 노래'나 '찬가'를 뜻하는 캐럴은 맨해튼(P93)에서 파생된 것으로 알려진, 맨해튼의 브랜디 버전이다. 맨해튼보다 부드럽고 산뜻한 단맛이 느껴져 중독성 있는 칵테일이다.

Recipe
STIR

브랜디		45ml
스위트 베르무트		15ml

Memo

체리 대신에 펄 어니언을 장식해도 좋다.

얼음과 재료를 전부 믹싱 글라스에 넣고 저어 섞는다. 잔에 따르고 체리를 곁들이면 완성.

맛	단맛						쓴맛
알코올 도수	낮음						높음
용도		Aperitif	After dinner	All day

퀸 엘리자베스(브랜디 베이스)

Queen Elizabeth

그 이름에 부끄럽지 않은 호화로운 칵테일

이름은 영국의 호화 여객선 '퀸 엘리자베스'에서 유래했다. 선내에서 제공되었다고도 하며, 그 이름에 걸맞은 우아하고 기품 넘치는 향기와 고상한 맛이 매력적인 칵테일이다.

Recipe
STIR

브랜디	30ml
스위트 베르무트	30ml
오렌지 큐라소	1dash

얼음과 재료를 전부 믹싱 글라스에 넣고 저어 섞는다. 잔에 따르면 완성.

Memo

체리를 장식하기도 한다. 진 베이스인 동명의 칵테일(P35)도 있으니 유의하자.

맛	단맛					쓴맛
알코올 도수	낮음					높음
용도	Aperitif	After dinner	All day

클래식

Classic

감귤의 상큼함과 브랜디의 향긋함이 이루는 조화

오렌지 큐라소, 마라스키노의 과일 향미를 브랜디의 향긋한 향기가 감싼다. '전통적인, 유서 깊은'이라는 뜻을 지닌 이름에 걸맞게 유행에 좌우되지 않는 최고급 매력을 간직한 칵테일이다.

Recipe
SHAKE

브랜디	30ml
오렌지 큐라소	10ml
마라스키노	10ml
레몬 주스	10ml

얼음과 재료를 전부 셰이커에 넣고 흔들어 섞는다. 스노 스타일(설탕)로 만든 잔에 따르면 완성.

Memo

바텐더의 바이블이라고도 하는 1930년 발행된 『The Savoy Cocktail Book』에도 실려 있다.

맛	단맛					쓴맛
알코올 도수	낮음					높음
용도	Aperitif	After dinner	All day

LONG SHORT FROZEN

콥스 리바이버

Corpse Reviver

칵테일 애호가에게도 인기인, 정신이 번쩍 드는 한 잔

1920년대에 고안된 '죽은 자를 되살리는(회복시키는) 자'라는 뜻을 가진 클래식 칵테일. 숙취가 있을 때 해장술로 마셔도 효과도 있지만, '두 잔 이상 마시면 역효과다'라고 할 정도로 알코올 도수가 높다.

Recipe
STIR

브랜디	30ml
애플 브랜디	15ml
스위트 베르무트	15ml

Memo

'정신이 번쩍 드는 한 잔'으로는 그 밖에도 블러드 메리(P116)와 레드 아이(P276)가 유명하다.

얼음과 재료를 전부 믹싱 글라스에 넣고 저어 섞는다. 잔에 따르면 완성.

맛	단맛	쓴맛
알코올 도수	낮음	높음
용도	Aperitif	After dinner	All day

LONG SHORT FROZEN

사이드카

Sidecar

브랜디 베이스를 대표하는 인기 칵테일

1920년 무렵에 만들어졌다고 하는 스테디셀러 칵테일. 이름의 유래로는 '파리의 해리스 바에 다니던 단골손님인 장교가 항상 사이드카를 타고 왔기 때문에' 등 여러 가지 설이 있다. 깔끔한 입맛이 특징인 세계적으로 인기 있는 칵테일이다.

Recipe
SHAKE

브랜디	30ml
화이트 큐라소	15ml
레몬 주스	15ml

Memo

흔들어 섞을 때 셰이커 안에 오렌지 슬라이스를 하나 넣으면 향이 더욱 좋아져 맛있어진다.

얼음과 재료를 전부 셰이커에 넣고 흔들어 섞는다. 잔에 따르면 완성.

맛	단맛	쓴맛
알코올 도수	낮음	높음
용도	Aperitif	After dinner	All day

LONG **SHORT** FROZEN

잭 로즈

Jack Rose

장미꽃이 떠오르는 선명한 장밋빛

장미 같은 붉은색과 사과를 원료로 한 미국산 애플 브랜디인 애플 잭(P180)을 베이스로 만든다고 해서 이러한 이름이 붙여졌다고 한다. 깔끔한 새콤달콤함과 새빨간 색감이 매력인 칵테일이다.

Recipe
SHAKE

애플 브랜디	30ml
라임 주스	15ml
그레나딘 시럽	15ml

Memo

흔히 애플 브랜디의 최고봉, 칼바도스로 만드는 칵테일이다.

얼음과 재료를 전부 셰이커에 넣고 흔들어 섞는다. 잔에 따르면 완성.

맛	단맛					쓴맛
알코올 도수	낮음					높음
용도	Aperitif	After dinner	All day

LONG **SHORT** FROZEN

샹젤리제

Champs-Élysées

파리를 느낄 수 있는 달콤하고 화려한 칵테일

프랑스 파리에 있는 '샹젤리제 거리'의 화려함을 표현한 칵테일이라고 한다. 샤르트뢰즈는 리큐어의 여왕이라고도 불리며, 독특한 약초 풍미가 매력인 프랑스산 리큐어다. 심오한 맛이 브랜디와 잘 어울린다.

Recipe
SHAKE

브랜디	30ml
샤르트뢰즈 존	10ml
레몬 주스	10ml
앙고스투라 비터스	1dash

Memo

샤르트뢰즈의 '존(Jaune)'은 노란색, '베르(Verte)'는 초록색이라는 뜻이다.

얼음과 재료를 전부 셰이커에 넣고 흔들어 섞는다. 잔에 따르면 완성.

맛	단맛					쓴맛
알코올 도수	낮음					높음
용도	Aperitif	After dinner	All day

조제핀

Josephine

코냑과 아마레토가 자아내는 고귀함

조세핀은 프랑스 황제 나폴레옹이 진심으로 사랑한 유일한 여인이라는 황후의 이름이다. 베이스로는 왕후, 귀족이 즐겨 마시던 좋은 술로 이름난 프랑스 원산 코냑을 사용한다. 달콤하고 깔끔한 맛을 느껴 보자.

Recipe
SHAKE

브랜디(코냑)	20ml
아마레토(디사론노)	10ml
바나나 리큐어(볼스)	10ml
화이트 큐라소(쿠앵트로)	10ml
생크림	10ml

얼음과 재료를 전부 셰이커에 넣고 흔들어 섞는다. 잔에 따르면 완성. 취향에 따라 얇게 깎은 초콜릿을 넣어도 맛있다.

Memo

1987년 바텐더 기능 콩쿠르 간토·도카이대회에서 준우승한 작품. 사용한 코냑의 등급이 '나폴레옹' 등급보다 높아 '조제핀'이라고 이름 붙였다.

맛	단맛						쓴맛
알코올 도수	낮음						높음
용도		Aperitif		After dinner		All day	

진주의 눈물

Shinjyu no Namida

이름 그대로 로맨틱한 칵테일

베이스가 되는 키르슈(키르슈바서)는 체리로 만든 브랜디다. 블루 큐라소로 푸른 바다를 표현하고 진주에 빗대어 잔 바닥에 펄 어니언(양파 피클)을 가라앉힌다. 로맨틱한 칵테일을 만끽해보자.

Recipe
STIR

키르슈	40ml
드라이 베르무트	20ml
블루 큐라소	1tsp.

Memo

이 칵테일을 창작할 때 이름 후보로 '인어의 눈물'도 고민하다가, '진주의 눈물'로 정했다.

얼음과 재료를 전부 믹싱 글라스에 넣고 저어 섞는다. 잔에 따르고 펄 어니언을 가라앉히면 완성.

맛	단맛					쓴맛
알코올 도수	낮음					높음
용도	Aperitif		After dinner		All day	

LONG **SHORT** FROZEN

스팅어

Stinger

수많은 영화와 소설에도 등장하는 단골 칵테일

20세기 초에 뉴욕의 레스토랑 '콜로니'에서 고안되었다고 한다. 이름은 페퍼민트의 상큼하고 '찌르는' 듯한 자극에서 유래되었다. 영화 007 시리즈에도 등장하는 세계적으로 인기 있는 칵테일이다.

Recipe
SHAKE

브랜디		45ml
화이트 민트 리큐어		15ml

Memo

화이트 민트 리큐어를 그린 민트 리큐어로 바꾸고 레드 페퍼를 더하면, 데빌(P189)이라는 칵테일이 된다.

얼음과 재료를 전부 셰이커에 넣고 흔들어 섞는다. 잔에 따르면 완성. 민트 잎을 1~2장 넣고 함께 흔들어 섞으면 한층 더 향기가 나므로 한 번 시도해보자.

맛	단맛					쓴맛
알코올 도수	낮음					높음
용도	Aperitif		After dinner		All day	

LONG **SHORT** FROZEN

스파이더 키스

Spider Kiss

거미줄에 걸린 듯 달콤하게 매혹하는 칵테일

고소한 커피 리큐어와 진한 생크림이 깊은 맛을 지닌 코냑과 어우러져 달콤하고 마시기 좋은 칵테일. 그 자극적인 이름처럼 거미줄에 얽히는 듯 벗어날 수 없는 매력이 가득한 한 잔이다.

Recipe

SHAKE

브랜디(코냑)		20ml
커피 리큐어		20ml
생크림		20ml

Memo

커피 리큐어를 크렘 드 카카오로 바꾸면 알렉산더(P181)가 된다.

얼음과 재료를 전부 셰이커에 넣고 흔들어 섞는다. 잔에 따르면 완성.

맛	단맛					쓴맛
알코올 도수	낮음					높음
용도	Aperitif		After dinner		All day	

LONG **SHORT** FROZEN

스리 밀러스

Three Millers

브랜디의 향과 럼의 풍미가 인상적인

브랜디와 럼, 두 종류의 스피릿을 사용해서 알코올 도수는 높은 편이다. 레몬의 신맛이 맛을 꽉 잡아주고 선명한 빨간색이 아름다운 어른들을 위한 칵테일이다.

Recipe — SHAKE
| 브랜디 ············ 40ml
| 화이트 럼 ········· 20ml
| 레몬 주스 ········· 1dash
| 그레나딘 시럽 ······1tsp.

얼음과 재료를 전부 세이커에 넣고 흔들어 섞는다. 잔에 따르면 완성.

| 맛 ▶ | 단맛 □□□■□ 쓴맛 | 알코올 도수 ▶ | 낮음 □□□□■ 높음 |
| 용도 ▶ | Aperitif | After dinner | **All day** |

LONG SHORT FROZEN

더티 마더

Dirty Mother

이름에 반하는 품위 있고 향기로운 한 잔

블랙 러시안(P115)의 베이스를 브랜디로 바꾼 것. 향긋한 브랜디에 진한 깔루아가 녹아들어 달콤하면서도 알코올 도수는 높은 편이다. 품격 있는 맛이다.

 **Memo**

베이스가 되는 술을 테킬라로 바꾸면 브레이브 불(P172), 보드카로 바꾸면 블랙 러시안(P115)이 된다.

Recipe — BUILD
| 브랜디 ············40ml
| 커피 리큐어
| (깔루아) ············ 20ml

얼음을 담은 잔에 재료를 전부 넣고 가볍게 섞으면 완성.

| 맛 ▶ | 단맛 ■□□□□ 쓴맛 | 알코올 도수 ▶ | 낮음 □□□■□ 높음 |
| 용도 ▶ | Aperitif | After dinner | **All day** |

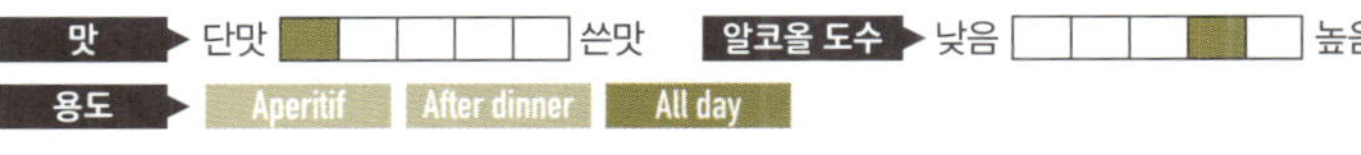

LONG **SHORT** FROZEN

데빌

Devil

 **Memo**

유럽과 미국에서 오묘한 라임 그린은 '악마의 색'이라고 불리기도 한다.

민트와 레드 페퍼로 악마의 자극을

스팅어(P188)의 변형 칵테일. 레드 페퍼를 더하여 악마처럼 자극이 강한 칵테일을 만들었다. 레드 페퍼를 빼면 '에메랄드'라는 칵테일이 된다.

Recipe — SHAKE
| 브랜디 ············45ml
| 그린 민트 리큐어 ·· 15ml

얼음과 재료를 전부 세이커에 넣고 흔들어 섞는다. 잔에 따르고 마지막에 레드 페퍼를 뿌리면 완성.

| 맛 ▶ | 단맛 □□□■□ 쓴맛 | 알코올 도수 ▶ | 낮음 □□□■□ 높음 |
| 용도 ▶ | Aperitif | **After dinner** | All day |

LONG **SHORT** FROZEN

드림

Dream

꿈속으로 초대하는 칵테일

브랜디의 향긋함과 오렌지 큐라소의 은은한 달콤함, 페르노의 약초 같은 풍미가 돋보여 나이트캡(잠 자기 전에 마시는 술)으로도 적합한 칵테일이다.

Memo

얼음과 재료를 전부 셰이커에 넣고 흔들어 섞는다. 잔에 따르면 완성.

Recipe / **SHAKE**

브랜디	45ml
오렌지 큐라소	15ml
페르노	1dash

약초 페르노를 추가하여 풍미가 오묘해진다. 칵테일을 좋아하는 사람이라면 한 번 마셔 보기를 추천하고 싶다.

맛 ► 단맛	쓴맛	알코올 도수 ► 낮음	높음

용도 ►	Aperitif	After dinner	All day

LONG **SHORT** FROZEN

나이트캡

Night Cap

마음이 진정되는 달콤하고 부드러운 입맛

자기 전에 마시면 잠이 잘 온다는 '나이트캡'에 적합한 칵테일의 대표 격. 아니세트와 오렌지의 두 가지 리큐어에 더해 달걀노른자가 들어가 입맛이 부드러워져 긴장을 풀고 싶은 취침 전에 마시기에 제격이다.

Memo

따뜻하게 즐기고 싶다면 똑같은 재료를 얼음 없이 블렌더로 갈아준 다음 따뜻한 우유를 탄다. 내열 유리 잔에 따르면 완성.

Recipe / **SHAKE**

브랜디	20ml
아니세트	20ml
오렌지 큐라소	20ml
달걀노른자	1개 분량

얼음과 재료를 전부 셰이커에 넣고 흔들어 섞는다. 잔에 따르면 완성.

맛 ► 단맛	쓴맛	알코올 도수 ► 낮음	높음

용도 ►	Aperitif	After dinner	All day

LONG **SHORT** FROZEN

니콜라시카

Nikolaschka

비주얼도 마시는 방법도 진귀한 칵테일

독일 함부르크에서 만들어졌다고 하는 독특한 칵테일. 잔에 올려놓은 설탕과 레몬을 입에 머금어 단맛과 신맛을 즐긴 다음 브랜디를 흘려 넣는다. 보기에도 즐거운 '입안에서 완성되는 칵테일'이다.

Memo

니콜라시카라는 이름은 독일에 많이 살던 러시아인들이 고향인 러시아를 그리워하며 지었다고도 한다.

Recipe / **BUILD**

브랜디	30ml
레몬 슬라이스	1 개
백설탕(상백당)	1~2tsp.

브랜디를 잔에 따른다. 모양을 낸 백설탕을 레몬 슬라이스 위에 올리고, 레몬 슬라이스째로 잔 위에 올려놓으면 완성.

맛 ► 단맛	쓴맛	알코올 도수 ► 낮음	높음

용도 ►	Aperitif	After dinner	All day

LONG **SHORT** FROZEN

허니문

Honeymoon

새콤달콤에 아주 살짝 더해진 쌉싸름함

허니문은 '신혼여행, 밀월'이라는 뜻이다. 애플 브랜디의 풍미, 베네딕틴의 향과 레몬의 새콤달콤함은 마치 '신혼 부부의 밀월' 같다. '파머스 도터(농부의 딸)'라는 별칭으로도 부른다.

Recipe
SHAKE

애플 브랜디	20ml
베네딕틴	20ml
레몬 주스	20ml
오렌지 큐라소	1tsp.

얼음과 재료를 전부 셰이커에 넣고 흔들어 섞는다. 잔에 따르면 완성.

Memo

이름이 비슷한 칵테일로 '파머스 와이프(농부의 아내)'가 있다. 레시피는 애플 브랜디(40ml), 드라이 베르무트(20ml), 앙고스투라 비터스(1dash), 레몬 필이다.

맛	단맛			■			쓴맛
알코올 도수	낮음			■			높음
용도	Aperitif	After dinner	**All day**

LONG SHORT FROZEN

하버드 쿨러

Harvard Cooler

탄산수가 시원해 마시기 좋은 칵테일

애플 브랜디의 향기로운 풍미와 레몬 주스의 기분 좋은 산미, 그리고 설탕의 단맛에 탄산수를 탄 청량감이 끝내주는 칵테일. 미국 명문대학의 이름을 붙였다고도 하지만 확실하지는 않다.

Recipe
SHAKE

애플 브랜디	45ml
레몬 주스	10ml
설탕 시럽	5ml
탄산수	적당량

탄산수를 제외한 재료와 얼음을 셰이커에 넣고 흔들어 섞는다. 얼음을 담은 잔에 따르고 탄산수로 채워 가볍게 섞는다. 라임 조각을 넣으면 완성.

Memo

애플 브랜디(칼바도스)로 만드는 걸작 칵테일 잭 로즈(P186)에 탄산수를 탄 버전이다.

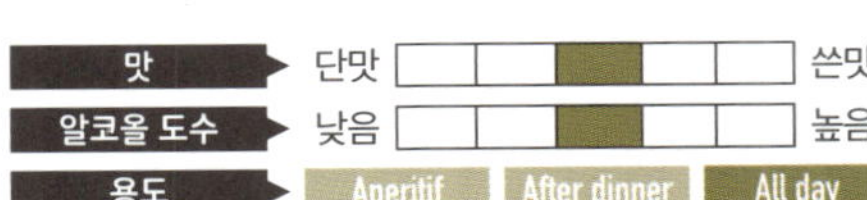

맛	단맛		■			쓴맛
알코올 도수	낮음		■			높음
용도	Aperitif	After dinner	**All day**

비 앤드 비

B&B

브랜디×리큐어의 묵직한 맛

칵테일 이름은 '브랜디'와 '베네딕틴'의 앞글자를 따서 지었다. 두 가지 재료로만 만드는 심플한 칵테일이지만, 맛은 호화롭다. 취향에 따라 비율을 달리하거나 온더록스로 마셔도 즐겁다.

Memo
브랜디를 코냑으로 바꾸면 '비 앤드 시(B&C)'라는 칵테일이 된다.

Recipe
BUILD

브랜디	30ml
베네딕틴	30ml

잔에 브랜디를 따른 다음에 베네딕틴을 따르면 완성.

맛	단맛 □□■□□ 쓴맛	알코올 도수	낮음 □□□□■ 높음

용도	Aperitif	After dinner	All day

피스코 사워

Pisco Sour

페루 국민의 긍지가 느껴지는 칵테일

20세기 초 남미의 페루 리마에 있는 '모리스 바'에서 그 원형이 만들어졌다고 한다. 이후 페루의 국민 칵테일로 전 세계의 사랑을 받으며, 2003년에는 '피스코 사워의 날'(매년 2월 첫째 주 토요일)까지 제정되었다.

Memo
피스코는 16세기에 스페인 사람들이 와인을 만들려고 들여온 포도의 부산물로 만들어진 증류주였다.

Recipe
SHAKE

피스코	45ml
레몬 주스	20ml
설탕 시럽	10ml
앙고스투라 비터	1dash
달걀흰자	1개 분량

재료를 전부 셰이커에 넣고 흔들어 섞는다. 얼음을 넣고 더 흔든 다음 잔에 따르면 완성. 여기에 얼음을 넣기도 한다.

맛	단맛 □□■□□ 쓴맛	알코올 도수	낮음 □□■□□ 높음

용도	Aperitif	After dinner	All day

비트윈 더 시트

Between the Sheets

알코올 도수가 높아도 깔끔해서 마시기 좋은 칵테일

칵테일 이름에 '시트 사이로 들어가 = 침대로 들어가'라는 어른스러운 뜻이 담긴 칵테일이다. 알코올 도수가 높아 나이트캡으로도 사랑받고 있다. 방의 조명을 조금만 어둡게 하고 즐겨 보자.

Memo
그 이름을 빌려 좋아하는 사람을 유혹할 때 이용하기도 한다.

Recipe
SHAKE

브랜디	20ml
화이트 럼	20ml
화이트 큐라소	20ml
레몬 주스	1tsp.

얼음과 재료를 전부 셰이커에 넣고 흔들어 섞는다. 잔에 따르면 완성.

맛	단맛 □□□■□ 쓴맛	알코올 도수	낮음 □□□□■ 높음

용도	Aperitif	After dinner	All day

LONG　SHORT　FROZEN

브랜디 크러스타

Brandy Crusta

크러스타 스타일의 원조라고도 불리는 칵테일

19세기 중엽 뉴올리언스에서 요셉 산티니가 고안했다고 알려진 클래식 칵테일. 크러스타는 '외피, 껍질, 감싸다'란 의미로, 대담하게 자른 과일의 껍질을 장식하는 것이 특징이다. 브랜디의 기품을 즐기자.

Recipe
SHAKE

브랜디	45ml
마라스키노	10ml
레몬 주스	10ml
앙고스투라 비터스	1dash
설탕 시럽	1tsp.

설탕으로 스노 스타일을 만들기도 한다.

나선 모양으로 슬라이스한 과일 껍질과 얼음을 잔에 넣는다. 재료를 전부 셰이커에 넣어 흔들어 섞은 다음 잔에 따르면 완성.

맛	단맛					쓴맛
알코올 도수	낮음					높음
용도	Aperitif	After dinner	All day

LONG　SHORT　FROZEN

브랜디 사워

Brandy Sour

사워 스타일로 브랜디의 매력을 끌어내는 칵테일

브랜디 베이스 칵테일을 사워 스타일로 만든 스테디셀러. 레몬 주스와 설탕 시럽을 넣어 브랜디의 매력도 끌어내 더욱 부담 없이 마시기 좋은 칵테일로 완성되었다.

Recipe
SHAKE

브랜디	45ml
레몬 주스	20ml
설탕 시럽	1tsp.

클래식 사워에는 탄산수나 얼음을 넣지 않는 경우가 많다.

얼음과 재료를 전부 셰이커에 넣고 흔들어 섞는다. 잔에 따르고 자른 레몬을 곁들이면 완성.

맛	단맛					쓴맛
알코올 도수	낮음					높음
용도	Aperitif	After dinner	All day

프렌치 커넥션

French Connection

세계적으로도 인기가 상승 중인 칵테일

위스키 베이스인 갓파더(P79)의 변형. 이름은 1971년에 개봉한 아카데미상 수상 영화 〈프렌치 커넥션〉에 유래한다. 식후나 취침 전에 차분히 맛보고 싶은 칵테일이다.

Recipe **BUILD**

브랜디	45ml
아마레토	15ml

Memo

고객이 요청하면 브랜디와 아마레토를 같은 양으로 만들기도 한다.

얼음을 담은 잔에 브랜디와 아마레토를 따르고 가볍게 섞으면 완성.

맛	단맛					쓴맛
알코올 도수	낮음					높음
용도	Aperitif	After dinner	All day

홀시스 넥

Horse's Neck

대통령이 사랑한, 눈이 즐거운 칵테일

대담하게 장식된 레몬 필이 말의 목처럼 보여서 이러한 이름이 붙었다고 하는 롱 칵테일. 베이스를 다른 스피릿으로 바꾼 변형도 즐길 수 있다. 미국 루스벨트 대통령이 즐겨 마셨다고도 한다.

Recipe **BUILD**

브랜디	45ml
진저에일	적당량

Memo

베이스가 브랜디라서 '브랜디 홀시스 넥'이라고 불리기도 한다. 베이스를 럼으로 만들면 '럼 홀시스 넥'이 된다.

한 개를 통째로 나선 모양으로 자른 레몬 필과 얼음을 잔에 넣는다. 잔에 브랜디를 따르고 진저에일로 채운 다음 가볍게 섞으면 완성.

맛	단맛					쓴맛
알코올 도수	낮음					높음
용도	Aperitif	After dinner	All day

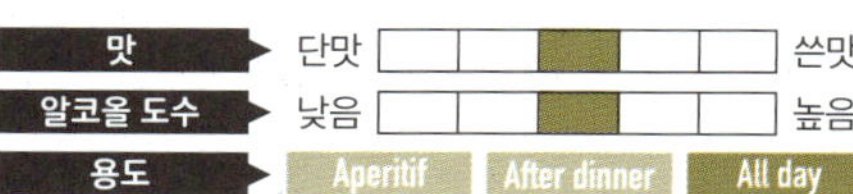

LONG　SHORT　FROZEN　**HOT**

핫 에그노그
Hot Egg Nog

몸을 따뜻하게 데우고 싶을 때 효과 만점 칵테일

에그노그(P181)의 핫 드링크 버전. 브랜디와 럼의 묵직함에, 따뜻하게 데운 달콤하고 부드러운 우유와 설탕이 잘 어우러진다. 크리스마스나 겨울에 마실 수 있는 핫 칵테일이다. 감기에 걸려 몸 상태가 안 좋을 때도 추천하고 싶은 칵테일이다.

Recipe
BUILD

브랜디	30ml
다크 럼	15ml
우유	적당량
달걀	1 개
설탕 시럽	2~4tsp.

잔에 달걀과 설탕 시럽을 넣고 잘 섞는다. 브랜디와 다크 럼을 따르고 가볍게 섞으면서 데운 우유를 부으면 완성. 블렌더를 이용하면 잘 섞여서 편리하다.

Memo

호텔 등 날달걀을 사용할 수 없는 바에서는 대신 아드보카트(달걀 리큐어)를 사용하기도 한다. 이때는 시럽을 넣지 않는다.

맛 ▶	단맛					쓴맛
알코올 도수 ▶	낮음					높음
용도 ▶	Aperitif	After dinner	All day

LONG　**SHORT**　FROZEN　　　Ⅰ ▽ **Original** Ⅰ

메모리
Memory

소중한 시간을 추억하며

저자가 15년간 근무한 '마루노우치 호텔'의 오리지널 칵테일을 변형한 칵테일. 원래는 흔들어 섞었지만 재료를 더욱 잘 살리기 위해 저어 섞는 것으로 마무리했다. 진하고 감미로운 체리 리큐어와 브랜디가 서로를 돋보이게 해준다.

Recipe
STIR

| 브랜디 | 40ml |
| 체리 리큐어(히어링 체리) | 20ml |

얼음과 재료를 전부 믹싱 글라스에 넣고 저어 섞는다. 잔에 따르고 체리를 곁들이면 완성.

Memo

처음에는 '마루노우치 스페셜'이라고 이름 지었다. 이후에 레시피를 조금 바꿔서 지금의 이름으로 개명했다.

 맛 ▶	단맛					쓴맛
알코올 도수 ▶	낮음					높음
용도 ▶	 Aperitif	After dinner	All day

바텐더와 셰이커
【후편】

(→ P178의 전편에서 이어짐)

일본에서 만든 실용성이 뛰어난 셰이커와 달리 다른 나라의 셰이커는 실용성이 떨어지기도 한다. 예를 들어 유럽의 셰이커는 매우 개성적이고 장식이 화려하다. 사용되는 소재도 다양하고, 장식품으로 집에 장식하여 재산처럼 취급되는 나라도 있다.

이탈리아 피렌체에 있는 가게에서 발견한 은제 셰이커에 흠집이 나 있어서 값을 깎으려고 가게 주인에게 협상을 시도했다. 그러자 가게 주인은 "이것은 순은 제품이라 흠집이 있든 없든 상관없어. 가격은 무게에 따라 정해지거든"이라고 하며 낡은 저울에 추를 올려 무게를 재기 시작해 깜짝 놀랐다.
전쟁이 일어나기 전에 사용하던 셰이커와 현재의 제품도 모양이 크게 다르다. 이전 제품에는 손잡이가 있거나, 스트레이너 부분에 돌기 같은 것이 달린 등 그 역사적인 배경을 상상하게 된다.

동남아시아에는 목재에 옻칠한 셰이커(아래쪽 사진 오른쪽 끝)도 있다. 당연히 사용할 목적으로 만들지 않았다. 일본과 태국의 우호 관계를 기원하며 만든 셰이커에는 기도를 올리는 승려처럼 보이는 인물이 새겨져 있기도 하다(아래쪽 사진 중앙).

크기도 엄지손가락 정도로 작은 셰이커부터 수십 명분의 칵테일을 한 번에 만들 수 있는 거대한 셰이커까지 다양하다. 크기, 소재, 가격부터 제조 방법까지 그 종류는 정말 다양하다.
이렇게 보면 셰이커는 단순히 '얼음과 재료를 섞어 차갑게 만드는' 도구에 그치지 않고, 바(Bar)라는 극장을 멋지게 연출하는 배우라고도 할 수 있다. 실제로 셰이커에서 나는 소리를 들으면 그 칵테일이 좋은지 별로인지 알 수 있다는 고객도 있다. 바텐더와 셰이커가 일체가 되어야 비로소 맛있는 칵테일이 만들어진다고 해도 과언이 아니다.

해외 여행지에서 사 모은 컬렉션 중 일부. 유리로 만든 것(위쪽 사진)과 낡고 진귀한 것(아래쪽 사진) 등 소재도 디자인도 실로 다채롭고, 실제로 사용하려는 목적으로 만든 것이 아닌 제품도 있다. 각지의 문화와 풍습, 국민성 등이 셰이커에도 짙게 반영되어 있다.

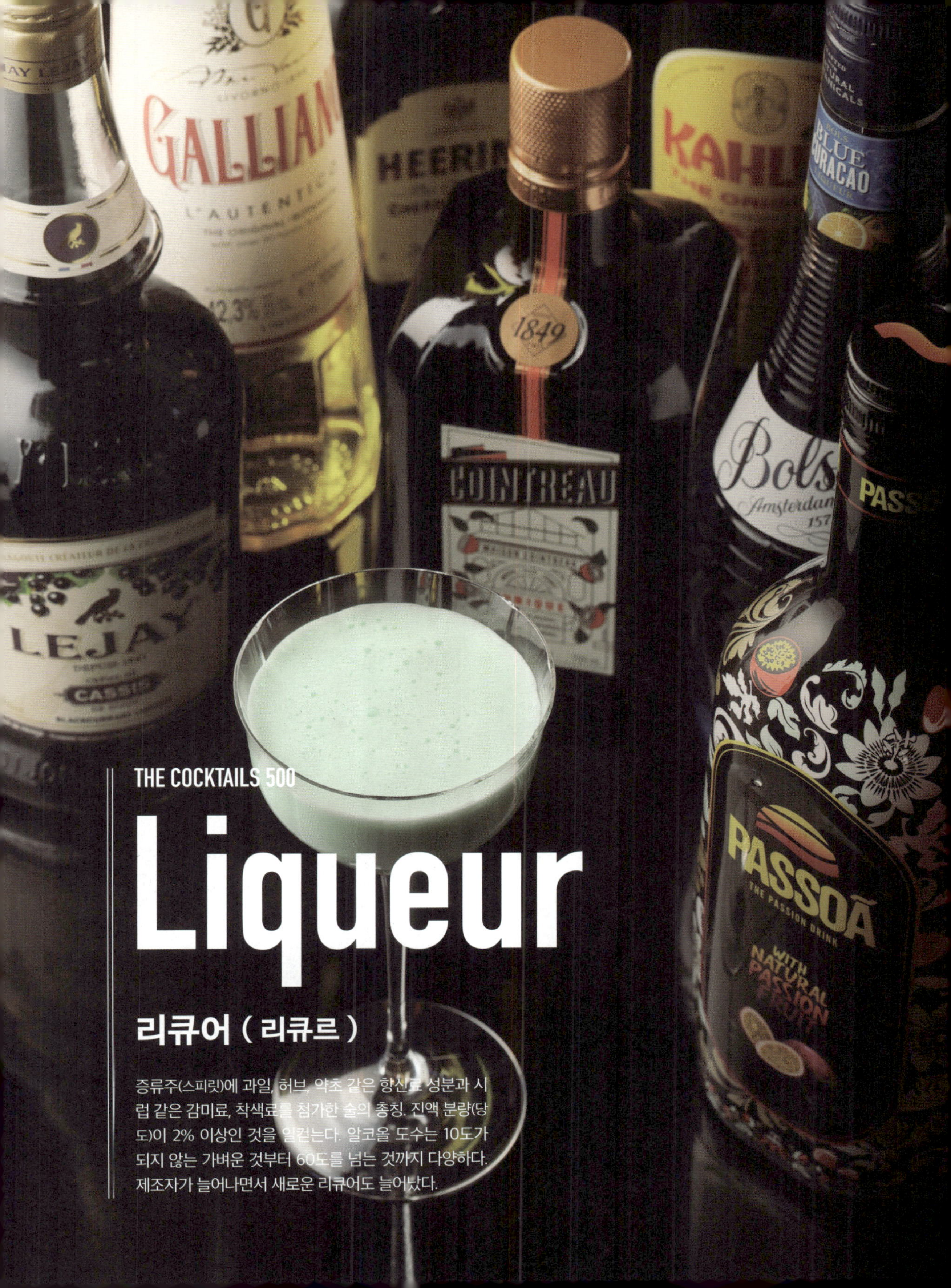

THE COCKTAILS 500

Liqueur

리큐어 (리큐르)

증류주(스피릿)에 과일, 허브, 약초 같은 향신료 성분과 시럽 같은 감미료, 착색료를 첨가한 술의 총칭. 진액 분량(당도)이 2% 이상인 것을 일컫는다. 알코올 도수는 10도가 되지 않는 가벼운 것부터 60도를 넘는 것까지 다양하다. 제조자가 늘어나면서 새로운 리큐어도 늘어났다.

애수
Pathos

가을의 해 질 녘에 마시고 싶은 칵테일

프랑부아즈의 향긋한 향이 매우 부드러워 마음이 편안해지는 맛이다. 알코올 도수가 낮고 감귤류 주스도 어우러져 부담 없이 마시기 좋다. 가을의 황혼을 연상시키는 색채가 아름답다. 생각에 잠기고 싶은 순간에 함께하고 싶은 칵테일이다.

Recipe

SHAKE

프랑부아즈 리큐어	20ml
애프리콧 리큐어	10ml
드라이 진	10ml
오렌지 주스	10ml
레몬 주스	10ml

얼음과 재료를 전부 셰이커에 넣고 흔들어 섞는다. 잔에 따르면 완성.

Memo

'침울하고 슬픈 감정'을 뜻하는 이름과 색이 잘 어울리지만, 맛있어서 슬픔이 날아가 버릴지도?

맛	단맛						쓴맛
알코올 도수	낮음						높음
용도	Aperitif		After dinner		All day		

애프터 디너
After Dinner

식후에 즐기는 달콤하고 향긋한 한잔

이름 그대로 저녁 식사 후에 즐기기 딱 좋은 칵테일이다. 향긋한 애프리콧 리큐어와 오렌지 큐라소를 사용하여 달콤하고 향긋한 풍미를 지닌 맛을 즐길 수 있다. 이 칵테일을 마시며 식후의 한때를 느긋하게 보내 보자.

Recipe

SHAKE

애프리콧 리큐어	30ml
오렌지 큐라소	20ml
라임 주스	10ml

얼음과 재료를 전부 셰이커에 넣고 흔들어 섞는다. 잔에 따르면 완성.

Memo

식후에 한 잔 즐기는 칵테일을 통틀어 '애프터 디너 칵테일'이라고도 하니 구별해 두자.

맛	단맛						쓴맛
알코올 도수	낮음						높음
용도	Aperitif		After dinner		All day		

LONG **SHORT** FROZEN

애프리콧 칵테일

Apricot Cocktail

과일 맛이 가득한 상큼한 스테디셀러 칵테일

향기가 풍부한 애프리콧 리큐어에 상쾌한 감귤류 주스를 듬뿍 사용한 스테디셀러 칵테일. 드라이 진을 한 스푼 더해 칵테일의 전체적인 맛을 절묘하게 잡아 준다. 살구색을 띤 색채도 아름답다.

Recipe
SHAKE

애프리콧 리큐어	30ml
오렌지 주스	15ml
레몬 주스	15ml
드라이 진	1tsp.

Memo

주문할 때 '애프리콧 칵테일'과 '애프리콧을 사용한 칵테일'을 착각하기 쉬우므로 주의하자.

얼음과 재료를 전부 셰이커에 넣고 흔들어 섞는다. 잔에 따르면 완성.

맛	단맛	쓴맛
알코올 도수	낮음	높음
용도	Aperitif / After dinner / **All day**	

LONG **SHORT** FROZEN

애프리콧 쿨러

Apricot Cooler

여성들에게도 인기 있는 호박색 칵테일

애프리콧 리큐어와 그레나딘 시럽이 빚어내는 투명한 호박색 색채가 아름다워 여성들에게도 사랑받는 칵테일. 적당한 단맛과 신맛의 균형이 잘 잡혀 과일 향미가 가득하고 상쾌한 맛을 즐길 수 있다.

Recipe

SHAKE

애프리콧(살구) 리큐어	45ml
레몬 주스	20ml
그레나딘 시럽	1tsp.
탄산수	적당량

Memo

애프리콧은 '살구'를 뜻한다. 일본에서는 서양종을 애프리콧, 동양종을 살구라고 구별하여 부르기도 한다.

탄산수를 제외한 재료를 셰이커에 넣고 흔들어 섞는다. 얼음을 담은 잔에 따르고 탄산수로 채운다. 가볍게 섞고 레몬 슬라이스와 체리를 장식하면 완성.

애프리콧 피즈

Apricot Fizz

거품이 이는 피즈

피즈(Fizz)는 '거품이 일다'라는 뜻으로, 탄산수를 함유한 액체가 보글보글 거품을 내는 소리에서 유래했다. 이름 그대로 탄산이 들어 목 넘김이 상쾌해서 기분 좋고, 살구와 레몬의 풍미와 어우러져 쭉쭉 마실 수 있다.

Recipe
SHAKE

애프리콧 리큐어	45ml
레몬 주스	20ml
설탕 시럽	1~2tsp.
탄산수	적당량

탄산수를 제외한 재료를 셰이커에 넣고 흔들어 섞는다. 얼음을 담은 잔에 따르고 탄산수로 채운다. 가볍게 섞은 다음 레몬과 체리를 곁들이면 완성.

Memo

본래 피즈 스타일은 장식을 하지 않지만, 아름다운 비주얼 요소와 레몬의 신맛을 더하고 싶어서 장식을 했다.

맛	단맛						쓴맛
알코올 도수	낮음						높음
용도	Aperitif	After dinner	All day

아페롤 스프리츠

Aperol Spriz

이탈리아에서 만들어진 튀는 칵테일

이탈리아의 리큐어, 아페롤에 같은 이탈리아의 프로세코로 만드는 캐주얼한 칵테일. 스프리츠는 '튀다'라는 뜻으로 독일어 '슈프리첸(spritzen)'에서 유래했다. 식전주로도 즐길 수 있다.

Recipe
BUILD

아페롤	40ml
스파클링 와인(프로세코)	40ml
탄산수	30ml

Memo

아페롤에 레몬이나 오렌지 슬라이스를 넣고 탄산수를 탄 '아페롤 소다'도 인기 있다.

얼음을 담은 잔에 모든 재료를 따른다. 가볍게 섞은 다음 슬라이스한 레몬과 오렌지를 장식하면 완성.

맛	단맛						쓴맛
알코올 도수	낮음						높음
용도	Aperitif	After dinner	All day

LONG　SHORT　FROZEN

아마레토 사워

Amaretto Sour

아마레토의 달콤한 향기가 퍼지는 칵테일

살구의 씨 부분으로 만든 리큐어인 아마레토의 달콤한 향과 라임의 상큼한 산미가 기분 좋게 퍼지는 칵테일. 달걀흰자를 첨가하면 더욱 부드러운 입맛도 즐길 수 있다.

Recipe
SHAKE

아마레토	45ml
라임 주스	20ml
설탕 시럽	10ml
달걀흰자	1 개
앙고스투라 비터스	1dash

Memo

최근 주문하는 사람이 많아진 인기 칵테일이다. 그 밖에 쇼트 칵테일로 만드는 레시피도 있다.

얼음과 재료를 전부 셰이커에 넣고 흔들어 섞는다. 얼음을 담은 잔에 따르고 체리와 다크 체리, 오렌지 슬라이스 등을 곁들이면 완성.

맛	단맛					쓴맛
알코올 도수	낮음					높음
용도	Aperitif	After dinner	All day

LONG　SHORT　FROZEN

옐로 패롯

Yellow Parrot

앵무새처럼 수다쟁이가 되는 칵테일

'노란 앵무새'라고 이름 붙여진 이 칵테일은 친숙한 색에 반해 의외로 알코올 도수가 높은 편이다. 마시면 앵무새처럼 수다쟁이가 된다는 데서 이름이 유래했다고 한다. 세 가지 리큐어의 향긋하고 풍부한 맛이 매력이다.

Recipe
SHAKE

애프리콧 리큐어	20ml
페르노	20ml
샤르트뢰즈(옐로)	20ml

Memo

개성이 강한 칵테일이다. 페르노와 샤르트뢰즈를 사용해서 호불호가 갈리기도 한다.

얼음과 재료를 전부 셰이커에 넣고 흔들어 섞는다. 잔에 따르면 완성.

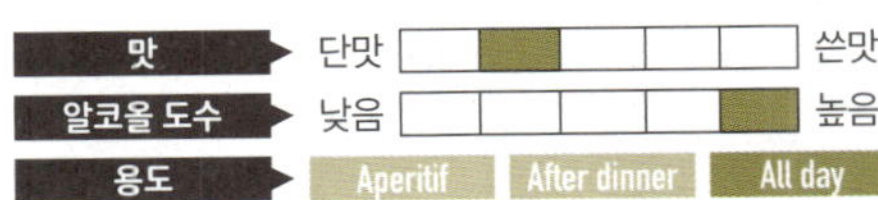

맛	단맛					쓴맛
알코올 도수	낮음					높음
용도	Aperitif	After dinner	All day

이탈리안 서퍼

Italian Surfer

해변이 어울리는 트로피컬 칵테일

아마레토와 코코넛 리큐어를 베이스로 파인애플 주스를 탄 트로피컬 드링크. 파인애플 장식도 리조트 분위기를 한층 돋운다. 여름 해변에서 즐기고 싶은 칵테일이다.

Recipe BUILD

아마레토	30ml
코코넛 리큐어(말리부)	30ml
파인애플 주스	적당량

얼음을 담은 잔에 아마레토와 코코넛 리큐어를 따르고 차가운 파인애플 주스로 채운다. 섞은 다음 자른 파인애플을 장식하면 완성.

Memo

20세기 후반부터 21세기 초에 만들어져 비교적 새로운 칵테일이다. 캘리포니아와 하와이의 바에서 퍼져나갔다고 한다.

맛	단맛				쓴맛
알코올 도수	낮음				높음
용도	Aperitif	After dinner	All day		

이브닝 드레스

Evening Dress

모티브는 보라색 드레스를 입은 숙녀

야회복을 모티브로 세련된 글라스 모양, 색, 맛을 전부 신경 써서 맞춘 칵테일이다. 거봉 리큐어를 중심으로 잡아 깔끔한 맛을 냈다. 잔과 장식할 꽃도 신경 써서 고르며 즐겨 보자.

Recipe SHAKE

거봉 리큐어(쿄호 무라사키)	30ml
화이트 큐라소(쿠앵트로)	20ml
자몽 주스	20ml
토닉 워터	적당량

토닉 워터를 제외한 재료와 얼음을 셰이커에 넣고 흔들어 섞는다. 얼음을 담은 잔에 따르고 토닉 워터로 채운다. 가볍게 섞은 다음 레몬 조각과 꽃을 장식하면 완성.

Memo

이브닝 드레스는 가장 격식 높은 여성의 정식 예복이다. 칵테일 드레스는 준예복에 해당한다.

맛	단맛				쓴맛
알코올 도수	낮음				높음
용도	Aperitif	After dinner	All day		

우나 우나

Una Una

잔에 남국의 낙원 타히티를 담은 칵테일

'우나 우나'는 타히티어로 '눈부시게 빛나다', '아름답다'라는 뜻. 남태평양에 있는 남국 타히티의 코티지에서 보는 아름다운 노을과 남국의 과일을 잔에 가득 담은 프로즌 칵테일이다.

Recipe
BLEND

패션프루트 리큐어(파쏘아)	40ml
화이트 큐라소(쿠앵트로)	10ml
오렌지 주스	40ml
파인애플 주스	30ml

모든 재료와 얼음을 블렌더에 넣고 갈아 준 다음 잔에 따른다. 자른 파인애플과 체리, 꽃 등을 장식하고 빨대를 곁들이면 완성.

Memo

타히티의 모레아 섬에서 보낸 청춘의 추억을 칵테일로 표현했다. 타히티어로 '마우루루'(고마워), '나나'(다시 만날 때까지).

맛	단맛					쓴맛
알코올 도수	낮음					높음
용도	Aperitif	After dinner	All day			

에너지 나이트

Energy Night

활력을 주는 아름다운 색깔의 칵테일

타우린과 과라나가 함유된 영양가 높은 리큐어, 레드 베어 에너지를 베이스로 만든 칵테일. 블루 큐라소와 합쳐져 아름다운 색을 띠는 것이 특징이다. 상쾌한 칵테일로 몸과 마음에 에너지를 충전하자.

Recipe
BUILD

레드 베어 에너지	45ml
블루 큐라소	10ml
자몽 주스	30ml
토닉 워터	적당량

토닉 워터를 제외한 재료를 얼음을 담은 잔에 따른다. 차가운 토닉 워터로 채우고 가볍게 섞으면 완성.

Memo

'에너지 넘치는 밤'이라는 뜻을 가졌다. 가게에서는 기운을 북돋우는 칵테일로 추천하고는 한다.

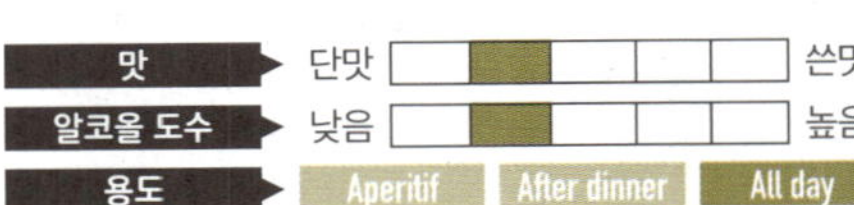

맛	단맛					쓴맛
알코올 도수	낮음					높음
용도	Aperitif	After dinner	All day			

엔젤 키스

Angel Kiss

간편하게 만들 수 있는, 식후 디저트

귀여운 비주얼이 매력적인 디저트 같은 달콤한 칵테일. 디너 후에 '한 잔 마시고 싶을 때' 딱이다. 미국에서는 '엔젤스 팁'이라고도 부른다. 깔루아 밀크(P209)의 원형이라고도 할 수 있다.

Recipe **BUILD**

크렘 드 카카오	40ml
생크림	20ml

크렘 드 카카오를 잔에 따르고 그 위에 생크림을 조심히 띄운다. 체리를 장식하면 완성.

Memo

픽에 꽂은 체리를 바닥에 가라앉혔다가 살짝 들어 올리면 생크림 속에 크렘 드 카카오가 떠오르며 천사의 입술 같은 환상적인 무늬가 나타난다.

맛	단맛 ■□□□□ 쓴맛
알코올 도수	낮음 □□■□□ 높음
용도	Aperitif / **After dinner** / All day

엔드리스 러브

Endless Love

풋사과 리큐어로 만든 진귀한 칵테일

칵테일 중에서도 보기 드문 풋사과 리큐어를 사용한 칵테일. 각 재료가 조화롭게 어우러져 입맛이 가벼워 기분과 상관없이 언제나 다가와 준다. 이름 그대로 무한정으로 계속 마셔 버릴 것만 같다.

Recipe **SHAKE**

그린 애플 리큐어(르제)	30ml
패션프루트 리큐어(파씨모)	10ml
자몽 주스	10ml
라임 주스	10ml

얼음과 재료를 전부 셰이커에 넣고 흔들어 섞는다. 잔에 따르고 체리를 장식하면 완성.

Memo

브룩 쉴즈가 주연의 1981년에 미국에서 개봉한 영화〈끝없는 사랑(Endless Love)〉에서 따왔다.

맛	단맛 □■□□□ 쓴맛
알코올 도수	낮음 □■□□□ 높음
용도	Aperitif / After dinner / **All day**

LONG **SHORT** FROZEN

오르가슴

Orgasm

흠칫 놀라게 되는 이름을 가진 재미있는 한 잔

톰 크루즈가 주연을 맡은 영화 〈칵테일〉에도 등장한, 이름을 들으면 흠칫 놀라게 되는 칵테일. 블렌더로 만드는 방법도 있지만, 여기서는 푸스카페 스타일로 만들었다. 마시기보다는 재미로 보면서 즐겨 보자.

Recipe
BUILD

베일리스	20ml
아마레토	20ml
커피 리큐어(깔루아)	20ml

Memo

주문할 때 주저하게 되는 칵테일이다. 아이스크림이나 우유를 넣어 만드는 스타일도 있다. 빨대로 마시기를 추천한다.

세 개의 층이 만들어지도록 깔루아, 아마레토, 베일리스 순으로 조심히 따르면 완성.

맛	단맛					쓴맛
알코올 도수	낮음					높음
용도	Aperitif	After dinner	All day

LONG SHORT **FROZEN**   ▼ **Original**

소녀의 진심

Otomeno Magokoro

새콤달콤한 프로즌 칵테일

가벼운 스타일의 프로즌 칵테일. 붉고 귀여운 비주얼과 카시스의 새콤달콤함이 소녀의 마음을 방불케 한다. 처음 칵테일을 마시는 사람에게도 추천하는 칵테일이다. 알코올을 더하고 싶을 때는 럼을 조금 넣어 보자.

Recipe
BLEND

크렘 드 카시스(르제)	20ml
화이트 큐라소(쿠앵트로)	20ml
애프리콧 리큐어	20ml
레몬 주스	10ml

Memo

누구든 저도 모르게 "귀여워!"라고 외쳐 버릴 것만 같은 비주얼이다. 맛도 정말 '귀엽다'라는 표현이 잘 어울린다.

얼음과 재료를 전부 믹서에 넣어 갈아 준다. 잔에 따르고 체리와 모양을 낸 레몬 필을 장식하면 완성.

맛	단맛					쓴맛
알코올 도수	낮음					높음
용도	Aperitif	After dinner	All day

LONG SHORT FROZEN

올드 침니
Old Chimney

그리운 맛 속에 공존하는 참신함

저자가 오랫동안 수석 바텐더로 근무했던 '긴자 JBA BAR SUZUKI'의 마스터, 스즈키 노보루의 오리지널 칵테일. 어딘가 그리운 맛이 나면서도 참신하게 조합한 재료가 놀랍다.

Recipe
SHAKE

크렘 드 카시스	30ml
슬로 진	20ml
자몽 주스	15ml
파인애플 주스	15ml
진저에일(또는 진저 비어)	적당량

진저에일을 제외한 재료와 얼음을 셰이커에 넣고 흔들어 섞는다. 얼음을 담은 잔에 따르고 진저에일로 채운다. 가볍게 섞으면 완성.

Memo

보기에도 '오래된 굴뚝'이 떠오른다. '침 침 체리(Chim Chim Cher-ee)'를 들으며 차분히 맛보고 싶은 칵테일이다.

맛	단맛					쓴맛
알코올 도수	낮음					높음
용도	Aperitif	After dinner	All day			

LONG SHORT FROZEN

카카오 피즈
Cacao Fizz

카카오의 단맛과 레몬의 신맛이 이루는 조화

일본에서도 인기가 많은 크렘 드 카카오를 베이스로 한 피즈. 초콜릿 같은 달콤한 풍미와 레몬 주스의 상큼한 산미가 절묘하게 녹아들고 탄산수와 어우러져 기분 좋은 목 넘김을 즐길 수 있는 칵테일이다.

Recipe
SHAKE

크렘 드 카카오	45ml
레몬 주스	20ml
설탕 시럽	1~2tsp.
탄산수	적당량

탄산수를 제외한 재료와 얼음을 셰이커에 넣고 흔들어 섞는다. 얼음을 담은 잔에 따르고 차가운 탄산수를 넣어 가볍게 섞는다. 체리와 레몬 슬라이스를 장식하면 완성.

Memo

베이스를 바꾸면 여러 가지 피즈를 만들 수 있다. 좋아하는 과일 리큐어나 스피릿으로 한번 만들어 보자.

맛	단맛					쓴맛
알코올 도수	낮음					높음
용도	Aperitif	After dinner	All day			

LONG　SHORT　FROZEN

카시스 우롱

Cassis Uron

식사에 곁들이기에도 제격인 깔끔한 맛

블랙커런트 리큐어, 크렘 드 카시스를 사용하며 선술집에서도 부동의 인기를 자랑하는 칵테일. 카시스의 단맛과 우롱차의 깔끔한 맛이 어우러져 뒷맛도 깔끔하다. 다양한 요리와 궁합도 좋아 식사에 곁들이는 술로도 추천한다.

Recipe
BUILD

크렘 드 카시스	45ml
우롱차	적당량

Memo

베이스를 피치 리큐어로 바꾸면 레게 펀치(P247), 그린티 리큐어로 바꾸면 조엽수림(P219)이 된다.

얼음을 담은 잔에 크렘 드 카시스를 따르고 차가운 우롱차로 채운 다음 섞으면 완성.

맛	▶ 단맛						쓴맛
알코올 도수	▶ 낮음						높음
용도	▶	Aperitif		After dinner		All day	

LONG　SHORT　FROZEN

카시스 오렌지

Cassis Orange

오렌지 주스가 선사하는 스테디셀러의 맛

크렘 드 카시스를 이용한 칵테일 중에서도 대표적인 칵테일. 듬뿍 넣은 오렌지 주스가 카시스와 어우러져 과일 향미가 가득하고 달콤하여 부담 없이 마시기 좋다. 오렌지 주스를 조심히 따르면 두 층으로 나뉜 칵테일로도 만들 수 있다.

Recipe
BUILD

크렘 드 카시스	45ml
오렌지 주스	적당량

Memo

특히 칵테일 입문자들에게 추천하는 대표적인 칵테일이다. 집에서도 쉽게 만들 수 있다.

얼음을 담은 잔에 크렘 드 카시스를 따르고 차가운 오렌지 주스로 채운다. 잘 섞은 다음 자른 오렌지를 장식하면 완성.

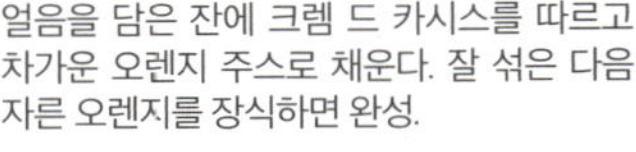

맛	▶ 단맛						쓴맛
알코올 도수	▶ 낮음						높음
용도	▶	Aperitif		After dinner		All day	

LONG **SHORT** FROZEN

카시스 소다
Cassis Soda

입문용으로도 추천하는 칵테일

손쉽게 만들 수 있는 스테디셀러 칵테일. 아름다운 자주색을 띤 새콤달콤한 카시스 리큐어와 탄산수의 궁합이 아주 훌륭하다. 알코올 도수도 높지 않아 칵테일에 익숙지 않은 사람의 입문용으로도 제격이다.

Recipe **BUILD**

크렘 드 카시스 ················45ml
탄산수 ······················적당량

얼음을 담은 잔에 크렘 드 카시스를 따르고 차가운 탄산수로 채운다. 섞은 다음 레몬 조각을 곁들이면 완성.

Memo

칵테일 입문자는 자신이 좋아하는 리큐어가 있다면, 우선 그 리큐어에 탄산수를 타 보자.

맛	단맛						쓴맛
알코올 도수	낮음						높음
용도	Aperitif		After dinner		All day		

LONG SHORT **FROZEN** ▼ **Original**

갈채
Kassai

화려한 맛을 자랑하는 프로즌 스타일

C.C.S(칵테일 커뮤니케이션 소사이어티)의 창립 10주년 기념으로 창작한 칵테일이다. 갈채를 받는 화려한 이미지를 핑크빛 프로즌 스타일로 표현했다. 한 번에 넉넉한 분량을 만들기 쉬워 파티에서도 활용할 수 있다.

Recipe **BLEND**

딸기 리큐어(르제) ··············· 30ml
요구르트 리큐어(요구리토) ····· 30ml
화이트 큐라소(쿠앵트로) ········· 10ml
라임 주스 ·····················5ml

얼음과 재료를 전부 믹서에 넣고 갈아 준다. 잔에 따르고 딸기를 장식하면 완성.

Memo

재료를 전부 믹서에 넣으면서 딸기 한 개를 추가하면, 더욱 더 과일 향미가 가득한 신선한 맛을 낼 수 있다.

맛	단맛					쓴맛
알코올 도수	낮음					높음
용도	Aperitif		After dinner		All day	

LONG　**SHORT**　FROZEN　　

카리나

Carina

이탈리아 맛으로 만드는 귀여운 한 잔

'카리나'는 이탈리아어로 '귀엽다'라는 뜻이다. 역사가 긴 이탈리아의 리큐어, 프란젤리코와 노첼로를 사용한다. 생크림과 궁합이 잘 맞아 부드럽고 감미로운 맛을 즐길 수 있다.

Recipe
SHAKE

프란젤리코	20ml
호두 리큐어(노첼로)	20ml
생크림	20ml

Memo

프로즌 스타일도 추천한다. 생크림 대신 우유와 얼음을 넣어 롱 칵테일로 만들어도 맛있다.

얼음과 재료를 전부 셰이커에 넣고 흔들어 섞는다. 잔에 따르고 얇게 깎은 초콜릿을 띄우면 완성.

맛	▶	단맛						쓴맛
알코올 도수	▶	낮음						높음
용도	▶	Aperitif	After dinner	All day

LONG　SHORT　FROZEN

깔루아 밀크

Kahlua and Milk

전 세계에서 사랑받는 달콤하고 부드러운 칵테일

깔루아는 양질의 아라비카종 원두와 바닐라의 달콤한 풍미가 풍부한 커피 리큐어다. 우유를 듬뿍 넣어 부드럽게 만들어 전 세계적으로 사랑받고 있는 칵테일이다. 우유를 천천히 따라 색이 다른 두 층으로 만들어도 좋다.

Recipe
BUILD

커피 리큐어(깔루아)	45ml
우유	적당량

Memo

알코올 맛이 별로 느껴지지 않아 바에 처음 방문한 사람에게도 추천하는 칵테일이다. 카시스 오렌지(P207)와 함께 대표적인 칵테일이다.

얼음을 담은 잔에 커피 리큐어를 따르고 차가운 우유로 채운다. 가볍게 저어 섞으면 완성.

맛	▶	단맛						쓴맛
알코올 도수	▶	낮음						높음
용도	▶	Aperitif	After dinner	All day

캄파리 오렌지

Campari Orange

스테디셀러로 자리 잡은 과즙 가득한 칵테일

이탈리아에서 만들어진 노을빛을 띤 캄파리 리큐어. 쌉싸름한 캄파리와 새콤달콤한 오렌지 주스가 어우러져 과즙이 매우 풍부해 마시기 좋다. 캄파리 오렌지는 일본에서도 스테디셀러로 자리매김을 했다.

Recipe
BUILD

| 캄파리 | 45ml |
| 오렌지 주스 | 적당량 |

얼음을 담은 잔에 캄파리를 따르고 차가운 오렌지 주스로 채운다. 가볍게 섞은 다음 자른 오렌지를 장식하면 완성.

Memo

그 밖에 오렌지 주스를 들어가는 인기 칵테일로 카시스 오렌지(P207), 퍼지 네이블(P231), 스크루드라이버(P108), 슬로 드라이버(P221) 등이 있다.

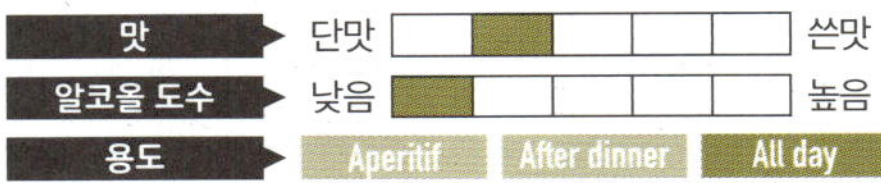

맛	단맛	▭▭▮▭▭	쓴맛
알코올 도수	낮음	▮▭▭▭▭	높음
용도		Aperitif / After dinner / **All day**	

캄파리 소다

Campari Soda

캄파리의 쌉싸름한 맛과 탄산이 어우러진 칵테일

세계적으로 사랑받으며 친숙하게 다가오는 칵테일. 캄파리의 적절한 쓴맛이 탄산수와 레몬 슬라이스의 신맛과 어우러져 목 넘김이 좋아 매우 상쾌하게 즐길 수 있다. 다양한 요리와도 궁합이 좋아 식사에 곁들이는 술로도 추천한다.

Recipe
BUILD

| 캄파리 | 45ml |
| 탄산수 | 적당량 |

얼음을 담은 잔에 캄파리를 따르고 차가운 탄산수로 채운다. 가볍게 섞은 다음 레몬 조각을 장식하면 완성.

Memo

손쉽게 만들 수 있는 칵테일 중 하나다. 캄파리의 양은 취향에 따라 조절하자.

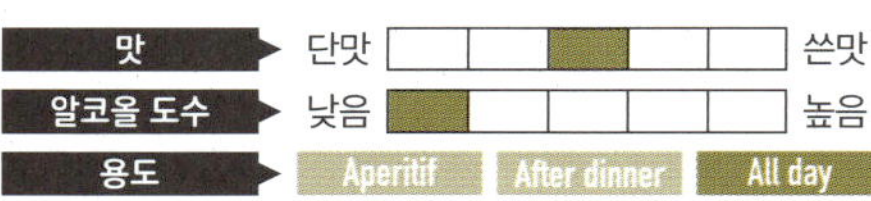

맛	단맛	▭▭▮▮▭	쓴맛
알코올 도수	낮음	▮▭▭▭▭	높음
용도		Aperitif / After dinner / **All day**	

킹 피터

King Peter

체리 리큐어가 주역인 칵테일

체리를 주원료로 하는 리큐어인 체리 히어링을 제품화한 덴마크의 피터 프레드릭 숨 히어링의 이름을 딴 칵테일. 레몬 주스의 풍미와 어우러져 새콤달콤하여 부담 없이 마시기 좋다.

Recipe
BUILD

체리 리큐어(체리 히어링) ·· 45ml
레몬 주스 ·····················10ml
토닉 워터 ················ 적당량

Memo

체리 히어링은 개봉하면 냉장고에 보관하고 빠르게 소비해서 비우자.

얼음을 담은 잔에 체리 리큐어와 레몬 주스를 따르고 차가운 토닉 워터로 채운다. 가볍게 섞으면 완성.

맛	단맛 ▢▢▢▢▢ 쓴맛
알코올 도수	낮음 ▢▢▢▢▢ 높음
용도	Aperitif　After dinner　All day

Original

금단의 과실

Kindan no Kajitsu

디저트 감각으로 즐기는 신기한 풋사과 맛

멜론과 피치 리큐어를 섞으면 신기하게도 풋사과 맛이 난다. 믹서에 갈아서 크리미해진 칼피스와 풋사과의 풍미가 조화를 이루어 자꾸만 마시게 되는 금단의 맛이 나는 칵테일이다. 중식 요리를 먹은 후에 마셔도 좋다.

Recipe
BLEND

멜론 리큐어(미도리) ·········20ml
피치 리큐어(피치트리)········20ml
칼피스 ·····················20ml

Memo

프로즌 칵테일은 '먹는 칵테일'이라고도 한다. 스푼이나 빨대를 곁들이자.

얼음과 재료를 전부 믹서에 넣고 갈아 준다. 잔에 따르고 민트 잎을 장식하면 완성.

맛	단맛 ▢▢▢▢▢ 쓴맛
알코올 도수	낮음 ▢▢▢▢▢ 높음
용도	Aperitif　After dinner　All day

LONG **SHORT** **FROZEN**

그래스호퍼

Glass Hopper

민트 향이 나는 메뚜기 칵테일

'메뚜기'란 의미를 가진 이 칵테일은 싱그러운 어린잎 같은 색을 띤다. 민트 초코 같은 향과 부드러움에 마음이 편안하게 진정되어 나이트캡으로 마시기도 좋다. 크렘 드 카카오는 반드시 화이트로 고르자.

Recipe
SHAKE

그린 페퍼민트	20ml
크렘 드 카카오 화이트	20ml
생크림	20ml

얼음과 재료를 전부 셰이커에 넣고 흔들어 섞는다. 잔에 따르면 완성.

Memo

크렘 드 카카오 화이트를 브라운으로 바꾸면 칵테일 색이 제대로 나오지 않으니 반드시 화이트를 사용하자.

맛	단맛					쓴맛
알코올 도수	낮음					높음
용도	Aperitif	After dinner	All day			

LONG **SHORT** **FROZEN**

글래드 아이

Glad Eye

추파에 유혹되고 마는 칵테일

글래드 아이란 '추파를 던지다'에서 '추파' 뜻한다. 이름 그대로 선명한 초록빛을 띤 칵테일이 풍기는 좋은 향과 단맛의 매력에 빠져든다. 보기와는 달리 알코올 도수가 강하니 과음하지 않도록 주의하자.

Recipe
SHAKE

| 페르노 | 40ml |
| 그린 페퍼민트 | 20ml |

얼음과 재료를 전부 셰이커에 넣고 흔들어 섞는다. 잔에 따르면 완성.

Memo

아니세스 계열 리큐어의 대표 격인 페르노를 물에 타면 불투명한 하얀 색으로 변하는데, 이를 '우조 효과'라고 부른다. 그 효과를 볼 수 있는 이 칵테일도 정말 신비한 초록색을 띤다.

맛	단맛					쓴맛
알코올 도수	낮음					높음
용도	Aperitif	After dinner	All day			

LONG SHORT FROZEN

그린티 피즈

Greentea Fizz

녹차를 산뜻하게 즐기는 칵테일

녹차 리큐어를 사용한 인기 스테디셀러 칵테일. 레몬 주스의 산미와 탄산수의 상쾌함이 더해져 산뜻한 맛을 즐길 수 있다. 신록의 계절에 친구들과 함께 즐기기에도 좋다.

Recipe
SHAKE

그린티 리큐어	45ml
레몬 주스	20ml
설탕 시럽	1~2tsp.
탄산수	적당량

Memo

그린티 리큐어는 제조사에 따라 색과 향이 다르다. 취향에 맞는 브랜드를 찾아 보자.

탄산수를 제외한 재료와 얼음을 셰이커에 넣고 흔들어 섞는다. 얼음을 담은 잔에 따르고 차가운 탄산수를 채워 가볍게 섞는다. 체리와 레몬 슬라이스를 장식하면 완성.

맛	▶ 단맛					쓴맛
알코올 도수	▶ 낮음					높음
용도	▶	Aperitif	After dinner	All day

LONG SHORT FROZEN　　　🍸 Original

그린 바커스

Green Bacchus

초록색을 두른 여름의 맛

바커스는 로마 신화에 나오는 술의 신 이름이다. 아름다운 초록빛 자태 속에 다양한 주스가 녹아들어 신선한 맛을 남긴다. 더운 여름날에 귀가하면 '일단 목부터 축이고 싶은 소망'을 이루어 주는 상쾌한 칵테일이기도 하다.

Recipe

SHAKE

화이트 큐라소(쿠앵트로)	20ml
멜론 리큐어(미도리)	20ml
자몽 주스	20ml
라임 주스	10ml
토닉 워터	적당량

Memo

알코올이 느껴지지 않고 상쾌해서 부담 없이 마시기 좋은 칵테일을 만들어야겠다는 생각으로 창작한 칵테일이다.

토닉 워터를 제외한 재료를 셰이커에 넣고 흔들어 섞는다. 얼음을 담은 잔에 따르고 차가운 토닉 워터로 채운다. 섞은 다음 라임 조각을 장식하면 완성.

맛	▶ 단맛					쓴맛
알코올 도수	▶ 낮음					높음
용도	▶	Aperitif	After dinner	All day

LONG **SHORT** FROZEN　　　▼ **Original**

사랑에 빠져서

Koiniochite

런치 타임에도 어울리는 풍부한 리치 향

아름다운 그러데이션이 인상적인 달콤한 칵테일. 리치 리큐어는 정말 사랑에 빠질 것 같은 기품이 넘치는 향기가 매력적이다. 오렌지 주스를 듬뿍 넣어 알코올 도수도 낮아 런치에 곁들이기에도 좋다.

Recipe
SHAKE

리치 리큐어	30ml
갈리아노	10ml
오렌지 주스	45ml
그레나딘 시럽	1tsp.

그레나딘 시럽을 제외한 재료와 얼음을 셰이커에 넣고 흔들어 섞는다. 얼음이 담긴 잔에 따른 다음 그레나딘 시럽을 조심히 따른다. 마지막에 꽃 등을 장식하면 완성.

Memo

일본 TV 드라마 〈금요일의 아내들에게〉의 주제가 '사랑에 빠져서'를 들으면서 창작했다. 잔 바닥에 가라앉는 붉은 그레나딘 시럽으로 사랑에 빠진 마음을 표현했다.

맛	단맛	쓴맛
알코올 도수	낮음	높음
용도	Aperitif　After dinner　**All day**	

LONG **SHORT** FROZEN　　　▼ **Original**

마음의 여행

Kokoro no Tabi

지친 마음을 달래주는 부드러운 달콤함

1997년에 저자가 고안한 칵테일. 지금은 긴자에서 클럽을 운영하는 사람들 사이에서 스탠더드 칵테일로 자리 잡아가고 있다. 아련한 연분홍 색과 과일 향미가 가득한 달콤함이 지친 마음을 달래준다. 느긋하게 쉬고 싶은 휴일에 천천히 맛보고 싶다.

Recipe
SHAKE

화이트 큐라소(쿠앵트로)	30ml
크랜베리 주스	30ml
자몽 주스	30ml
라임 주스	1tsp.

얼음과 재료를 전부 셰이커에 넣고 흔들어 섞는다. 얼음을 담은 잔에 따른 다음 레몬 조각과 자몽, 꽃 등을 장식하면 완성.

Memo

일본 밴드 '튤립'의 전 관계자가 요청해서 고안했다. 경쾌하고 건강해서 마시기 좋은 칵테일이다.

맛	단맛	쓴맛
알코올 도수	낮음	높음
용도	Aperitif　After dinner　**All day**	

LONG SHORT **FROZEN** ┃ ▼ Original ┃

마음의 평온

Kokoro no Yasuragi

혀도 녹는 감미로운 바나나 맛

잘 익은 향이 풍부한 바나나를 그대로 셔벗으로 만든 듯한 감미로운 맛이다. 네덜란드산 리큐어, 아드보카트를 더하여 부드러운 입맛을 즐길 수 있다. 한 잔 마시면 마음도 평온해진다.

Recipe
BLEND

바나나 리큐어	30ml
아드보카트(볼스)	20ml
생크림	30ml

Memo

마신다기보다는 '스푼을 이용해 먹는' 칵테일에 가깝다. 디저트용 스푼을 곁들여 내놓자.

얼음과 재료를 전부 믹서에 넣고 갈아 준다. 잔에 따르고 바나나를 장식하면 완성.

맛	▶	단맛		쓴맛
알코올 도수	▶	낮음		높음
용도	▶	Aperitif	After dinner	All day

LONG SHORT FROZEN ┃ ▼ Original ┃

이 가슴의 설렘

Konomuneno Tokimeki

부드러운 맛 속에 담긴 민트의 청량감

패션프루트와 코코넛 리큐어가 생크림에 싸여 부드러운 맛을 느낄 수 있다. 그중에서도 민트의 청량감이 돋보여 상쾌한 풍미도 즐길 수 있다. 기분 전환을 하고 싶을 때 제격인 칵테일이다.

Recipe
SHAKE

패션프루트 리큐어(찰스턴)	30ml
코코넛 리큐어(말리부)	20ml
그린 페퍼민트	10ml
생크림	30ml

Memo

1995년 찰스턴 사의 리큐어를 홍보하기 위해 고안한 칵테일. 우연히 들은 노래에 영감을 얻어 이름을 따왔다.

얼음과 재료를 전부 셰이커에 넣고 흔들어 섞는다. 크러시드 아이스가 담긴 잔에 따른다. 빨대를 꽂고 민트 잎을 장식하면 완성.

맛	▶	단맛		쓴맛
알코올 도수	▶	낮음		높음
용도	▶	Aperitif	After dinner	All day

자장가

Komoriuta

달콤하고 순해 마음이 차분해지는 칵테일

엄마가 불러준 자장가를 표현하여 마음이 차분하게 해 주는 칵테일이다. 피치와 프랑부아즈 리큐어에 파인애플 주스를 더해 과일 향미가 가득하고 달콤하면서도 순한 맛으로 완성했다. 디저트 칵테일로도 즐길 수 있다.

Recipe

SHAKE

피치 리큐어	20ml
프랑부아즈 리큐어	20ml
파인애플 주스	30ml
그레나딘 시럽	1tsp.

Memo

파인애플 주스가 들어가서 거품이 잘 나고 순한 입맛이 마음마저 감싸 준다.

얼음과 재료를 전부 셰이커에 넣고 흔들어 섞는다. 잔에 따르고 체리를 장식하면 완성.

맛	단맛 ■□□□ 쓴맛
알코올 도수	낮음 □■□□ 높음
용도	Aperitif　After dinner　All day

골든 캐딜락

Golden Cadillac

황금 리큐어가 품은 화려한 향기

미국을 대표하는 고급 자동차 캐딜락에서 이름을 딴 칵테일. 화려한 허브 향기를 발하는 갈리아노의 황금빛 색깔에서 착상했다고 한다. 코코넛 풍미를 초콜릿 맛으로 마무리한다. 애프터 디너용으로 안성맞춤이다.

Recipe
SHAKE

크렘 드 카카오 화이트	20ml
갈리아노	20ml
생크림	20ml

Memo

레시피에서 갈리아노를 그린 민트 리큐어로 바꾸면 그래스호퍼(P212)가 된다.

얼음과 재료를 전부 셰이커에 넣고 흔들어 섞는다. 잔에 따르면 완성.

맛	단맛 ■□□□ 쓴맛
알코올 도수	낮음 □■□□ 높음
용도	Aperitif　After dinner　All day

LONG　**SHORT**　FROZEN

골든 드림
Golden Dream

달콤하고 부드러운 한 잔으로 좋은 꿈을 꾸기를

칵테일 이름에 어울리는 갈리아노의 황금색이 인상적이다. 바닐라와 오렌지의 풍미를 생크림이 부드럽게 감싸서 달콤하고 디저트 같은 맛을 즐길 수 있다. 나이트캡으로도 제격이다. 한 잔 마시고 좋은 꿈 꾸기를.

Recipe / **SHAKE**

갈리아노	15ml
화이트 큐라소	15ml
오렌지 주스	15ml
생크림	15ml

얼음과 재료를 전부 셰이커에 넣고 흔들어 섞는다. 잔에 따르면 완성.

Memo

마이애미의 바텐더가 여배우 조안 크로포드에게 헌정했다고 알려진 칵테일이다.

맛	단맛 ▷ ⬜🟩⬜⬜⬜ 쓴맛
알코올 도수	낮음 ▷ ⬜⬜⬜🟩⬜ 높음
용도	Aperitif / **After dinner** / All day

LONG　**SHORT**　FROZEN

사우스 아일랜드
South Island

비옥한 대지와 카카오의 색을 표현한 칵테일

사우스 아일랜드라는 이름에서 남국의 푸른 바다나 하늘을 연상하는 사람도 많지 않을까. 이 칵테일은 카카오콩 명산지로 유명한 아프리카 열대지방의 비옥한 대지와 카카오의 색을 표현한 칵테일이다.

Recipe / **SHAKE**

크렘 드 카카오	20ml
오렌지 주스	20ml
파인애플 주스	20ml

Memo

긴자의 유서 깊은 가게 'JBA BAR SUZUKI'의 스즈키 노보루가 만든 오리지널 칵테일이다.

얼음과 저료를 전부 셰이커에 넣고 흔들어 섞는다. 잔에 따르고 자른 파인애플을 장식하면 완성.

맛	단맛 ▷ 🟩⬜⬜⬜⬜ 쓴맛
알코올 도수	낮음 ▷ 🟩⬜⬜⬜⬜ 높음
용도	**Aperitif** / After dinner / All day

생 제르맹

St.Germain

우아한 프랑스산 리큐어를 사용한 칵테일

파리의 도시 생제르맹의 이름을 딴 칵테일. 프랑스를 대표하는 리큐어인 샤르트뢰즈 중에서도 향신료가 돋보이고 향이 풍부한 그린을 사용했다. 두 가지 주스와 어우러져 과일 향미가 가득한 맛으로 완성했다.

Recipe
SHAKE

샤르트뢰즈 그린	45ml
레몬 주스	20ml
자몽 주스	20ml
달걀흰자	1개 분량

얼음과 재료를 전부 셰이커에 넣고 흔들어 섞는다. 잔에 따르면 완성.

Memo

샤르트뢰즈는 프랑스 수도원에서 400년 이상 전해 내려오는 비장의 리큐어다. 그 우아하고 단아한 맛 때문에 '리큐어의 여왕'이라고도 한다.

쥬뗌므

Je t'aime

딸기 셔벗 같은 식감

진한 딸기 셔벗 같은 입맛이 즐겁고 귀여운 칵테일. 알코올 도수가 낮은 편이어서 식후 디저트로 먹어도 좋다. 딸기의 분량은 준비한 딸기의 크기나, 자신의 취향에 따라 적당히 단맛이 나도록 조절한다.

Recipe
BLEND

크렘 드 카시스(르제)	20ml
화이트 큐라소(쿠앵트로)	20ml
라임 주스	10ml
딸기	2개

얼음과 재료를 전부 믹서에 넣어 갈아 준다. 잔에 따르고 딸기, 꽃 등을 장식하면 완성.

Memo

프랑스어로 '사랑한다'를 뜻하는 쥬뗌므. 프랑스를 대표하는 리큐어인 카시스와 쿠앵트로를 사용했다. 그레나딘 시럽을 1tsp. 더해도 괜찮다.

조엽수림

Syoyojurin

말차와 우롱차의 동양적인 융합

1980년에 산토리 스쿨이 발표한 칵테일이다. 동남아시아에서 일본 남서부로 뻗은 조엽수림 문화권의 산물인 차. 이런 녹차를 사용한 녹차 리큐어와 우롱차를 섞은 데서 이름을 따왔다. 진한 향이 매력적이다.

Recipe / **BUILD**

말차 리큐어		45ml
우롱차		적당량

얼음을 담은 잔에 말차 리큐어를 따르고 차가운 우롱차로 채운다. 잘 섞으면 완성.

 **Memo**

우롱차가 들어가는 칵테일로는 카시스 우롱(P207), 레게 펀치(P247), '우롱하이' 등이 있다.

맛	단맛 ▢▢▣▢▢ 쓴맛
알코올 도수	낮음 ▢▣▢▢▢ 높음
용도	Aperitif / After dinner / **All day**

 Original

신데렐라 허니문

Cinderella Honeymoon

리치와 감귤류가 어우러진 낭만 가득한 칵테일

은은한 단맛이 감도는 상큼한 칵테일이다. 로맨틱한 기분을 자아내는 리치의 고급스러운 향미가 매력적이다. 알코올 도수를 조금 더 높이고 싶을 때는 진, 보드카, 럼 등 좋아하는 스피릿을 더하면 된다.

Recipe / **SHAKE**

리치 리큐어(디타)		20ml
화이트 큐라소(쿠앵트로)		10ml
자몽 주스		20ml
라임 주스		10ml

 **Memo**

1978년에 일본 가수 이와사키 히로미가 발표한 히트곡 '신데렐라 허니문'에서 영감을 받아 창작한 오리지널 칵테일이다.

얼음과 재료를 전부 셰이커에 넣고 흔들어 섞는다. 잔에 따르고 체리와 꽃을 장식하면 완성.

맛	단맛 ▢▢▣▢▢ 쓴맛
알코올 도수	낮음 ▢▣▢▢▢ 높음
용도	Aperitif / After dinner / **All day**

LONG **SHORT** FROZEN

스칼렛 오하라

Scarlett O'hara

명작 영화 히로인의 이름을 딴 정열적인 빨강

영화 〈바람과 함께 사라지다〉의 여주인공 이름을 붙였다. 서던 컴포트는 영화의 무대가 된 미국 남부가 산지인 복숭아 등을 이용한 과일 향미가 가득한 리큐어다. 정열적인 빨강을 두른 화려한 한 잔을 만끽하기를.

Recipe
SHAKE

서던 컴포트	30ml
크랜베리 주스	20ml
레몬 주스	10ml

얼음과 재료를 전부 셰이커에 넣고 흔들어 섞는다. 잔에 따르면 완성.

Memo

할리우드 여배우, 비비안 리가 연기한 주인공 '스칼렛 오하라'의 미모와 씩씩함을 훌륭하게 표현했다.

맛	단맛						쓴맛
알코올 도수	낮음						높음
용도		Aperitif	After dinner	All day

LONG SHORT FROZEN

스푸모니

Spumoni

재료의 상쾌한 쌉쌀함이 돋보이는 칵테일

캄파리와 자몽 주스의 쓴맛이 조화롭게 어우러져 톡 쏘는 상쾌한 맛을 즐길 수 있다. 알코올 도수가 낮아 가벼운 입맛이다. 느긋한 휴일 오후에 마시기 좋은 칵테일이다.

Recipe
BUILD

캄파리	30ml
자몽 주스	30ml
토닉 워터	적당량

얼음을 담은 잔에 캄파리와 자몽 주스를 따르고 토닉 워터로 채운다. 가볍게 섞고 자몽 등을 장식하면 완성.

Memo

이탈리아에서 만들어진 쌉쌀한 캄파리를 사용하고, 같은 이탈리아에서 만들어진 칵테일이다. 스푸모니는 이탈리아어로 '거품을 내다'라는 뜻이다.

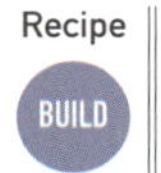

맛	단맛						쓴맛
알코올 도수	낮음						높음
용도		Aperitif	After dinner	All day

슬로 진 피즈

Sloe Gin Fizz

영국에서 만들어진 향기로운 리큐어

슬로 진은 영국에서 자두의 일종인 슬로 베리를 증류주에 담가 만든 리큐어다. 1950년대부터 일본에서도 유행한 슬로 진 피즈는 화사한 향기와 새콤달콤하고 상쾌한 입맛으로 사랑받고 있다.

Recipe
SHAKE

슬로 진	45ml
레몬 주스	20ml
설탕 시럽	1~2tsp.
탄산수	적당량

탄산수를 제외한 재료와 얼음을 셰이커에 넣고 흔들어 섞는다. 얼음을 담은 잔에 따르고 탄산수로 채운다. 가볍게 섞은 다음 레몬 슬라이스와 체리를 곁들이면 완성.

Memo

베이스를 바꾸면 다양한 피즈를 만들 수 있다. 좋아하는 리큐어나 스피릿으로 만들어 보자.

맛	단맛						쓴맛
알코올 도수	낮음						높음
용도	Aperitif		After dinner		All day		

슬로 드라이버

Sloe Driver

느릿느릿한 운전사가 아니다?

오렌지 주스를 사용한 유명한 칵테일, 스크루드라이버(P108)의 베이스인 보드카를 슬로 진으로 바꾼 것이 바로 이 칵테일이다. '슬로'는 slow가 아니라 sloe(서양 자두)를 가리킨다.

Recipe
SHAKE

슬로 진	45ml
오렌지 주스	적당량

Memo

슬로 진은 진이 아닌 슬로 베리를 사용한 리큐어를 말한다.

얼음과 재료를 전부 셰이커에 넣고 흔들어 섞는다. 잔에 따르고 자른 오렌지를 곁들이면 완성.

맛	단맛						쓴맛
알코올 도수	낮음						높음
용도	Aperitif		After dinner		All day		

다즐링 쿨러

Darjeeling Cooler

술에 약한 사람도 마시기 좋은 칵테일

이 칵테일은 독일의 안톤 리머슈미트 사가 고안했다고 알려졌지만, 일본(센다이)에서 만들어졌다는 설도 있다. 다즐링 티의 향긋한 향과 프랑부아즈의 새콤달콤함이 어우러진 상쾌한 입맛이 특징이다.

Recipe BUILD

홍차 리큐어	30ml
프랑부아즈	20ml
레몬 주스	10ml
진저에일	적당량

Memo

티타임에 호텔 라운지에서 맛보고 싶은 인기 칵테일이다.

얼음을 담은 잔에 진저에일을 제외한 재료를 따르고 차가운 진저에일로 채운다. 가볍게 섞은 다음 레몬 슬라이스를 넣으면 완성.

맛	단맛						쓴맛
알코올 도수	낮음						높음
용도	Aperitif	After dinner	All day

체리 블로섬

Cherry Blossom

일본이 낳은 향이 풍부한 칵테일

다이쇼 시대, 요코하마의 명문 바 '파리'의 다오 다사부로가 고안했다. 칵테일 이름 그대로 벚꽃이 그려지는 아름다운 색이 인상적이다. 깊고 달콤한 풍미와 풍부한 과일 향이 입안에 퍼지면서 벚꽃이 핀 경치가 눈에 선하다

Recipe SHAKE

체리 리큐어	30ml
브랜디	30ml
오렌지 큐라소	2dash
그레나딘 시럽	2dash
레몬 주스	2dash

Memo

요코하마는 에도 시대에 개항된 이후 많은 해외 문화가 도입되었다. 바 문화도 그중 하나다. 요코하마가 발상지인 칵테일로는 밀리언 달러(P64), 뱀부(P261) 등도 있다.

얼음과 재료를 전부 셰이커에 넣고 흔들어 섞는다. 잔에 따르면 완성.

맛	단맛						쓴맛
알코올 도수	낮음						높음
용도	Aperitif	After dinner	All day

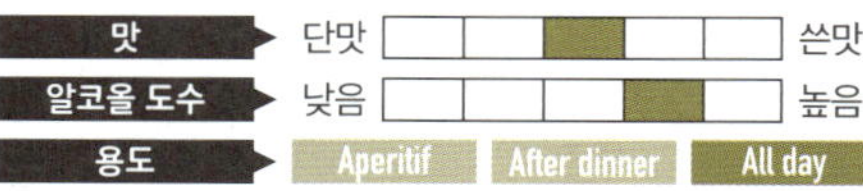

LONG　SHORT　FROZEN

차이나 그린

Chaina Green

블루가 아닌, 차이나 그린

리치 리큐어를 사용한 칵테일 이름에는 차이나가 붙는 경우가 많다. 이는 리치의 원산지가 중국이라는 데서 유래한다. 의외로 지금까지 찾아볼 수 없었던 리치, 멜론, 자몽의 조합이 훌륭하다.

Recipe **BUILD**

리치 리큐어	30ml
멜론 리큐어	20ml
자몽 주스	적당량

Memo

과일 리큐어와 주스를 사용해서 아름다운 그린과 새콤달콤한 맛을 만들어냈다.

얼음을 담은 잔에 리치 리큐어와 멜론 리큐어를 따르고 자몽 주스로 채운다. 잘 섞은 다음 자른 자몽 등을 장식하면 완성.

맛	단맛						쓴맛
알코올 도수	낮음						높음
용도	Aperitif	After dinner	All day

LONG　SHORT　FROZEN

차이나 블루

China Blue

눈길을 끄는 아름다운 블루 그러데이션

절세 미녀 양귀비가 사랑한 리치. 그 리큐어를 사용한 인기 칵테일이다. 아름다운 블루 그러데이션과 호불호 없는 상큼한 새콤달콤함이 매력이다. 리치의 고귀한 향미와 함께 우아한 기분을 맛보면 어떨까.

Recipe **BUILD**

리치 리큐어(디타)	30ml
블루 큐라소	10ml
자몽 주스	45ml
토닉 워터	적당량

Memo

도야마현에 있는 'BAR 백마관'의 우치다 데루히로가 고안했다는 칵테일이다. 토닉 워터를 넣지 않는 레시피도 있다.

얼음을 담은 잔에 리치 리큐어와 자몽 주스를 따르고 차가운 토닉 워터로 채운다. 가볍게 섞은 다음 마지막에 블루 큐라소를 잔 가장자리에서 조심히 따르면 완성.

맛	단맛						쓴맛
알코올 도수	낮음						높음
용도	Aperitif	After dinner	All day

LONG　SHORT　FROZEN

찰리 채플린

Charlie Chaplin

전설적인 희극왕을 생각하며

은은하게 새콤달콤한 슬로 진에 애프리콧과 레몬의 풍미가 더해진 경쾌한 칵테일이다. 칵테일 이름이기도 한 유명한 희극왕의 작품을 감상하면서 그의 공적을 더듬어 보고 싶다.

Recipe
SHAKE

슬로 진	20ml
애프리콧 리큐어	20ml
레몬 주스	20ml

얼음과 재료를 전부 셰이커에 넣고 흔들어 섞는다. 얼음을 담은 잔에 따르면 완성.

Memo

1920년대 이전에 뉴욕의 호텔에서 처음 만들어졌다. 의외로 역사가 깊은 칵테일이다.

맛	단맛						쓴맛
알코올 도수	낮음						높음
용도		Aperitif		After dinner		All day	

LONG　SHORT　FROZEN

디스커버리

Discovery

진한 밀크셰이크 같은 맛

디스커버리란 '발견'이라는 뜻이다. 리큐어인 아드보카트는 네덜란드어로 '변호사'라는 뜻이며, 브랜디 베이스에 달걀노른자와 설탕을 블렌딩했다. 진한 밀크셰이크 같은 맛을 즐길 수 있다.

Recipe
BUILD

아드보카트	45ml
진저에일(단맛)	적당량

얼음을 담은 잔에 아드보카트를 따르고 차가운 진저에일로 채운다. 잘 섞으면 완성.

Memo

진저에일에는 생강 맛이 강한 것과 단맛이 많이 나는 두 가지 타입이 있다. 이 칵테일을 만들 때는 생강 맛이 약한 제품을 고르자. 생강 맛이 강한 제품을 사용하면 칵테일 맛이 달라져 버린다.

맛	단맛						쓴맛
알코올 도수	낮음						높음
용도		Aperitif		After dinner		All day	

LONG　SHORT　FROZEN

디타모니
Ditamoni

스푸모니의 리치 리큐어 버전

스푸모니(P220)에서 캄파리 대신 리치 리큐어의 대표 브랜드 디타 사의 제품을 사용한 데서 이러한 이름이 붙었다. 자몽 주스와 토닉 워터가 리치의 풍미와 잘 어우러져 상쾌한 칵테일이다.

Recipe
BUILD

리치 리큐어(디타)	30ml
자몽 주스	30ml
토닉 워터	적당량

Memo

캄파리를 사용해 쌉쌀한 스푸모니와 달리 리치 리큐어(디타)를 사용한 이 칵테일은 고급스럽고 고귀한 맛을 즐길 수 있다.

얼음을 담은 잔에 리치 리큐어와 자몽 주스를 따르고 차가운 토닉 워터로 채운다. 가볍게 섞은 다음 자른 자몽을 장식하면 완성.

맛	단맛						쓴맛
알코올 도수	낮음						높음
용도		Aperitif	After dinner	All day

LONG　SHORT　FROZEN　　Ⓨ Original

천사의 세레나데
Tenshi no Serenade

진한 아이스크림 같은 칵테일

헤이즐넛 향미와 아이스크림 같은 맛이 디저트로 제격인 칵테일. 진한 단맛이 나는 타입이어서 가벼운 저녁 식사 후에 즐기면 좋다. 취향에 따라 민트 리큐어를 아주 조금 넣어도 괜찮다.

Recipe
SHAKE

헤이즐넛 리큐어 (프란젤리코)	20ml
그린 바나나 리큐어	20ml
생크림	20ml

Memo

1991년에 업계 관련 잡지인 「술과 요리(酒と料理)」에서 저자가 발표한 오리지널 칵테일이다.

얼음과 재료를 전부 셰이커에 넣고 흔들어 섞는다. 잔에 따르면 완성.

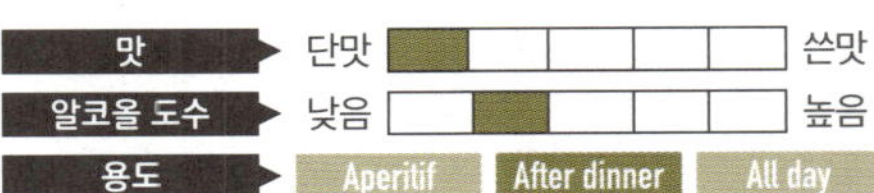

맛	단맛						쓴맛
알코올 도수	낮음						높음
용도		Aperitif	After dinner	All day

트레비앙

Tres Bien

멜론과 요구르트가 어우러진 새콤달콤한 맛

이름 그대로 무심코 "트레비앙!" 하고 외치고 싶어지는 과일과 요구르트가 어우러져 호화로운 칵테일이다. 블렌더로 갈 때 생 멜론을 한 조각 추가하면 풍미가 더욱 좋아진다.

Recipe · **BLEND**

멜론 리큐어(미도리)	40ml
요구르트 리큐어	30ml
오렌지 주스	20ml

Memo

트레비앙은 프랑스어로 '훌륭하다'를 뜻하는 말이다.

얼음과 재료를 전부 블렌더에 넣고 갈아 준다. 잔에 따르고 멜론을 장식하면 완성.

맛	단맛 ▢▢▢▢▢ 쓴맛
알코올 도수	낮음 ▢▢▢▢▢ 높음
용도	Aperitif · After dinner · **All day**

돈 조반니

Don Giovanni

어른들을 위한 아이스 코코아 같은 식후주

모차르트가 만든 오페라의 제목을 딴 칵테일. 초콜릿 향이 나서 아이스 코코아처럼 마시기 좋은 칵테일이다. 조금 들어간 아마레토의 아몬드 같은 향기도 절묘한 향신료로 돋보인다.

Recipe · **SHAKE**

초콜릿 리큐어(모차르트)	45ml
아마레토	10ml
휘핑크림	30ml

Memo

휘핑크림은 편리하게 사용하기 쉬운 스프레이 캔 타입을 추천한다. 날짜도 오래간다.

초콜릿 리큐어와 아마레토, 얼음을 셰이커에 넣고 흔들어 섞는다. 얼음을 담은 잔에 따르고 휘핑크림을 곁들이면 완성.

맛	단맛 ▢▢▢▢▢ 쓴맛
알코올 도수	낮음 ▢▢▢▢▢ 높음
용도	Aperitif · **After dinner** · All day

바이올렛 피즈

Violet Fizz

제비꽃 향기와 아름다운 보랏빛을 두른 피즈

청량감 있는 피즈의 변형 중에서도 이 칵테일은 제비꽃의 부드러운 향기와 아름다운 보라색이 인상적인 리큐어, 크렘 드 바이올렛을 베이스로 만들었다. 레몬 주스를 더하여 상뜻한 산미도 즐길 수 있다.

Recipe — SHAKE

크렘 드 바이올렛	45ml
레몬 주스	20ml
설탕 시럽	1~2tsp.
탄산수	적당량

Memo

베이스를 다른 리큐어로 바꾸면서 자기 취향에 맞는 피즈를 찾아 보자.

탄산수를 제외한 재료와 얼음을 셰이커에 넣고 흔들어 섞는다. 얼음을 담은 잔에 따르고 차가운 탄산수를 채워 가볍게 섞는다. 체리와 레몬 슬라이스를 장식하면 완성.

맛	▶	단맛					쓴맛
알코올 도수	▶	낮음					높음
용도	▶	Aperitif	After dinner	All day

바나나 비치

Banana Beach

바나나와 복숭아가 어우러진 트로피컬 칵테일

맑은 초록색에 달콤한 바나나 향을 두른 리큐어를 과즙이 풍부한 피치 리큐어와 블렌드했다. 여름의 해변을 바라보며 맛보고 싶은 트로피컬한 칵테일이다. 장식할 꽃도 취향에 따라 골라 보자.

Recipe — BLEND

그린 바나나 리큐어	30ml
피치 리큐어(피치트리)	30ml
오렌지 주스	30ml

Memo

칵테일 이름은 바나나 비치지만, 맛은 바나나 '피치'다.

얼음과 재료를 전부 블렌더에 넣고 갈아 준다. 잔에 따르고 바나나 등을 장식하면 완성.

맛	▶	단맛					쓴맛
알코올 도수	▶	낮음					높음
용도	▶	Aperitif	After dinner	All day

파파게나

Papagena

모차르트의 가극에 얽힌 달콤한 칵테일

파파게나는 모차르트의 가극 〈마술피리〉에 나오는 등장인물이다.
이를 고려하여 리큐어도 오스트리아산 리큐어인 모차르트 초콜릿
리큐어를 사용했다. 맛이 달콤하고 부드러워 저녁 식사 후에 마시
기 좋다.

Recipe
SHAKE

초콜릿 크림 리큐어	
(모차르트)	30ml
브랜디	15ml
생크림	15ml

얼음과 재료를 전부 셰이커에 넣고 흔들어 섞
는다. 잔에 따르고 얇게 깎은 초콜릿을 띄우면
완성.

Memo

초콜릿 리큐어를 베이
스로 만들어서 진한 칵
테일이다.

맛	▶	단맛					쓴맛
알코올 도수	▶	낮음					높음
용도	▶	Aperitif	After dinner	All day

발렌시아

Valencia

오렌지 과즙을 한껏 머금은 칵테일

오렌지 명산지로 유명한 스페인 동부의 발렌시아 지방의 이름을
딴 칵테일. 그 이름 그대로 과즙이 매우 풍부한 맛을 즐길 수 있다.
오렌지 비터스의 은은한 쓴맛도 느낄 수 있다.

Recipe
SHAKE

애프리콧 리큐어	30ml
오렌지 주스	30ml
오렌지 비터스	2dash

Memo

애프리콧 리큐어와 오렌지 주
스의 비율은 가게마다 다르다.

얼음과 재료를 전부 셰이커에 넣고 흔
들어 섞는다. 잔에 따르면 완성.

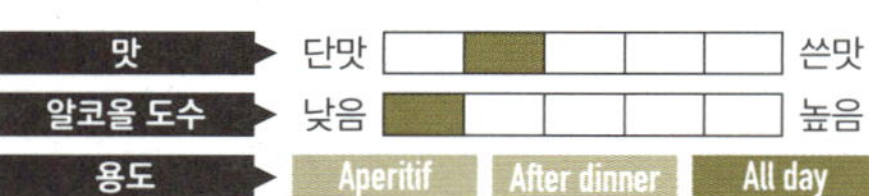

맛	▶	단맛					쓴맛
알코올 도수	▶	낮음					높음
용도	▶	Aperitif	After dinner	All day

비-52

B-52

바닐라 아이스를 사용하여 디저트 같은 칵테일

미국의 바텐더가 고안한 칵테일. 처음 만든 사람이나 이름의 유래에 관해서는 여러 가지 설이 있어 명확하지 않다. 진하고 깊이 있는 베일리스와 그랑 마르니에를 푸스카페(Pousse-cafe) 스타일로 만들었다.

Recipe
BUILD

베일리스	20ml
커피 리큐어	20ml
오렌지 큐라소	
(그랑 마르니에)	20ml

세 개의 층이 만들어지도록 커피 리큐어, 베일리스, 그랑 마르니에 순서로 조심히 부으면 완성.

Memo

투명한 빨대를 원하는 층에 꽂아 넣어서 맛볼 수 있다. 만들 때는 스포이드를 사용해 차례로 층을 쌓으면 쉽게 만들 수 있다.

맛	▶	단맛						쓴맛
알코올 도수	▶	낮음						높음
용도	▶	Aperitif	After dinner	All day

피치 피즈

Peach Fizz

식사에 곁들여도 좋은 여성들에게 인기 만점인 칵테일

달콤하고 상쾌한 입맛으로 여성들에게 오랫동안 사랑받아 온 칵테일. 피치 리큐어에 레몬 주스의 산미가 어우러지고, 탄산수가 들어도 목 넘김도 상쾌하다. 식사에도 아주 잘 어울리는 만능 칵테일이다.

Recipe
SHAKE

피치 리큐어	45ml
레몬 주스	15ml
그레나딘 시럽	1~2tsp.
탄산수	적당량

Memo

다른 피즈와 달리 설탕 시럽 대신 그레나딘 시럽을 사용해서 맛과 색이 한층 더 아름답다.

탄산수를 제외한 재료와 얼음을 셰이커에 넣고 흔들어 섞는다. 얼음을 담은 잔에 따르고 차가운 탄산수를 채워 가볍게 섞는다. 체리와 레몬 슬라이스를 장식하면 완성.

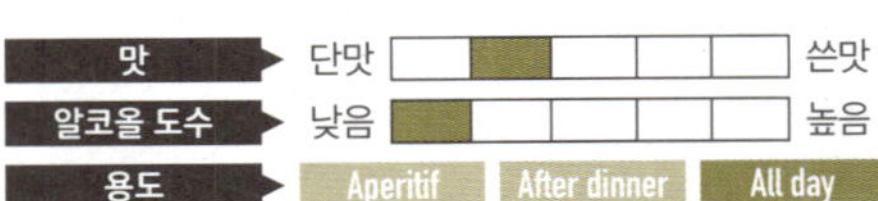

맛	▶	단맛						쓴맛
알코올 도수	▶	낮음						높음
용도	▶	Aperitif	After dinner	All day

LONG **SHORT** **FROZEN** | **Y Original**

백만 번의 윙크
Hyakumankaino Wink

영화에서 영감을 얻은 귀여운 칵테일

이 칵테일은 저자가 우연히 본 미국 영화 <홈 프라이스>의 일본어 판 제목 '백만 번의 윙크'에서 착상을 얻었다. 달콤하고 입맛 좋은 귀여운 칵테일이 영화의 한 장면을 떠올리게 한다. 애프터 디너로도 추천한다.

Recipe — **BLEND**

피치 리큐어(피치트리)	30ml
화이트 큐라소(쿠앵트로)	30ml
파인애플 주스	50ml
그레나딘 시럽	10ml

Memo

주연 드류 배리모어의 요염한 매력을 칵테일로 표현했다.

얼음과 재료를 전부 블렌더에 넣어 갈아 준 다음 잔에 따른다. 체리를 장식하면 완성.

맛	단맛					쓴맛
알코올 도수	낮음					높음
용도		Aperitif	After dinner	All day		

LONG SHORT FROZEN | **Y Original**

핑크 볼
Pink Ball

부드러운 단맛을 자랑하는 귀여운 칵테일

브랜디에 달걀노른자와 꿀을 더해 만들어진 리큐어, 아드보카트와 석류의 과즙을 사용한 그레나딘 시럽을 조합한 칵테일. 귀여운 분홍색과 부드러운 단맛으로 마음이 편안해진다.

Recipe — **SHAKE**

아드보카트	40ml
그레나딘 시럽	10ml
진저에일(단맛)	적당량

Memo

'볼'이 붙은 칵테일 이름에 따라, 얼음은 럼프 오브 아이스(원형 얼음)를 사용하자.

얼음이 담긴 잔에 진저에일을 제외한 재료를 따르고 차가운 진저에일로 채우면 완성.

맛	단맛					쓴맛
알코올 도수	낮음					높음
용도		Aperitif	After dinner	All day		

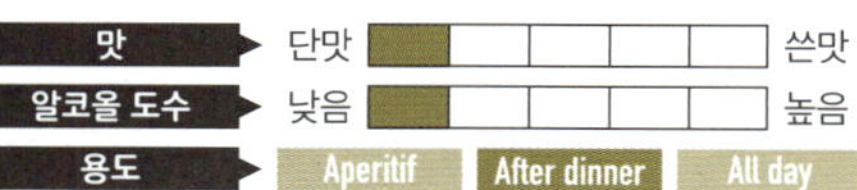

LONG　SHORT　**FROZEN**　　Ⓨ **Original**

퍼스트 레이디

First Lady

고귀하고 당당한 향기와 단맛

리치 리큐어의 고귀한 향이 '퍼스트 레이디'라는 이름에 아주 잘 어울린다. 파인애플의 풍미를 페르노가 잡아 주고, 단맛이 나면서도 깔끔한 인상을 주는 칵테일이다. 알코올 도수를 높이고 싶을 때는 보드카를 추가하자.

Recipe
BLEND

리치 리큐어(디타)	40ml
파인애플 주스	40ml
그레나딘 시럽	10ml
페르노	1tsp.

Memo

중국이 원산지인 리치는 예로부터 귀하게 여긴 과일이다. 양귀비가 좋아했다는 일화도 있다.

얼음과 재료를 전부 블렌더에 넣어 갈아 준 다음 잔에 따른다. 자른 파인애플과 꽃을 장식하면 완성.

맛	▶ 단맛					쓴맛
알코올 도수	▶ 낮음					높음
용도	▶	Aperitif	After dinner	**All day**

LONG　**SHORT**　FROZEN

퍼지 네이블

Fuzzy Navel

복숭아와 오렌지의 과즙이 풍부한 맛

복숭아의 달콤함과 오렌지의 적당한 산미가 절묘한 밸런스로 어우러진 과일 향미가 가득한 칵테일. 입맛이 부드럽고 알코올 도수도 낮아 주스처럼 마실 수 있는 점도 매력이다. 여성들 사이에서도 인기 있는 스테디셀러 칵테일이다.

Recipe
BUILD

피치 리큐어(피치트리)	30ml
오렌지 주스	60ml

Memo

1984년 네덜란드 디카이퍼 사가 피치트리 제품의 판매를 촉진하기 위해 만든 칵테일이다.

얼음을 담은 잔에 재료를 전부 넣고 가볍게 섞는다. 자른 오렌지를 장식하면 완성.

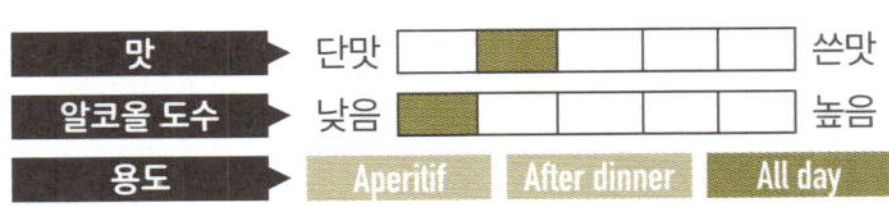

맛	▶ 단맛					쓴맛
알코올 도수	▶ 낮음					높음
용도	▶	**Aperitif**	After dinner	All day

프라이빗 레슨

Private Lesson

감미로운 리치 향이 퍼지는 칵테일

양귀비가 사랑했다는 리치. 그 동양적인 향이 퍼지는 리큐어를 베이스로 만든 감미롭고 매혹적인 칵테일이다. 그레나딘 시럽을 마지막에 따라 넣으면 아름다운 2층이 만들어진다. 알코올 도수도 낮아 부담 없이 마시기 좋다.

Recipe
BUILD

리치 리큐어	330ml
파인애플 주스	330ml
그레나딘 시럽	1tsp.
토닉 워터	적당량

얼음을 담은 잔에 리치 리큐어와 파인애플 주스를 따르고 차가운 토닉 워터로 채운다. 가볍게 섞은 다음 그레나딘 시럽을 조심히 따라 넣는다. 자른 파인애플과 체리를 장식하면 완성.

Memo

1981년에 개봉한 미국 영화 <개인 교수>의 일본어판 제목 '프라이빗 레슨'에서 이름을 따서 저자가 창작한 오리지널 칵테일이다.

맛	▶ 단맛					쓴맛
알코올 도수	▶ 낮음					높음
용도	▶	Aperitif	After dinner	All day		

플라토닉 러브

Platonic Love

주스를 듬뿍 넣은 건강한 칵테일

복숭아 풍미가 풍부한 피치 리큐어를 베이스로 상쾌한 두 가지 과일 주스를 듬뿍 넣었다. 마치 논 알코올 같은 건강한 입맛에 어느새 잔을 비우게 된다. 귀엽고 발랄한 핑크빛도 인상적이다.

Recipe
SHAKE

피치 리큐어(피치트리)	30ml
파인애플 주스	30ml
크랜베리 주스	30ml

Memo

파인애플 주스를 사용해서 거품이 정말 잘 난다. 칵테일 이름은 '순애'라고 번역하고 하고 싶다.

얼음과 재료를 전부 셰이커에 넣고 흔들어 섞는다. 얼음을 담은 잔에 따르고 꽃을 장식하면 완성이다.

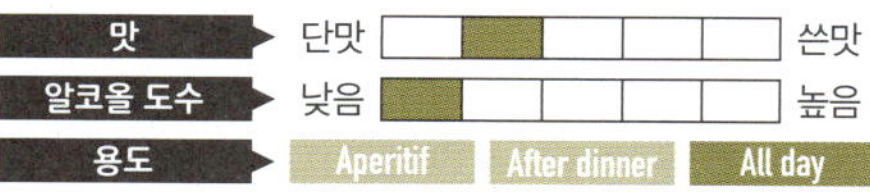

맛	▶ 단맛					쓴맛
알코올 도수	▶ 낮음					높음
용도	▶	Aperitif	After dinner	All day		

LONG **SHORT** FROZEN

불독(리큐어 베이스)

Bull dog

애프터 디너용의 풍부한 향과 단맛

영국 원산인 용맹하고 사랑스러운 개, 불독에서 이름을 따왔다. 체리 리큐어의 달콤한 풍미가 럼과 라임 주스를 비롯한 다른 재료와 절묘하게 어우러진다. 어떤 시간대에 마셔도 좋지만, 애프터 디너로 즐기기에 좋은 칵테일이다.

Recipe
SHAKE

체리 리큐어	30ml
화이트 럼	20ml
라임 주스	10ml

Memo

보드카 베이스인 불독 (P117)과 이름은 같지만 다른 칵테일이다.

얼음과 재료를 전부 셰이커에 넣고 흔들어 섞는다. 잔에 따르면 완성.

맛	▶	단맛						쓴맛
알코올 도수	▶	낮음						높음
용도	▶	Aperitif		After dinner		All day

LONG **SHORT** FROZEN

블루 레이디

Blue Lady

핑크 레이디의 베이스를 블루로 만드는 칵테일

핑크 레이디(P56)의 변형 칵테일. 배합하는 양은 다르지만, 그레나딘 시럽 대신 블루 큐라소를 섞어 만든다. 블루 큐라소에 레몬의 신맛이 잘 어우러진다. 달걀흰자가 잘 섞이도록 충분히 흔들어 섞는다.

Recipe
SHAKE

블루 큐라소	30ml
드라이 진	15ml
레몬 주스	15ml
달걀흰자	1개 분량

Memo

화이트 레이디(P61), 핑크 레이디(P56)와 함께 '레이디 시리즈'로 비교하며 마셔 보는 것도 재미있다.

얼음과 재료를 전부 셰이커에 넣고 흔들어 섞는다. 잔에 따르면 완성.

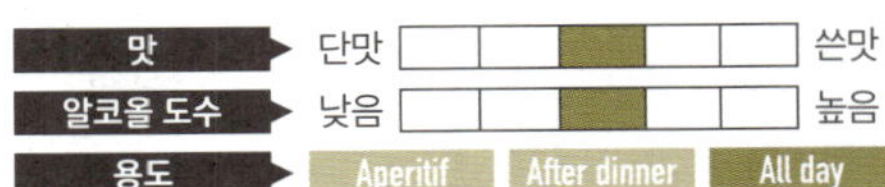

맛	▶	단맛						쓴맛
알코올 도수	▶	낮음						높음
용도	▶	Aperitif		After dinner		All day

베일리스 밀크

Baileys Milk

우유가 듬뿍 든 마일드 드링크

아이리시 크림 리큐어인 베일리스에 우유를 듬뿍 넣어 만드는 아주 간단한 칵테일. 알코올 도수가 낮아 여성이나 술이 약한 사람도 즐길 수 있다. 우유를 천천히 부어 색이 다른 두 층을 만들어서 내도 좋다.

Recipe
BUILD

베일리스	45ml
우유	적당량

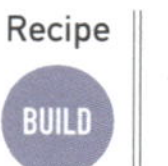
Memo

깔루아 밀크(P209), 모차르트 밀크(P243)와 함께 인기 있는 밀크 시리즈 칵테일이다.

얼음을 담은 잔에 베일리스를 따르고 차가운 우유로 채운다. 가볍게 섞으면 완성.

맛	단맛					쓴맛
알코올 도수	낮음					높음
용도	Aperitif	After dinner	All day			

Original

베이비 페이스

Baby Face

바나나와 밤이 어우러진 귀여운 칵테일

이름 그대로 사랑스럽고 달콤하며 부드러운 맛을 연출했다. 진하고 달콤한 바나나 리큐어와 밤 리큐어의 향을 생크림으로 감싸 더욱 부드러운 맛을 즐길 수 있다. 디저트 칵테일로도 추천한다.

Recipe

SHAKE

바나나 리큐어(볼스)	20ml
밤 리큐어	20ml
생크림	20ml

Memo

프로 레슬링에서 말하는 '힐(heel, 악역)'과 비교하면 '베이비 페이스'는 선한 역할이다. 이름 그대로 전통적인 '선할 역할'의 칵테일이다.

얼음과 재료를 전부 셰이커에 넣고 흔들어 섞는다. 잔에 따르고 체리를 장식하면 완성.

맛	단맛					쓴맛
알코올 도수	낮음					높음
용도	Aperitif	After dinner	All day			

LONG **SHORT** FROZEN

벨벳 해머

Velvet Hammer

부드러우면서도 알코올은 강한 칵테일

벨벳(비로드)처럼 부드러운 입맛을 주면서 해머로 맞은 것처럼 취해버릴 정도로 강한 알코올을 이름으로 표현했다. 맛이 달콤하고 진해 애프터 디너로 제격이다.

Recipe
SHAKE

화이트 큐라소	20ml
브랜디	10ml
커피 리큐어	10ml
생크림	20ml

Memo

이 칵테일도 톰 크루즈가 주연을 맡은 영화 〈칵테일〉에 등장했다.

얼음과 재료를 전부 셰이커에 넣고 흔들어 섞는다. 잔에 따르면 완성.

맛	단맛					쓴맛
알코올 도수	낮음					높음
용도	Aperitif	After dinner	All day

LONG SHORT FROZEN

보치 볼

Boccie Ball

아마레토과 오렌지의 풍미가 이루는 조화

보치는 이탈리아에서 유래한 구기 종목이다. 진한 아몬드 풍미의 아마레토에 오렌지 주스를 조합하여 새콤달콤 과일 향미가 가득한 맛으로 와성했다. 탄산수가 들어가서 목 넘김도 좋아 주스처럼 마시게 된다.

Recipe
BUILD

아마레토	30ml
오렌지 주스	30ml
탄산수	적당량

Memo

시중에서 판매하는 오렌지 주스를 사용해도 좋지만, 그 자리에서 짠 오렌지즙을 사용하는 것이 가장 좋다.

얼음을 담은 잔에 아마레토와 오렌지 주스를 따르고 차가운 탄산수로 채워 섞는다. 오렌지와 체리 등을 장식하면 완성.

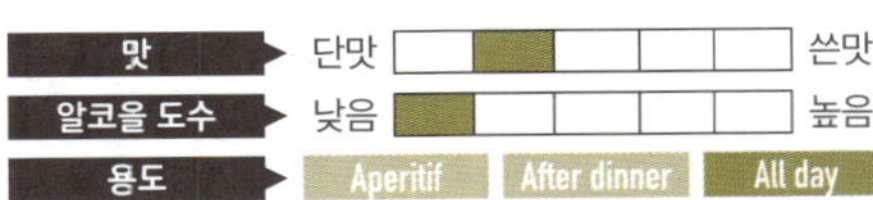

맛	단맛					쓴맛
알코올 도수	낮음					높음
용도	Aperitif	After dinner	All day

핫 하트
Hot Heart

달콤하고 고소한 핫 칵테일

달콤하고 고소한 헤이즐넛 리큐어와 초콜릿 리큐어를 베이스로 밀크와 휘핑크림으로 완성한 핫 드링크. 디저트 칵테일은 물론 잠자리에 들기 전에 나이트캡으로 마셔도 좋다.

Recipe
BUILD

헤이즐넛 리큐어(프란젤리코)	30ml
초콜릿 리큐어(모차르트)	20ml
따뜻한 우유	120ml
휘핑크림	적당량

헤이즐넛 리큐어, 초콜릿 리큐어, 데운 우유를 따르고 가볍게 섞는다. 마지막에 휘핑크림을 올리고 스프링클 초콜릿을 뿌리면 완성.

맛	단맛 ■□□□□ 쓴맛
알코올 도수	낮음 □■□□□ 높음
용도	Aperitif **After dinner** All day

보헤미안 드림
Bohemian Dream

꿈을 그리며 마시는 달콤한 칵테일

전통과 습관에 얽매이지 않고 자유롭게 사는 사람들인 '보헤미안'과 그 꿈을 표현했다. 애프리콧 리큐어를 베이스로 오렌지 주스의 새콤달콤함을 더해 청량감 있는 맛으로 완성했다. 좋아하는 과일로 아름답게 장식해 마무리한다.

Recipe
SHAKE

애프리콧 리큐어	30ml
오렌지 주스	30ml
레몬 주스	10ml
그레나딘 시럽	10ml
탄산수	적당량

Memo

확실하지는 않지만, 전쟁이 끝난 후 일본에서 만들어졌다는 설이 유력하다.

탄산수를 제외한 재료와 얼음을 셰이커에 넣고 흔들어 섞는다. 얼음을 담은 잔에 따르고 차가운 탄산수로 채운 다음 섞는다. 자른 오렌지, 레몬 슬라이스, 체리를 장식하면 완성.

맛	단맛 □■□□□ 쓴맛
알코올 도수	낮음 ■□□□□ 높음
용도	Aperitif After dinner **All day**

호호에미

Hohoemi

무심코 미소짓게 되는 과자 같은 포근한 느낌

어딘지 모르게 고급스러운 미소(호호에미)를 방불케 하는 부드럽고 크리미한 맛. 딸기와 복숭아 등 새콤달콤한 리큐어를 생크림과 조합하여 봄을 알리는 화과자 같은 포근한 느낌을 주는 귀여운 칵테일을 만들었다.

Recipe
SHAKE

딸기 리큐어(르제)	20ml
피치 리큐어(피치트리)	20ml
화이트 럼	10ml
생크림	10ml

Memo

딸기 리큐어와 생크림은 잘 섞이지 않으니 강하게 흔든다. 색다른 애프터 디너 칵테일로 완성된다.

얼음과 재료를 전부 셰이커에 넣고 흔들어 섞는다. 잔에 따르고 꽃을 장식하면 완성.

맛	단맛	쓴맛
알코올 도수	낮음	높음
용도	Aperitif　After dinner　All day	

화이트 새틴

White Satin

새틴처럼 부드럽고 달콤한 칵테일

부드럽고 광택이 있는 원단 '새틴' 같은 입맛을 즐길 수 있는 달콤한 칵테일. 바닐라 같은 풍부한 향을 가진 갈리아노와 생크림이 커피 리큐어와 조화를 이룬다. 애프터 디너로 느긋하게 즐겨 보자.

Recipe
SHAKE

커피 리큐어	20ml
갈리아노	20ml
생크림	20ml

Memo

갈리아노는 이탈리아에서 만들어진 리큐어. 높이가 높고 선명한 노란색 병에 담겨 있어 바에서도 유달리 존재감을 뽐낸다.

얼음과 재료를 전부 셰이커에 넣고 흔들어 섞는다. 잔에 따르면 완성.

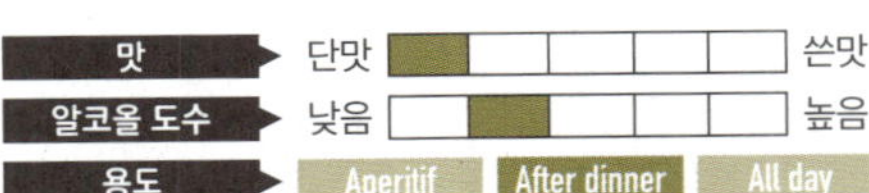

맛	단맛	쓴맛
알코올 도수	낮음	높음
용도	Aperitif　After dinner　All day	

237

봉주르

Bonjour

라 프랑스의 우아한 맛

'pear'는 라 프랑스 품종을 비롯한 서양배를 가리킨다. 라 프랑스 리큐어와 요구리토를 조합하여 고귀하고 깔끔한 단맛이 만들어 진다. 두 재료의 만남에 '봉주르(안녕하세요)'라는 이름을 붙였다.

Recipe
BLEND

배(서양배) 리큐어(르제)	30ml
요구르트 리큐어(요구리토)	20ml
화이트 큐라소(쿠앵트로)	10ml
그린 애플 시럽(모닌)	1tsp.

얼음과 재료를 전부 블렌더에 넣고 갈아 준다. 잔에 따르고 꽃 등을 장식하면 완성.

Memo

'프랑스를 대표하는 과일로 적합하다'라는 의미에서 '라 프랑스'라고 이름 붙였지만, 현재는 거의 일본에서만 안정적으로 생산하는 모양이다.

맛	단맛						쓴맛
알코올 도수	낮음						높음
용도		Aperitif	After dinner	All day

마더스 러브

Mother's Love

어머니의 사랑처럼 따뜻하고 부드러운 칵테일

칵테일 이름 그대로 정말 '어머니의 사랑'을 느낄 수 있을 것처럼 부드럽고 향기가 짙게 감도는 핫 칵테일이다. 헤이즐넛 크림과 궁합이 잘 맞는 브랜디와 따뜻한 우유를 더해 깊은 향과 부드러운 입맛을 즐길 수 있다.

Recipe
BUILD

헤이즐넛 리큐어(프란젤리코)	50ml
브랜디	10ml
캐러멜 시럽	20ml
따뜻한 우유	적당량

따뜻한 우유를 제외한 재료를 잔에 따르고 따뜻한 우유로 채운 다음 잘 섞는다. 코코아 파우더와 초콜릿 등을 뿌리면 완성.

Memo

베이스인 프란젤리코는 이탈리아에서 만들어진 리큐어다. 간단하게 온더록스로 마셔도 좋다.

맛	단맛						쓴맛
알코올 도수	낮음						높음
용도		Aperitif	After dinner	All day

LONG SHORT FROZEN

말리부 코크

Malibu Coke

코코넛 풍미와 콜라가 찰떡궁합

말리부는 화이트 럼 베이스로 만들어진 코코넛 리큐어로, 미국 서해안에 있는 마을 말리부의 이름을 따왔다. 찰떡궁합인 콜라와 함께 상쾌한 맛으로 즐길 수 있다. 여름 해변에서 즐기고 싶은 칵테일이다.

Recipe
BUILD

코코넛 리큐어(말리부) ····· 45ml
콜라 ························· 적당량

Memo

캘리포니아주의 말리부는 서핑으로 유명한 도시다. 이 이름과 더불어 바다와 아주 잘 어울리는 칵테일이다.

얼음을 담은 잔에 말리부를 넣고 차가운 콜라로 채운다. 가볍게 섞은 다음 라임을 곁들이면 완성.

맛	단맛						쓴맛
알코올 도수	낮음						높음
용도	Aperitif		After dinner		All day	

LONG SHORT FROZEN   ▼ Original

미스테리어스

Mysterious

은은하게 새콤달콤한 신비한 칵테일

체리 리큐어의 새콤달콤한 향이 입안에 퍼지고, 색과 맛 모두 신비로운 분위기를 자아내는 프로즌 칵테일. 알코올 도수가 낮아 부담 없이 마실 수 있다. 피곤해서 기운을 내고 싶을 때도 추천한다.

Recipe
BLEND

체리 리큐어(체리 히어링) ····30ml
크렘 드 카시스(르제) ········30ml
오렌지 주스 ···················30ml

Memo

체리 리큐어와 카시스의 진홍색 색감도 '미스테리어스'하고 매력적이다. 잔도 엄선해보자.

얼음과 재료를 전부 블렌더에 넣어 갈아 준 다음 잔에 따르면 완성.

맛	단맛						쓴맛
알코올 도수	낮음						높음
용도	Aperitif		After dinner		All day	

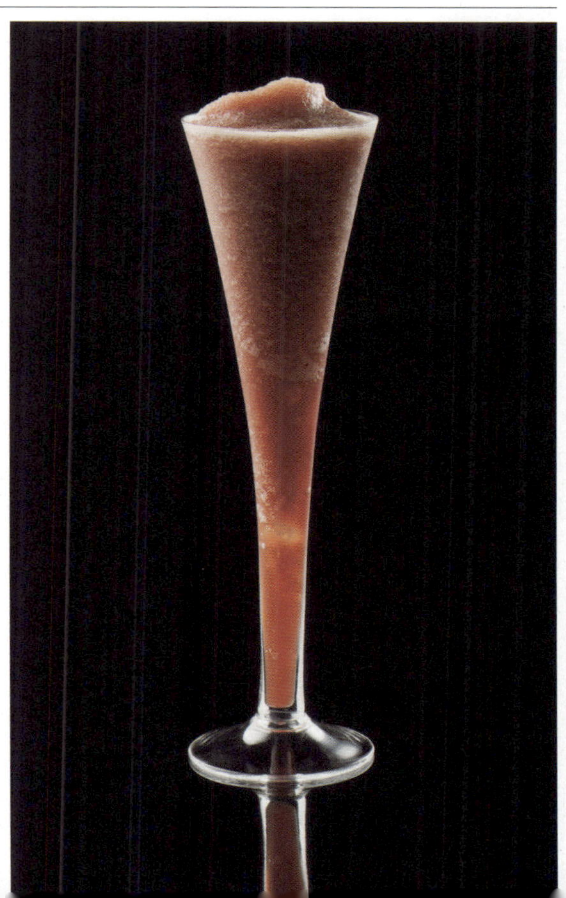

LONG SHORT FROZEN

미도리 일루전

Midori Illusion

산뜻한 초록색을 띤 새콤달콤한 칵테일

산뜻한 초록색이 인상적인 이 칵테일은 1984년 호주 클럽에서 만들어졌다. '미도리'라는 이름을 가진 멜론 리큐어에 파인애플 주스를 듬뿍 넣고 레몬 주스가 더해져 상쾌하고 새콤달콤한 맛을 즐길 수 있다.

Recipe
SHAKE

멜론 리큐어(미도리)	45ml
보드카	15ml
화이트 큐라소(쿠앵트로)	15ml
파인애플 주스	70ml
레몬 주스	30ml

Memo

일루전(Illusion)은 환상이나 착각, 마술 등의 의미로 사용되는데, 이름 그대로 환상적인 초록색이 매력적인 칵테일이다.

얼음과 재료를 전부 셰이커에 넣고 흔들어 섞는다. 얼음을 담은 잔에 따르고 파인애플을 장식하면 완성.

맛	단맛						쓴맛
알코올 도수	낮음						높음
용도		Aperitif	After dinner	All day

LONG SHORT FROZEN

미도리 밀크

Midori Milk

크림 그린 색을 띤 부드러운 칵테일

너무나도 귀여운 크림 그린 색이 눈길을 끄는 칵테일. 멜론 리큐어와 우유의 궁합이 잘 맞아 매우 부드러운 입맛을 자랑한다. 어느새 술이라는 사실을 잊게 되니 과음하지 않도록 주의하자.

Recipe
BUILD

멜론 리큐어(미도리)	45ml
우유	적당량

Memo

'이것을 맛없다고 하는 사람은 없지 않을까?' 하는 생각이 드는 맛이어서 칵테일 입문자에게도 추천한다.

얼음을 담은 잔에 멜론 리큐어를 따르고 우유로 채운다. 잘 섞으면 완성.

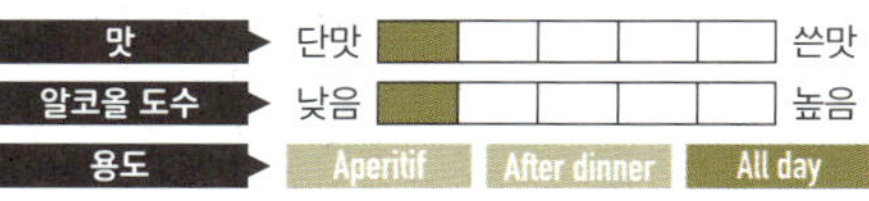

맛	단맛					쓴맛
알코올 도수	낮음					높음
용도		Aperitif	After dinner	All day

민트 프라페

Mint Frappe

어른들을 위한 산뜻한 색상과 민트의 풍미

잔에 담은 크러시드 아이스에 그린 민트 리큐어만 부으면 완성되는 심플한 칵테일. 민트가 주는 상쾌함으로 가득해 여름철에 안성맞춤인 청량감이 넘치는 칵테일이다. 곁들인 민트도 시원해서 마치 어른들을 위한 빙수 같다.

Recipe **BUILD** | 그린 민트 리큐어 ·········· 45ml

Memo

프라페란 얼음을 사용한 음료나 디저트, 술을 가리키는 말이다.

크러시드 아이스를 채운 잔에 그린 민트 리큐어를 따른다. 빨대를 꽂고 민트 잎을 장식하면 완성.

맛	▶	단맛						쓴맛
알코올 도수	▶	낮음						높음
용도	▶	Aperitif		After dinner		All day	

물랭 루주

Moulin Rouge

파리의 유명 카바레를 상징하는 붉은 칵테일

물랭 루주는 1889년 파리 몽마르트르에서 문을 연 카바레다. 프랑스어로 '빨간 풍차'를 뜻하는 이름 그대로 건물에 빨간 풍차가 설치되어 있다. 그것을 상징하는 색과 새콤달콤한 맛을 즐길 수 있는 칵테일이다.

Recipe **SHAKE** | 슬로 진 ······················ 40ml
스위트 베르무트 ·········· 20ml
오렌지 비터스 ············· 1dash

Memo

『사보이 칵테일북』에는 다음의 레시피가 실려 있다.

애프리콧 리큐어 ········ 30ml
오렌지 진 ················· 15ml
레몬 주스 ················· 15ml
그레나딘 시럽 ········· 3dash

※ 샴페인을 사용하는 것도 있다.

얼음과 재료를 전부 셰이커에 넣고 흔들어 섞는다. 잔에 따르면 완성.

맛	▶	단맛						쓴맛
알코올 도수	▶	낮음						높음
용도	▶	Aperitif		After dinner		All day	

LONG · **SHORT** · FROZEN

메리 위도

Merry Widow

명랑한 미망인 같은 매혹적인 칵테일

오스트리아의 작곡가 레하르가 작곡한 가극 〈메리 위도〉에서 따온 '명랑한 미망인'을 가리키는 칵테일. 마라스키노와 체리 리큐어로 매혹적인 칵테일로 완성되었다. 레시피가 다른 동명의 칵테일도 있다.

Recipe
STIR

체리 리큐어 ·················· 30ml
마라스키노 ·················· 30ml

얼음과 재료를 전부 믹싱 글라스에 넣고 저어 섞는다. 잔에 따르고 체리를 가라앉히면 완성.

Memo

요코하마 바샤미치에는 동명의 'BAR Merry Widow'라는 기품 있는 분위기가 흐르는 바가 있다.

맛	단맛					쓴맛
알코올 도수	낮음					높음
용도	Aperitif	After dinner	All day

LONG · SHORT · **FROZEN**   Ⓨ Original

메리 고 라운드

Merry Go Round

놀이공원에서 먹는 소프트아이스크림 같은 정겨운 맛

어릴 적 놀이공원에서 먹었던 소프트아이스크림이 떠오르는 정겨운 맛을 느낄 수 있는 칵테일. 달콤하고 입맛이 좋은 아드보카트의 장점이 돋보인다. 알코올이 부족한 사람은 럼을 더해도 된다.

Recipe
BLEND

헤이즐넛 리큐어
(프란젤리코) ·················30ml
아드보카트 ·················30ml
초콜릿 리큐어(모차르트) ·20ml
생크림 ·················30ml

얼음과 재료를 전부 블렌더에 넣어 갈아 준 다음 잔에 따른다. 스프링클 초콜릿을 올리면 완성.

Memo

놀이공원의 회전목마는 단순한 놀이기구이면서도 말로 형용할 수 없는 재미가 있다. 이 칵테일에서도 유쾌한 분위기가 전해지는 것만 같다.

맛	단맛					쓴맛
알코올 도수	낮음					높음
용도	Aperitif	After dinner	All day

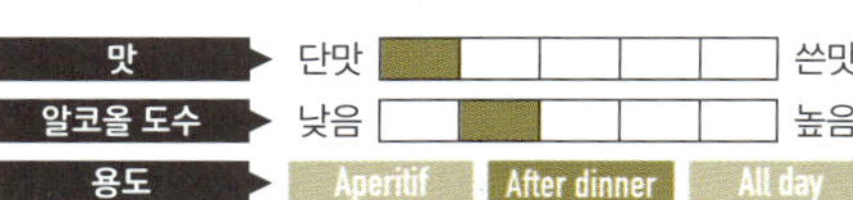

LONG **SHORT** **FROZEN**

멜론 피즈

Melon Fizz

상쾌함이 넘치는 아름다운 그린

멜론 리큐어와 레몬 주스의 과일 향미 가득한 산미가 어우러진 상
큼한 칵테일. 투명하고 아름다운 초록색이 마음을 치유해준다. 알
코올 도수도 낮아 술이 약한 사람에게도 추천한다.

| Recipe
BUILD | 멜론 리큐어 ················· 45ml
레몬 주스 ···················· 20ml
설탕 시럽 ················ 1~2tsp.
탄산수 ························ 적당량 |

Memo

리큐어 베이스의 피즈는
리큐어 자체에 단맛이 있
어서 설탕 시럽을 적게
넣는다.

탄산수를 제외한 재료와 얼음을 셰이커에
넣고 흔들어 섞는다. 얼음을 담은 잔에 따르
고 차가운 탄산수를 채워 가볍게 섞는다. 체
리와 레몬 슬라이스를 장식하면 완성.

맛	▶	단맛						쓴맛
알코올 도수	▶	낮음						높음
용도	▶	Aperitif		After dinner		All day	

LONG **SHORT** **FROZEN**

모차르트 밀크

Mozart Milk

감미로운 초콜릿이 향기로운 칵테일

오스트리아의 모차르트 사가 만드는 초콜릿 리큐어로 만든 칵테
일. 카카오와 생크림을 아낌없이 사용하여 초콜릿의 풍미가 우유
와 녹아들어 감미로운 맛을 느낄 수 있다. 애프터 디너로 마시기에
도 괜찮다.

| Recipe
BUILD | 초콜릿 리큐어(모차르트) ···· 45ml
우유 ························· 적당량 |

Memo

이 '모차르트'에 관한 이
야기가 하나 있다. 놀랍
게도 마지막 공정에서
모차르트의 음악을 들
려주면서 숙성한다고.

얼음을 담은 잔에 초콜릿 리큐어를 따르고 차
가운 우유로 채운 다음 잘 섞으면 완성.

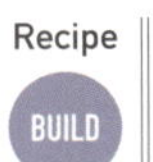

맛	▶	단맛						쓴맛
알코올 도수	▶	낮음						높음
용도	▶	Aperitif		After dinner		All day	

몽키 믹스

Monkey Mix

원숭이가 좋아하는 과일로 만든 향미 가득한 칵테일

원숭이가 가장 좋아하는 과일, 바나나와 오렌지를 섞었다. 진한 풍미를 지닌 바나나 리큐어와 과일 향미 가득한 오렌지 주스가 어우러져 상쾌한 맛에 부담 없이 마시기 좋다. 알코올 도수도 낮아 주스를 마시듯이 즐길 수 있다.

Recipe
BUILD

바나나 리큐어	45ml
오렌지 주스	15ml
토닉 워터	적당량

Memo

이름에서 상상되는 대로 마시면 저도 모르게 춤추고 싶어지는 즐거운 칵테일이다.

얼음을 담은 잔에 토닉 워터를 제외한 재료를 따르고 차가운 토닉 워터로 채운다. 가볍게 섞은 다음 오렌지 등으로 장식하면 완성.

맛	단맛						쓴맛
알코올 도수	낮음						높음
용도		Aperitif	After dinner	All day			

Original

유가오

Yugao

거봉과 요구르트의 새콤달콤한 만남

거봉을 아낌없이 사용한 리큐어 '쿄호 무라사키'를 베이스로 만든 칵테일. 요구르트와 조합하여 건강하면서도 새콤달콤한 새로운 식감을 가진 맛을 느낄 수 있다.

Recipe
BLEND

거봉 리큐어 (쿄호 무라사키)	30ml
요구르트 리큐어 (요구리토)	30ml
아마레토(디사론노)	1tsp.

Memo

2004년 아마추어 칵테일 콘테스트에서 준우승을 한 칵테일. 당시 단골손님과 공동으로 고안했다. 일본 고전 소설 『겐지 모노가타리』에 등장하는 여성 '유가오'로부터 이름을 따왔다.

얼음과 재료를 전부 블렌더에 넣어 갈아 준 다음 잔에 따른다. 꽃을 장식하면 완성.

맛	단맛						쓴맛
알코올 도수	낮음						높음
용도		Aperitif	After dinner	All day			

LONG **SHORT** FROZEN

유니언 잭

Union Jack

영국 국기에 사용된 세 가지 색을 표현한 칵테일

영국 국기를 나타내는 유니언 잭. 국기에 사용된 세 가지 색을 푸스카페 스타일로 표현했다. 각각의 재료가 섞이지 않도록 바 스푼의 뒷면을 이용하여 조심히 따르는 것이 포인트다.

Recipe
BUILD

그레나딘 시럽	20ml
마라스키노	20ml
샤르트뢰즈(그린)	20ml

Memo

드라이 진 ········· 40ml, 파르페 아무르 ····· 20ml 를 저어서 섞는 방법으로 만드는 레시피도 있다.

그레나딘 시럽, 마라스키노, 샤르트뢰즈 순으로 부으면 완성.

맛	▶	단맛					쓴맛
알코올 도수	▶	낮음					높음
용도	▶	Aperitif	After dinner	All day

LONG SHORT **FROZEN** ▮ 🍸 **Original** ▮

러브 콜

Love Call

마음을 풀어 주는 복숭아의 부드러운 단맛

마음이 풀리는 듯한 기분을 들게 해 주는 사랑스러운 칵테일. 복숭아의 과일 향미 가득한 단맛을 생크림이 한층 더 부드럽게 만들었다. 알코올 도수를 높이고 싶을 때는 취향에 따라 럼을 추가하자.

Recipe
BLEND

피치 리큐어(피치트리)	30ml
오렌지 주스	40ml
그레나딘 시럽	15ml
생크림	30ml

Memo

이름 그대로 마시면 새로운 사랑을 끌어올 것만 같은 귀여운 맛이 나는 칵테일이다.

얼음과 재료를 전부 블렌더에 넣어 갈아 준 다음 잔에 따른다. 체리를 올리면 완성.

맛	▶	단맛					쓴맛
알코올 도수	▶	낮음					높음
용도	▶	Aperitif	After dinner	All day

루즈
Rouge

와인처럼 즐길 수 있는 칵테일

애프리콧과 풋사과 리큐어를 베이스로 만든 가벼운 칵테일. 단맛이 적당해서 마시기 편해 와인을 마시듯이 마셔도 좋다. 식사와도 잘 어울린다. 큰 칵테일 잔에 담아 분위기를 즐겨 보자.

Recipe **SHAKE**

애프리콧 리큐어(르제)	20ml
그린 애플 리큐어(르제)	20ml
자몽 주스	20ml
라임 주스	10ml
그레나딘 시럽(모닌)	1tsp.

얼음과 재료를 전부 셰이커에 넣고 흔들어 섞는다. 잔에 따르면 완성.

Memo

여성이 사용하는 립스틱의 색에서 이름을 따왔다. 파티 등 즐거운 분위기 속에서 마시기에도 좋다.

맛	단맛						쓴맛
알코올 도수	낮음						높음
용도	Aperitif	After dinner	All day

레인보우
Rainbow

일곱 가지 빛깔의 무지개를 만드는 상급편 칵테일

일곱 가지 재료를 당도와 진액 분량이 무거운 순서로 겹쳐 무지개를 표현한 푸스카페 스타일 칵테일. 각 층이 섞이지 않게 따르는 기술은 고급 기술에 속한다. 맨 위에 알코올 도수 96도인 스피리터스를 올리고 불을 붙여서 분위기를 연출한다.

Recipe **BUILD**

그레나딘 시럽(모닌)	10ml
그린 페퍼민트(제트 27)	10ml
파르페 아무르(마리 브리자드)	10ml
블루 큐라소(볼스)	10ml
샤르트뢰즈(존)	10ml
슬로 진(볼스)	10ml
보드카(스피리터스)	10ml

일곱 가지 재료를 비중이 무거운 순서(레시피의 위에서부터)로 하나씩 잔에 천천히 따른다.

Memo

바텐더가 실력을 발휘해야 하는 칵테일이다. 가게가 붐빌 때는 되도록 주문하지 말자.

※ 불을 붙일 때는 반드시 내열 잔을 사용한다. 내열 유리가 아닌 경우에는 불을 붙였다가 바로 끄고 한순간의 불꽃을 즐기자.

맛	단맛						쓴맛
알코올 도수	낮음						높음
용도	Aperitif	After dinner	All day

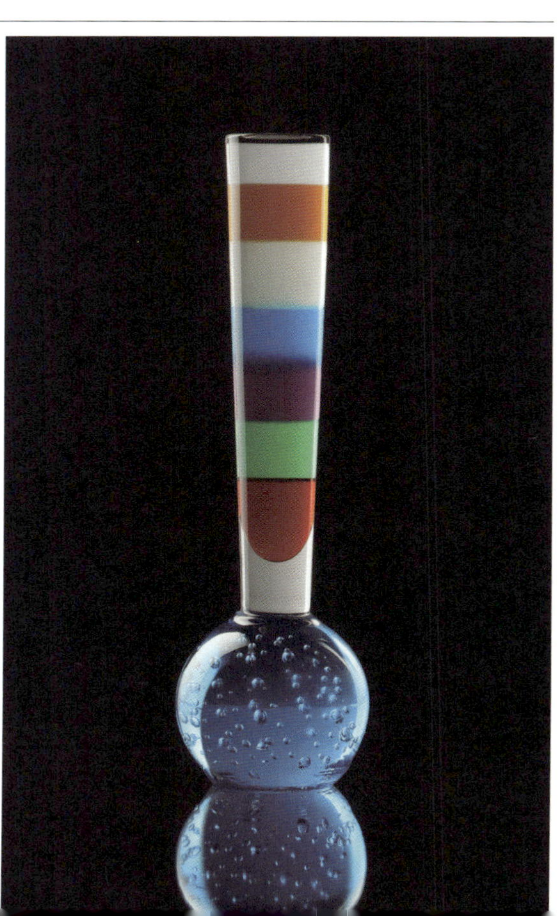

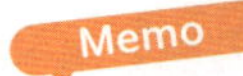
LONG　SHORT　FROZEN

레게 펀치

Reggae Punch

피치와 우롱차의 산뜻한 경연

1989년 무렵 일본 센다이에 있는 바에서 만들어졌다고 알려진 칵테일. 그 이름을 듣고 강렬하고 개성적인 맛이 날 것으로 생각했으나 실제로는 마시기 편한 애플 티 같은 풍미였다. 복숭아와 우롱차가 선사하는 가벼운 맛을 한번 맛보기 바란다.

Recipe

BUILD

| 피치 리큐어 | 45ml |
| 우롱차 | 적당량 |

Memo

일명 '피치우롱'. 발상지인 센다이에서는 캔에 담긴 제품이 출시되었다고.

얼음을 담은 잔에 피치 리큐어를 따르고 차가운 우롱차로 채운다. 잘 섞은 다음 레몬 슬라이스를 장식하면 완성.

맛	단맛 ░░░░░ 쓴맛
알코올 도수	낮음 ░░░░░ 높음
용도	Aperitif　After dinner　All day

LONG　SHORT　FROZEN　　Ⓨ Original

레드 킹

Red King

에너지 음료 같은 향미로 활력을 채워 주는 칵테일

보기만 해도 힘이 날 것 같은 칵테일. 실은 에너지 음료로 친숙한 타우린과 과라나를 배합한 리큐어, 레드 베어 에너지 등을 사용해서 내용물도 파워풀하다. 내일을 향해 에너지 충전하고 싶은 날에 마셔 보자.

Recipe

SHAKE

애프리콧 리큐어	30ml
레드 베어 에너지	20ml
라임 주스	10ml

Memo

'레드킹' 하면 울트라맨에 등장한 해골 괴수를 떠올리는 사람도 있지 않을까.

얼음과 재료를 전부 셰이커에 넣고 흔들어 섞는다. 얼음을 담은 잔에 따르면 완성.

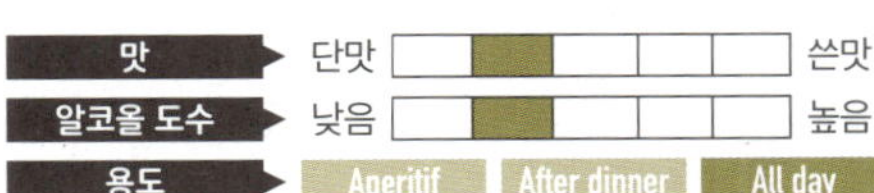
맛	단맛 ░░░░░ 쓴맛
알코올 도수	낮음 ░░░░░ 높음
용도	Aperitif　After dinner　All day

레트 버틀러

Rhett Butler

과일 리큐어와 주스를 듬뿍 사용한 칵테일

칵테일 이름은 불후의 명작 『바람과 함께 사라지다』의 등장인물에서 따왔다. 서던 컴포트와 오렌지 큐라소를 베이스로 감귤류 주스를 더해, 과일 맛이 가득해서 기분 좋게 즐길 수 있다.

Recipe
SHAKE

서던 컴포트	20ml
오렌지 큐라소	20ml
라임 주스	10ml
레몬 주스	10ml

같은 감귤류인 레몬 주스와 라임 주스를 모두 사용하는 진귀한 칵테일이다.

얼음과 재료를 전부 셰이커에 넣고 흔들어 섞는다. 잔에 따르면 완성.

맛	단맛						쓴맛
알코올 도수	낮음						높음
용도	Aperitif		After dinner		All day		

레이디 조커

Lady Joker

이탈리아산 레몬 리큐어로 만든 고급스러운 칵테일

풋사과와 레몬 리큐어를 사용한 상큼하고 깔끔한 칵테일. 투명한 흰색이 바 카운터에서 한층 더 빛난다. 이탈리아 전통의 레몬 리큐어 '리몬첼로'를 사용하면 한 단계 더 수준 높은 칵테일로 완성된다.

Recipe
SHAKE

그린 애플 리큐어	15ml
레몬 리큐어(리몬첼로)	15ml
자몽 주스	30ml

레이디 조커 하면 소설가 다카무라 가오루의 작품 『레이디 조커』가 떠오른다.

얼음과 재료를 전부 셰이커에 넣고 흔들어 섞는다. 잔에 따르면 완성.

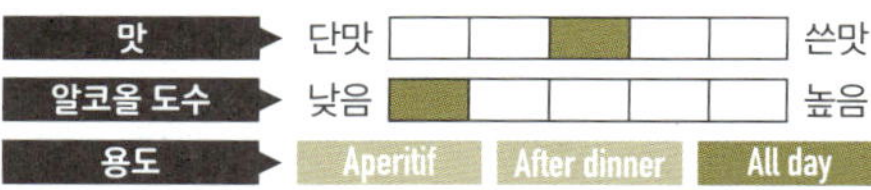

맛	단맛						쓴맛
알코올 도수	낮음						높음
용도	Aperitif		After dinner		All day		

레이디 맥베스
Lady Macbeth

희대의 악녀를 표현한 칵테일

셰익스피어의 4대 비극 중 하나인 『맥베스』에 등장하는 희대의 악녀, 맥베스 부인을 생각하며 만들었다. 더불어 악녀이면서도 위험한 매력을 겸비한 양면성을 진홍색 칵테일로 표현했다.

Recipe　STIR

드람뷔	45ml
크렘 드 카시스	35ml
페르노	1tsp.

Memo

드람뷔와 크렘 드 카시스, 페르노의 조합에 매혹적인 맥베스 부인이 떠오른다.

얼음과 재료를 전부 믹싱 글라스에 넣고 저어 섞는다. 잔에 따르면 완성.

맛	단맛	■□□□□	쓴맛
알코올 도수	낮음	□□□■□	높음
용도	Aperitif	After dinner	All day

로맨스
Romance

남쪽 섬의 일몰에 잘 어울리는 칵테일

어딘가 낭만이 느껴지는 남쪽 섬의 해변을 표현한 칵테일. 하얀 해변에 지는 태양을 붉은 체리로 나타냈다. 달콤한 트로피컬 칵테일을 일몰을 보며 만끽하고 싶다.

Recipe　SHAKE

망고 리큐어(망고얀)	20ml
코코넛 리큐어(말리부)	20ml
생크림	20ml

Memo

망고와 코코넛을 조합한 정통적인 트로피컬 칵테일. 바다를 바라보며 즐겨 보자.

얼음과 재료를 전부 셰이커에 넣고 흔들어 섞는다. 잔에 따르고 체리를 장식하면 완성.

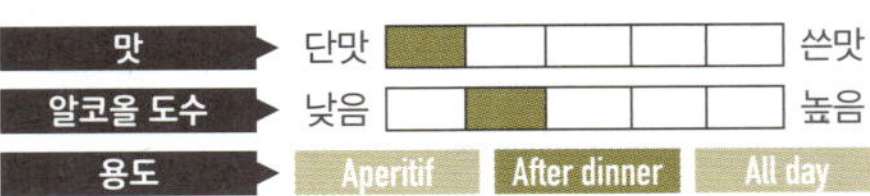

맛	단맛	■□□□□	쓴맛
알코올 도수	낮음	□■□□□	높음
용도	Aperitif	After dinner	All day

바텐더와 바텐

바에서 술을 만들어 손님들에게 제공하는 전문가들, 말할 것도 없이 이 직업을 바텐더(BARTENDER) 혹은 바맨(BARMAN)이라고 부른다. 일반적으로는 미국이나 일본 등에서는 '바텐더'라는 호칭을 사용하지만, 술집 음주 문화가 미국보다 오래된 유럽에서는 '바맨'이라는 호칭이 더 많이 사용하는 것 같다.

바텐더란 호칭이 생겨난 데는 몇 가지 설이 있지만, 1830년대에 미국에 등장한 "바(Bar) 카운터에 설치한 '널빤지(Bar)'에서 유래했다"와 '텐더(TENDER, 돌보는 사람/상냥한 사람)'의 합성어가 정착하여 지금에 이르렀다는 설이 유력하다.

이처럼 바텐더가 하는 일을 여실히 보여주는 말이 몇 가지 있다. "의사도 포기한 중증 환자가 마지막으로 대화하러 가는 상대가 바텐더다", "바텐더는 카운터라는 무대의 배우이자 술이라는 약을 조제하는 약사다"가 바로 그것이다. 바텐더는 의사가 아니니 의학적인 처방전(레시피)을 낼 수는 없다. 그러나 '시한부 인생 말기인 중증 환자가 마지막으로 영혼의 구제와 안녕, 진심 어린 치유를 위해 찾는 것이 바이며 바텐더다'라는 의미로 사용한다.

하나 더 바텐더에 관한 격언을 소개하겠다.

"바텐더는 사랑과 꿈, 감동과 기쁨, 그리고 '평온함'을 주는 판매원이다"라는 말이 있다. 즉 술이라는 매개체를 통해서 때로는 상담사로서 손님의 고민에 공감하고, 혹은 치료사로서 마음의 짐에서 벗어나도록 돕는 것이야말로 일류 바텐더가 해야 할 일이다. 카운터 너머로 몇 천, 몇 만 명의 손님의 인생을 마주해온 바텐더이기에 가능한 의무이며, 그때 하는 말에는 무게와 설득력이 있다.

이러한 자랑스러운 바텐더에게 '바텐', '바텐 씨' 하고 일종의 모멸하는 뉘앙스가 담긴 약칭으로 부르는 사람이 많지는 않아도 여전히 존재한다. 바를 진심으로 즐기려면 손님뿐만 아니라 카운터 안쪽에 선 바텐더와 함께 행복한 시간을 나눈다는 마음가짐이 무엇보다 중요하다. 이 칼럼을 끝까지 읽어 준 여러분, 부디 바텐더를 '바텐'이라고 부르는 지인이 있다면 꼭 "그건 굉장히 실례되는 말이야"라고 충고해주면 감사하겠다.

동시에 우리 바텐더 자신도 바텐더가 짊어진 책무의 무게를 자각하고, '바텐더'라는 호칭에 자만하는 일 없이, 지금보다도 더 스스로 옷깃을 단정히 여미고 손님과 마주해야 한다는 사실은 말할 것도 없다. 최소한의 매너를 지키면서, 인간으로서 서로에게 존경심을 가지면서, 바(BAR)라는 공간을 즐겨 주기를 진심으로 바란다.

출처: photo AC

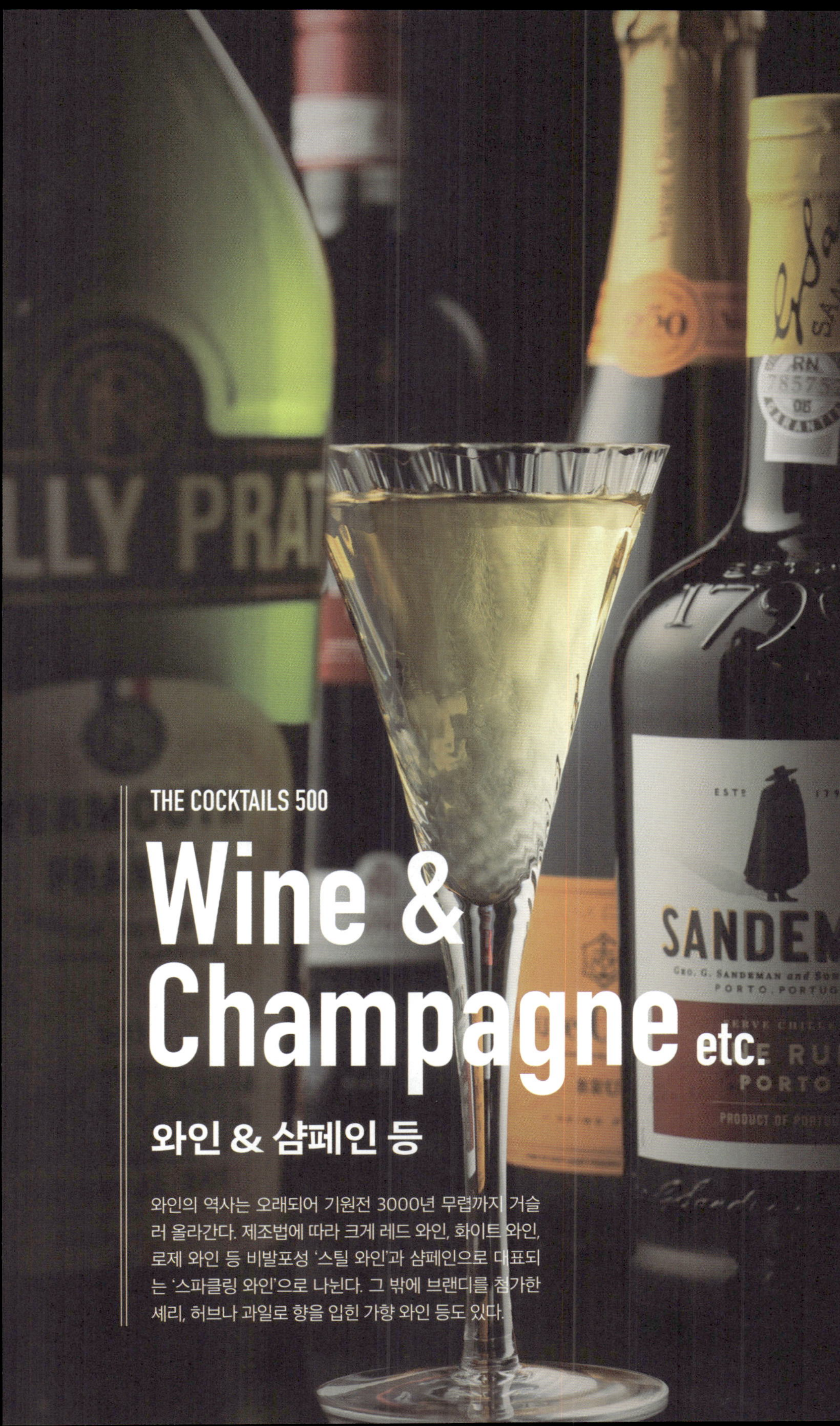

THE COCKTAILS 500

Wine & Champagne etc.

와인 & 샴페인 등

와인의 역사는 오래되어 기원전 3000년 무렵까지 거슬러 올라간다. 제조법에 따라 크게 레드 와인, 화이트 와인, 로제 와인 등 비발포성 '스틸 와인'과 샴페인으로 대표되는 '스파클링 와인'으로 나뉜다. 그 밖에 브랜디를 첨가한 셰리, 허브나 과일로 향을 입힌 가향 와인 등도 있다.

LONG **SHORT** FROZEN

아도니스

Adonis

셰리와 스위트 베르무트가 어우러진 부드러운 칵테일

그리스 신화에 나오는 미소년 아도니스에서 그 이름에서 유래됐다고도 하지만, 실은 1884년 뉴욕에서 크게 히트한 뮤지컬의 제목을 따왔다는 설이 유력하다. 아페리티프로 즐기기 좋다.

Recipe
STIR

드라이 셰리	·················	40ml
스위트 베르무트	···········	20ml
오렌지 비터스	···············	1dash

Memo

스위트 베르무트를 드라이 베르무트로 바꾸면 '뱀부'(P261)가 된다.

얼음과 재료를 전부 믹싱 글라스에 넣고 저어 섞는다. 잔에 따르면 완성.

맛	단맛	쓴맛
알코올 도수	낮음	높음
용도	Aperitif / After dinner / All day	

LONG SHORT FROZEN   Y **Original**

아미고

Amigo

친구와 즐겁게 마시고 싶은 칵테일

스페인어로 '친구'를 뜻하며, 모두와 함께 즐겁게 마시고 싶은 칵테일이다. 베르무트와 마티니 비터를 조합하고 라임 주스와 토닉 워터를 더해 깊은 향과 상쾌함을 갖췄다.

Recipe
SHAKE

드라이 베르무트(마티니)	········	30ml
마티니 비터	······················	20ml
라임 주스	·························	10ml
토닉 워터	·························	적당량

Memo

1987년에 개최된 '제1회 마티니 칵테일 콘테스트'에서 준우승을 차지한 작품이다. 이탈리아 마티니 사의 제품을 주제로 진행되었다.

토닉 워터를 제외한 재료와 얼음을 셰이커에 넣고 흔들어 섞는다. 얼음을 담은 잔에 따르고 토닉 워터로 채운 다음 섞는다. 라임 슬라이스를 곁들이면 완성.

맛	단맛	쓴맛
알코올 도수	낮음	높음
용도	Aperitif / After dinner / All day	

LONG　SHORT　FROZEN

아메리카노

Americano

제임스 본드의 단편 영화에도 등장한 칵테일

1800년대 중반에는 이미 존재했던 것으로 보이는 칵테일이다. 이탈리아를 대표하는 두 가지 술로 만드는데, '아메리카노'라는 이름이 붙었다. 이탈리아를 방문하는 미국인 여행객들에게 인기가 있었던 데서 유래된 이름아라고.

Recipe
BUILD

스위트 베르무트	30ml
캄파리	30ml
탄산수	적당량

잔에 스위트 베르무트와 캄파리를 따르고 탄산수로 채운다. 섞은 다음 자른 오렌지를 곁들이면 완성.

Memo

이탈리아어로 '미국인'을 가리키는 아메리카노. 베르무트와 캄파리의 쌉쌀함이 식욕을 돋우는 최고의 아페리티프다.

맛	단맛						쓴맛
알코올 도수	낮음						높음
용도		Aperitif	After dinner	All day

LONG　SHORT　FROZEN

아메리칸 레모네이드

American Lemonade

두 층으로 담긴 와인과 레모네이드가 선사하는 협연

레모네이드 대국인 미국의 영향을 받아 일본에서 독자적으로 고안하고 발전했다는 설이 있는 칵테일이다. 레드 와인과 레모네이드의 대비가 매력적이다. 빨대를 이용해 레모네이드만 마시거나 섞어 마시는 방법도 추천한다.

Recipe
BUILD

레드 와인	30ml
레몬 주스	40ml
설탕 시럽	3tsp.
미네랄워터(또는 탄산수)	적당량

Memo

레드 와인과 레몬 주스, 설탕 시럽의 양은 취향에 따라 조절하자.

얼음을 담은 잔에 레몬 주스와 설탕 시럽을 넣고 잘 섞는다. 차가운 미네랄워터로 채운다. 마지막에 차가운 레드 와인을 띄워 층을 만들고, 취향에 따라 레몬과 체리를 곁들이면 완성.

맛	단맛						쓴맛
알코올 도수	낮음						높음
용도		Aperitif	After dinner	All day

LONG **SHORT** **FROZEN**

오퍼레이터

Operator

술을 잘 못하는 사람에게도 추천!

알코올 도수가 낮고 상쾌함이 매력인 칵테일. 조종사들이 기분 전환할 겸 즐겨 마셔서 이러한 이름이 붙었다고 한다. 달콤한 와인을 사용하거나 진저에일의 양을 늘리면 소프트 드링크처럼 즐길 수 있다.

Recipe **BUILD**

화이트 와인	60ml
레몬 주스	10ml
진저에일	적당량

Memo

화이트 와인과 진저에일을 조합하여 매우 단순하지만 누구나 좋아하는 팔방미인 칵테일이다.

얼음을 담은 잔에 화이트 와인과 레몬 주스를 따르고 섞는다. 진저에일을 따르고 가볍게 섞은 뒤 레몬 슬라이스를 곁들이면 완성.

맛	단맛 ░░░░░ 쓴맛
알코올 도수	낮음 ░░░░░ 높음
용도	**Aperitif** After dinner All day

LONG **SHORT** **FROZEN**

카디널

Cardinal

키르의 레드 와인 버전

가톨릭교회의 고위 성직자 '추기경(카디널)'이 몸에 걸치는 붉은 의상에서 유래한 진홍색 칵테일. 정식으로는 보졸레산 레드 와인으로 만들도록 권장된다. 단맛에 과일 향미가 가득하여 마시기 좋은 칵테일이다.

Recipe **BUILD**

| 레드 와인 | 90ml |
| 크렘 드 카시스 | 10ml |

Memo

이 칵테일은 키르 카디널이라고도 부른다. 레드 와인을 화이트 와인으로 바꾸면 키르(P255)가 된다.

냉장해 둔 재료를 전부 잔에 따르고 가볍게 섞으면 완성.

맛	단맛 ░░░░░ 쓴맛
알코올 도수	낮음 ░░░░░ 높음
용도	Aperitif **After dinner** All day

칼리모초

Calimocho

스페인에서 젊은 층에 인기 있는 간단한 칵테일

1972년 스페인 바스크 지방에서 개최된 축제에서 다소 품질이 떨어진 레드 와인에 콜라를 타 맛을 개선하려 한 데서 만들어졌다는 독특한 칵테일이다. '주최자의 별명+(모초)못생겼다'가 이름의 유래라고.

Recipe
BUILD

레드 와인	··················	80ml
콜라	··················	80ml

Memo

럼에 콜라를 타는 쿠바 리브레(P135)도 있지만, 레드 와인을 싸게 살 수 있는 스페인에서는 이 레시피가 널리 퍼졌다.

잔에 얼음과 레드 와인을 따른다. 콜라를 조심히 따르고 가볍게 섞은 후 라임 슬라이스를 곁들이면 완성.

맛	단맛	⬜🟩⬜⬜⬜	쓴맛
알코올 도수	낮음	🟩⬜⬜⬜⬜	높음
용도		Aperitif　After dinner　**All day**	

키르

Kir

크렘 드 카시스를 세계에 널리 알린 칵테일

제2차 세계대전 이후, 프랑스 디종시의 시장이었던 키르가 현지산 화이트 와인 '알리고떼'와 '크렘 드 카시스'를 팔기 위해 고안했다고 하는 칵테일이다. 화려한 비주얼은 특별한 날 건배주로도 인기가 많다.

Recipe
BUILD

화이트 와인	··················	90ml
크렘 드 카시스	··················	10ml

Memo

화이트 와인을 샴페인으로 바꾸면 키르 로열(P256), 레드 와인으로 바꾸면 카디널(P254)이 된다.

잔에 차가운 화이트 와인과 크렘 드 카시스를 따르고 잘 섞으면 완성.

맛	단맛	⬜⬜🟩⬜⬜	쓴맛
알코올 도수	낮음	⬜🟩⬜⬜⬜	높음
용도		**Aperitif**　After dinner　All day	

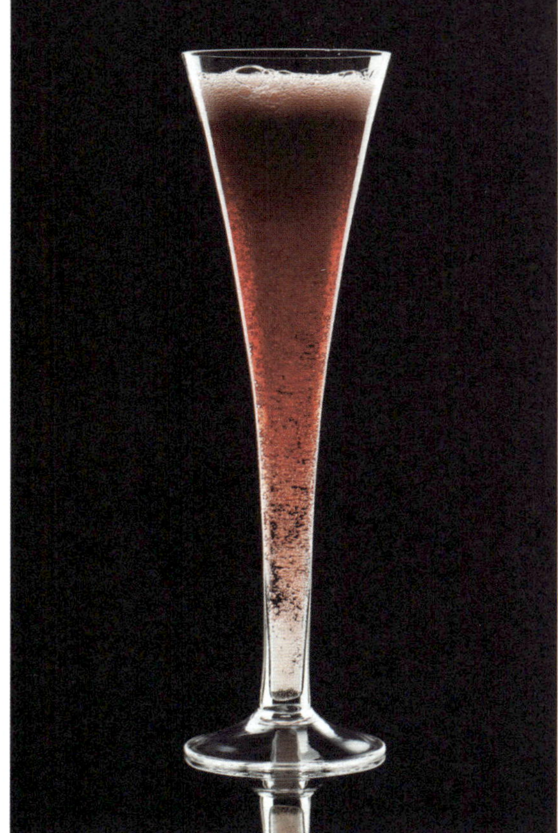

키르 로열

Kir Royal

샴페인을 사용한 호화로운 식전주

화이트 와인으로 만드는 키르(P255)에서 파생된 칵테일로, 오스트리아 빈에 있는 바에서 고안했다고 한다. 더 고급스러운 느낌을 내기 위해 샴페인을 사용하여 '왕의, 호화로운' 같은 의미를 지닌 '로열'이라는 이름이 붙었다.

Recipe — **BUILD**

크렘 드 카시스	15ml
샴페인	적당량

잔에 크렘 드 카시스를 따르고 차가운 샴페인을 따른 다음 섞으면 완성.

Memo

샴페인을 잔으로 제공하는, 특히 규모가 작은 바에서는 칵테일 한 잔을 만들기 위해 샴페인을 한 병 열어야 해서 주문을 거절하기도 한다.

맛	단맛					쓴맛
알코올 도수	낮음					높음
용도	Aperitif	After dinner	All day			

키티

Kitty

사랑스럽고 마시기 좋은 심플한 칵테일

이름의 유래에 관해서는 영어로 '새끼 고양이'를 의미하는 'kitten'에서 이름을 붙였다는(새끼 고양이도 핥을 정도로 마시기 좋다는 의미) 설과 여성 이름인 '캐서린'의 애칭을 붙였다는 설 등 다양한 설이 존재한다.

Recipe — **BUILD**

레드 와인	30ml
진저에일	적당량

잔에 차가운 레드 와인을 따르고 차가운 진저에일을 조심히 따른다. 가볍게 섞으면 완성.

Memo

레드 와인을 화이트 와인으로 바꾸면 오퍼레이터(P254), 진저에일을 콜라로 바꾸면 칼리모초(P255)가 된다.

맛	단맛					쓴맛
알코올 도수	낮음					높음
용도	Aperitif	After dinner	All day			

LONG · SHORT · FROZEN

클론다이크 하이볼

Klondike Highball

황금빛으로 빛나는 목 넘김이 상쾌한 칵테일

19세기 말 캐나다 유콘 준주의 클론다이크강 유역에서 일어난 골드러시에서 그 이름을 따온 것으로 알려진 역사적인 칵테일이다. 일확천금을 꿈꾸던 개척자들을 생각하며 마시면 운치가 있다.

Recipe / SHAKE

드라이 베르무트	30ml
스위트 베르무트	30ml
레몬 주스	20ml
진저에일	적당량
설탕 시럽	1tsp.

진저에일을 제외한 재료를 셰이커에 넣고 흔들어 섞는다. 얼음이 담긴 잔에 따르고 진저에일로 채운다. 가볍게 섞은 다음 레몬 슬라이스를 넣으면 완성.

Memo

원주민이 이 땅을 '트론덱'이라고 부르던 것을 '클론다이크'라고 잘못 알아들은 것이 그 어원이라고 한다.

맛 ▶	단맛					쓴맛
알코올 도수 ▶	낮음					높음
용도 ▶	Aperitif	After dinner	All day

LONG · SHORT · FROZEN

코로네이션

Coronation

대관식이라는 이름과 역사가 있는 칵테일

칵테일 이름은 '대관식'이라는 뜻이다. 최근의 칵테일북에서는 드라이 셰리를 이용한 것이 주류이지만, 역사가 있는 칵테일이기에 이 책에서는 『Straub's Manual of Mixed Drinks』(1913년)의 레시피를 따랐다.

Recipe / STIR

듀보네	20ml
드라이 진	20ml
드라이 베르무트	20ml

Memo

듀보네와 진을 매우 좋아했던 엘리자베스 여왕 2세는, 이 진을 사용한 '코로네이션'을 좋아했다고 전해진다.

얼음과 재료를 전부 믹싱 글라스에 넣고 저어 섞는다. 잔에 따르면 완성.

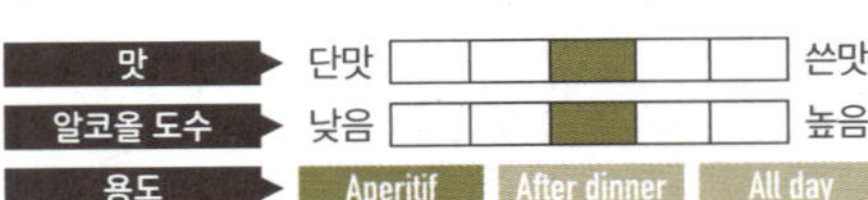

맛 ▶	단맛					쓴맛
알코올 도수 ▶	낮음					높음
용도 ▶	Aperitif	After dinner	All day

샴페인 칵테일

Champagne Cocktail

각설탕에서 올라오는 기포가 매력적인 칵테일

1943년 영화 〈카사블랑카〉에서 험프리 보가트가 "당신의 눈동자에 건배"라는 대사와 함께 마시면서 유명해진 칵테일이다. 각설탕이 서서히 녹아가는 모습과 맛의 변화를 즐겨 보자.

Recipe
BUILD

샴페인	적당량
앙고스투라 비터스	1dash
각설탕	1 개

잔에 넣은 각설탕에 앙고스투라 비터스를 붓는다. 차가운 샴페인을 조심히 채우고 레몬 필을 띄우면 완성.

Memo

샴페인 내부 압력은 5~6기압 정도 되므로, 마개를 딸 때는 냅킨 등을 덮어 코르크가 날아가지 않도록 주의하자. 그대로 열면 10미터 이상 날아가기도 한다.

맛	▶	단맛						쓴맛
알코올 도수	▶	낮음						높음
용도	▶	Aperitif	After dinner	All day

샴페인 블루스

Champagne Blues

파티에서도 즐길 수 있는 아름다운 칵테일

1979년에 발표된 소설 『Champagne Blues』에서 따왔다는 설도 있지만, 그보다 앞선 1890년에 만들어진 것으로 알려진 역사적인 칵테일이다. 아름다운 블루와 샴페인의 조화가 환상적이다.

Recipe
BUILD

블루 큐라소	10ml
샴페인	적당량

잔에 블루 큐라소를 따르고 샴페인을 조심히 따른 다음 가볍게 섞는다. 취향에 따라 꽃을 곁들이면 완성.

Memo

'샴페인 블루스'라는 이름이 붙었지만, 실제로는 스파클링 와인으로 만드는 경우도 많은 칵테일이다.

맛	▶	단맛						쓴맛
알코올 도수	▶	낮음						높음
용도	▶	Aperitif	After dinner	All day

스프리처

Spritzer

유럽에서도 인기 있는 상큼한 칵테일

독일어의 'Spritzen(튀다)'이 어원인 칵테일이다. 탄산수의 거품이 춤추듯 튀는 데서 이러한 이름이 붙여졌다고 한다. 청량감 있는 가벼운 입맛은 더운 여름날에 마시기에도 제격이다. 다이애나 왕세자비가 즐겨 마신 것으로도 유명한 칵테일이다.

Recipe
BUILD

| 화이트 와인 | 90ml |
| 탄산수 | 적당량 |

얼음을 담은 잔에 화이트 와인을 따른다. 탄산수를 따른 다음 가볍게 섞는다. 레몬 필을 띄우면 완성.

Memo

화이트 와인에 탄산수만 탄 간단한 칵테일이다. 건강한 음료로서 1980년대 미국에서 대유행했다.

맛	단맛					쓴맛
알코올 도수	낮음					높음
용도	Aperitif	After dinner	All day

소울 키스

Soul Kiss

베르무트와 오렌지가 영혼을 흔드는 칵테일

유래는 확실하지 않지만, 오래전부터 '영혼을 흔드는 키스'라는 낭만적인 해석으로 인기 있는 칵테일이다. 베르무트가 유행했던 19세기 후반부터 20세기 초에 걸쳐 만들어지지 않았을까. 베르무트의 오묘한 향기에 기분이 좋아진다.

Recipe
SHAKE

드라이 베르무트	20ml
스위트 베르무트	20ml
듀보네	10ml
오렌지 주스	10ml

얼음과 재료를 전부 셰이커에 넣고 흔들어 섞는다. 잔에 따르면 완성.

Memo

왼쪽에 소개한 레시피를 '소울 키스 No.2', 스위트 베르무트 대신 위스키를 사용하는 레시피를 '소울 키스 No.1'이라고 소개한 칵테일북도 있다.

맛	단맛					쓴맛
알코올 도수	낮음					높음
용도	Aperitif	After dinner	All day

다이쇼 로망

Taisyo Roman

애프터 디너로 추천하고 싶은 심플한 단맛

다이쇼 원년(1912년) 무렵부터 도쿄와 요코하마에 바가 늘어나며 일본에서 본격적으로 칵테일 문화가 퍼져 나갔다. 이 칵테일은 저자가 그 시대의 모던한 여성이 좋아할 만한 맛을 상상하며 고안한 오리지널 칵테일이다.

Recipe

STIR

루비 포트 와인	30ml
애프리콧 리큐어	20ml
크렘 드 카시스	10ml

얼음과 재료를 전부 믹싱 글라스에 넣고 저어 섞는다. 잔에 따르면 완성.

Memo

그야말로 동양적이면서도 이국적인 맛이다. 다이쇼 시대의 하이칼라한 여성을 방불케 한다. 꼭 고풍스러운 잔에 담아 마시자.

맛	단맛 ▮▯▯▯▯ 쓴맛
알코올 도수	낮음 ▯▯▮▯ 높음
용도	Aperitif · **After dinner** · All day

하프 & 하프(베르무트)

Half-and-Half

조합에 따라 변화하는 맛을 즐기는 칵테일

드라이와 스위트, 각각의 베르무트를 같은 양씩 섞은 심플하지만 심오한 칵테일이다. 식사와도 잘 어울려 아페리티프로도 추천할 만하다. 오렌지를 조금 짜 넣으면 화사한 향이 돋보인다.

Recipe

BUILD

드라이 베르무트	30ml
스위트 베르무트	30ml

얼음을 담은 잔에 모든 재료를 넣는다. 가볍게 섞은 다음 취향에 따라 오렌지를 곁들이면 완성.

Memo

두 가지 베르무트를 친자노 사 제품으로 만들면 '친친 칵테일'이 된다. 친친(CIN CIN)은 이탈리아어로 '건배'라는 뜻.

맛	단맛 ▯▯▮▯ 쓴맛
알코올 도수	낮음 ▯▮▯▯ 높음
용도	**Aperitif** · After dinner · All day

뱀부

Bamboo

대나무를 표현한 칵테일

요코하마가 발상지로 알려진 '요코하마 4대 칵테일' 중 하나다. 드라이 베르무트를 사용한 레시피는 19세기 말 요코하마 그랜드 호텔 바텐더 에핑거가 고안했다고 한다. 다른 기원설도 존재하여 수수께끼가 많은 칵테일이다.

Recipe
STIR

드라이 셰리	40ml
드라이 베르무트	20ml
오렌지 비터스	1dash

얼음과 재료를 전부 믹싱 글라스에 넣고 저어 섞는다. 잔에 따르면 완성.

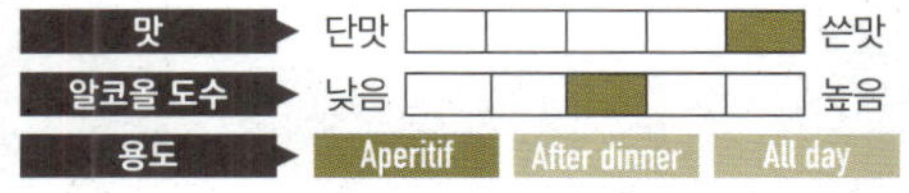

Memo

스위트 베르무트를 사용한 레시피에는 뉴욕 기원설도 있다. 칵테일의 역사를 더듬으면 흥미롭다.

맛	단맛					쓴맛
알코올 도수	낮음					높음
용도	Aperitif		After dinner		All day	

Ⓨ Original

비너스 팁

Venus Tip

여신에게 받은 새콤달콤하고 가련한 선물

베르무트의 허브 향과 비터의 쌉쌀함이 애프리콧 리큐어와 어우러져 칵테일 상급자에게 추천하는 칵테일이다. 당시에는 마티니의 로제 베르무트를 사용했지만, 현재는 구하기 힘들어져 타사 제품을 대신 사용해야 한다.

Recipe
SHAKE

베르무트 로제	30ml
마티니 비터	10ml
애프리콧 리큐어	10ml
레몬 주스	10ml

얼음과 재료를 전부 셰이커에 넣고 흔들어 섞는다. 잔에 따르면 완성.

Memo

1988년에 열린 '마티니 칵테일 콘테스트'에서 우승(優勝)한 작품이다. 콘테스트 당일에 태어난 첫째 딸의 이름에 '우(優)'자를 넣었던 일도 좋은 추억으로 남았다.

맛	단맛					쓴맛
알코올 도수	낮음					높음
용도	Aperitif		After dinner		All day	

블랙 레인

Black Rain

한 번 마시면 잊혀지지 않는 중독성

마쓰다 유사쿠도 출연한 영화 〈블랙 레인〉에서 이름을 따왔다는 칵테일. 칵테일로서는 보기 드문 검은색 비주얼은 약초 계열 리큐어인 블랙 삼부카 때문이다. 겉보기처럼 맛도 개성적인 칵테일이다.

Recipe
BUILD

스파클링 와인	적당량
블랙 삼부카	10ml

잔에 블랙 삼부카를 따르고 스파클링 와인으로 채운다. 가볍게 섞으면 완성.

Memo

블랙 삼부카 대신 카시스 리큐어를 사용하면 키르 로열(P256)이 된다.

맛	단맛					쓴맛
알코올 도수	낮음					높음
용도	Aperitif		After dinner		All day	

벨리니

Bellini

복숭아 풍미가 즐거운 이탈리아의 전통적인 칵테일

1948년 베네치아의 유서 깊은 가게 해리스 바에서 만들어졌다. 르네상스 시대에 활동한 베네치아의 화가, 조반니 벨리니로부터 이름을 따왔다고 한다. 작가 헤밍웨이가 사랑한 것으로도 유명한 칵테일이다.

Recipe
BUILD

스파클링 와인	80ml
복숭아 넥타	30ml
그레나딘 시럽	1tsp.

잔에 복숭아 넥타와 그레나딘 시럽을 따르고 잘 섞는다. 스파클링 와인을 따른 다음 가볍게 섞으면 완성.

Memo

제철인 6~9월에 출하된 복숭아는 품질이 정말 좋다. 그런 신선한 복숭아를 사용한 벨리니는 최고로 고급지고 맛있으니 꼭 마셔 보자.

맛	단맛					쓴맛
알코올 도수	낮음					높음
용도	Aperitif		After dinner		All day	

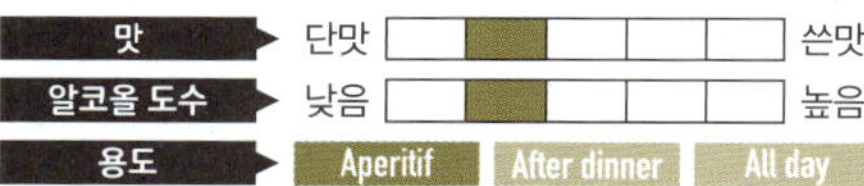

LONG **SHORT** FROZEN

마운트 후지

Mt.Fuji

일본을 상징하는 이름을 딴 세계적으로 유명한 칵테일

마운트 후지에는 유명한 레시피가 세 가지 존재한다. 바로 진을
사용한 제국 호텔 버전(P62), 하코네 후지야 호텔 버전, 그리고 이
일본 바텐더협회 출품 버전이다. 찾아 보면 그 밖에도 각 지역의
마운트 후지가 존재할지도?

Recipe
SHAKE

스위트 베르무트	40ml
화이트 럼	20ml
레몬 주스	2tsp.
오렌지 비터스	1dash

얼음과 재료를 전부 셰이커에 넣고 흔들어
섞는다. 잔에 따르면 완성.

Memo

1939년 스페인 마드리드
에서 열린 '만국 칵테일
콩쿠르'에 일본 바텐더협
회가 출품한 마운트 후지
는 가작 1위에 뽑혔다.

맛	▶ 단맛						쓴맛
알코올 도수	▶ 낮음						높음
용도	▶	Aperitif		After dinner		All day	

LONG SHORT **FROZEN**   ▼ Original

마돈나

Madonna

샴페인으로 가득 찬 화려한 칵테일

큰 성공을 거둔 영화 〈귀여운 여인〉에서도 등장하는 '딸기와 샴페
인' 조합을 저자만의 방식으로 변형한 칵테일. 화려한 여성을 표
현하기 위해 카시스를 더해서 우아함을 연출했다.

Recipe
BLEND

크렘 드 카시스	20ml
딸기 리큐어	20ml
딸기	1 개
샴페인	적당량

샴페인을 제외한 재료와 얼음을 블렌더에 넣
고 갈아 준다. 프로즌으로 만든 것과 샴페인
을 동시에 따른 다음 취향에 따라 딸기를 장
식하면 완성.

Memo

칵테일과 동명의 아티
스트 마돈나가 좋아하
는 샴페인은 '아무르 드
도츠'라고.

맛	▶ 단맛						쓴맛
알코올 도수	▶ 낮음						높음
용도	▶	Aperitif		After dinner		All day	

미모사

Mimosa

파리의 고급 호텔에서 탄생한 상쾌한 칵테일

프랑스 상류층에서 오래전부터 사랑받아 온 칵테일. 선명한 노란 색이 동명의 꽃 '미모사'를 닮았다고 해서 그 이름이 붙여졌다고 한다. 보기에도 화려해서 파티에서도 활약할 것 같다.

Recipe
BUILD

스파클링 와인	1/2glass
오렌지 주스	1/2glass

잔에 오렌지 주스와 샴페인을 동시에 따른다. 자른 오렌지를 곁들이면 완성.

Memo

바에서 샴페인 계열 칵테일을 주문할 때 특정 브랜드 제품을 지정하면 그 샴페인 한 병 값이 청구되므로 주의하자.

맛 ▶	단맛						쓴맛
알코올 도수 ▶	낮음						높음
용도 ▶	Aperitif		After dinner		All day	

와인 쿨러

Wine Cooler

무한하게 펼쳐질 가능성을 즐기는 칵테일

정해진 레시피가 없어 좋아하는 와인에 좋아하는 주스나 탄산음료를 조합하기만 하면 되는 칵테일이다. 여기서는 레드 와인을 사용한 사례를 소개한다. 얼마든지 변형할 수 있는 칵테일이니, 나만의 오리지널을 만들어 즐겨 보자.

Recipe
BUILD

좋아하는 와인	45ml
오렌지 주스	20ml
그레나딘 시럽	10ml
레몬 주스	1tsp.
진저에일	적당량

Memo

차가운 음료를 통틀어 '쿨러'라고 부르기도 한다.

얼음을 담은 잔에 진저에일을 제외한 재료를 넣고 섞는다. 진저에일로 채우고 가볍게 섞은 다음 레몬 슬라이스와 체리를 장식하면 완성. 포도주로 층을 만들기도 한다.

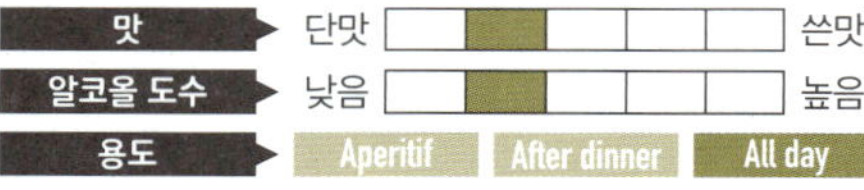

맛 ▶	단맛						쓴맛
알코올 도수 ▶	낮음						높음
용도 ▶	Aperitif		After dinner		All day	

Beer & Japanese sake etc.

맥주 & 일본주 등

여기서는 일본인들이 오랫동안 즐겨 온 맥주와 일본주, '일본의 스피릿'으로 불리는 일본소주 등을 베이스로 사용한 칵테일을 소개한다. 칵테일에 사용할 때는 일본주 특유의 단맛이 적어 깔끔한 혼조조(양조 알코올을 첨가하고 정미율이 70% 이하인 일본주를 말한다-옮긴이), 일본소주라면 우선 희석식부터 시작해보기를 추천한다. 아와모리는 태국산 쌀을 원료로 검은 누룩으로 담그는 오키나와 특산 소주다.

LONG　SHORT　FROZEN

카이피리냐

Caipirinha

브라질 술을 사용한 상쾌한 칵테일

칵테일 이름은 '시골 아가씨'에서 따왔다. 베이스로 사용하는 카샤사(핑가)는 사탕수수를 사용한 브라질의 술이다. 라임과 설탕을 추가하여 새콤달콤하고 상쾌한 맛을 냈다. 시원한 비주얼이 여름에 잘 어울린다.

Recipe
BUILD

카샤사	45ml
라임(잘게 자른 것)	1/개
설탕	1~2tsp.

크러시드 아이스를 담은 잔에 재료를 전부 넣고 잘 섞으면 완성.

Memo

카샤사는 브라질의 국민주이며, 핑가라고도 부른다. 카이피리냐도 브라질을 대표하는 칵테일로 일본에서도 인기가 높아지고 있다.

맛	단맛			■		쓴맛
알코올 도수	낮음			■		높음
용도		Aperitif	After dinner	**All day**	

LONG　**SHORT**　FROZEN　　Ⓨ Original

향수

Kyoshu

보리소주 베이스의 향수를 자극하는 향미

어딘가 옛 추억이 그리워지는 색감, 향수를 자아내는 향기와 맛. 보리로 만든 소주를 사용해서 그 소박함이 매력적으로 돋보인다. 독특한 맛이나 향이 적은 적은 보리소주는 애프리콧 리큐어, 화이트 큐라소와도 잘 어울린다.

Recipe
SHAKE

보리소주	30ml
애프리콧 리큐어	10ml
화이트 큐라소(쿠앵트로)	10ml
자몽 주스	10ml

얼음과 재료를 전부 셰이커에 넣고 흔들어 섞는다. 잔에 따르면 완성.

Memo

이 칵테일에 사용하는 보리소주로 강한 맛과 향이 있는 제품을 찾는 사람에게는 '가네하치 겐슈(兼八原酒)'(42도) 등을 추천한다.

맛	단맛		■			쓴맛
알코올 도수	낮음		■			높음
용도		Aperitif	After dinner	**All day**	

고야 류큐 칵테일

Goya Ryukyu Cocktail

우치난추가 애용하는 칵테일

'우치난추'는 오키나와어로 '오키나와 사람'이라는 뜻이다. 오키나와 사람들에게 사랑받는 스테디셀러 프로즌 칵테일이다. 오키나와의 자랑인 명주 아와모리와 지역 특산품 고야(여주)를 사용해 오키나와 매력을 잔에 가득 담은 칵테일이다. 더운 날씨에 마시면 더욱 상쾌하게 느껴진다.

Recipe BLEND

아와모리	30ml
화이트 큐라소	20ml
레몬 주스	10ml
설탕 시럽	10~15ml
고야(슬라이스한 것)	4~5장

얼음과 재료를 전부 블렌더에 넣고 갈아 준다. 잔에 따른 다음 슬라이스한 고야와 빨대를 곁들이면 완성.

Memo

고야 안쪽에 있는 하얀 솜 같은 부분을 잘 발라낸 후에 블렌더에 갈면 쓴맛 없이 산뜻한 단맛을 즐길 수 있다.

맛	단맛						쓴맛
알코올 도수	낮음						높음
용도		Aperitif	After dinner	All day

 Original

사쿠라 미인

Sakurabijin

일본주를 사용한 은은한 연분홍색 칵테일

은은한 연분홍색으로 볼을 물들인 여성의 표정을 표현했다. 일본주 베이스로 부드러운 단맛이 나는 사쿠라(벚꽃) 리큐어와 조합하여 일본 맛이 나는 기품 있는 칵테일로 완성했다. 일본주는 깔끔하고 은은한 타입을 추천한다.

Recipe STIR

일본주	40ml
사쿠라 리큐어	20ml

얼음과 재료를 전부 믹싱 글라스에 넣고 저어 섞는다. 잔에 따르고 체리를 넣으면 완성.

Memo

사용하는 일본주로는 이바라키현에서 제조하는 '시라기쿠(白菊)'를 추천한다. 감칠맛 나는 상쾌한 입맛과 가련한 술 이름이 너무나도 잘 어울린다.

맛	단맛						쓴맛
알코올 도수	낮음						높음
용도		Aperitif	After dinner	All day

사무라이 록

Samurai Rock

일본주와 라임만으로 만드는 심플한 레시피

일본주에 라임으로 맛을 냈을 뿐인, 재료도 방법도 매우 심플한 칵테일이다. 코디얼 라임 주스의 달콤함이 일본주 특유의 풍미를 감싸 과일 향미가 가득한 맛으로, 일본주를 즐기지 않는 사람도 부담 없이 마시기 좋다.

Recipe
BUILD

일본주 ···························· 45ml
코디얼 라임 주스 ············ 15ml

얼음을 담은 잔에 모든 재료를 넣는다. 잘 섞은 다음 라임 조각을 장식하면 완성.

Memo

진 라임(P44)에서 진을 일본주로 바꿔 만든 것이다. 코디얼 라임 주스 대신 생 라임 주스로 만들어 제공하기도 한다.

맛	단맛						쓴맛
알코올 도수	낮음						높음
용도		Aperitif	After dinner	All day

샌디 개프

Shandy Gaff

단맛과 쓴맛이 조화를 이루는 인기 칵테일

맥주 베이스로 한 세계적으로 인기 있는 칵테일. 영국의 펍이 발상지로 알려졌다. 향이 좋고 쓴맛이 나는 맥주와 달콤하고 생강 맛이 강한 진저에일이 어우러져 상쾌한 맛을 선사한다.

Recipe
BUILD

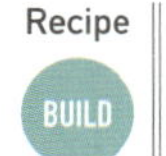

맥주 ···················· 1/2glss
진저에일 ·············· 1/2glss

잔에 시원한 맥주와 진저에일을 동시에 따르면 완성.

Memo

에일 맥주와 진저에일을 듬뿍 사용한 아름다운 칵테일이다. 본고장 영국의 펍에서도 많이들 마신다.

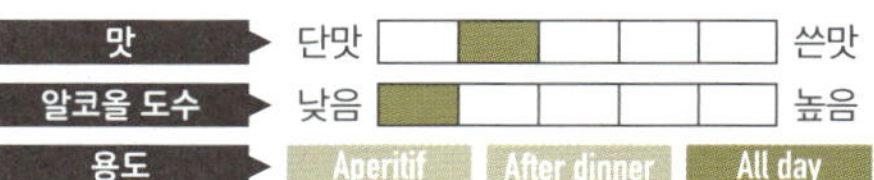

맛	단맛						쓴맛
알코올 도수	낮음						높음
용도		Aperitif	After dinner	All day

세토의 신부

Setonohanayome

새하얀 옷을 입은 신부의 숨겨진 마음을 표현한 칵테일

새하얗게 차려 입은 아름다운 신부의 모습을 표현한 일본주 베이스 칵테일. 바닥에 가라앉힌 체리로 신부가 마음속에 간직한 마음을 표현했다. 리치와 유자의 향기를 조용히 품은 고급스러운 입맛을 즐길 수 있다. 세토 내해에서 생산되는 일본주를 사용하는 것도 좋다.

Recipe
SHAKE

일본주	30ml
리치 리큐어	10ml
화이트 큐라소	10ml
유자 주스	10ml

얼음과 재료를 전부 셰이커에 넣고 흔들어 섞는다. 잔에 따른 다음 체리를 넣으면 완성.

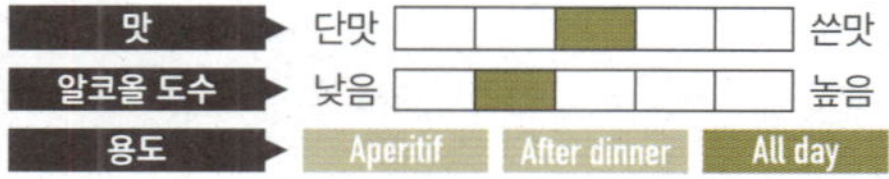

Memo

'일본 3대 명주 생산지'라고 하면 효고현의 나다, 교토부의 후시미, 그리고 히로시마현의 사이조를 꼽는다. 이 칵테일의 베이스로는 세토 내해에 면한 사이조에서 제조한 일본주를 추천한다.

맛	단맛						쓴맛
알코올 도수	낮음						높음
용도		Aperitif	After dinner	All day

다소가레

Tasogare

느긋하게 맛보며 마무리하는 하루

일본주의 맛을 살린 심플한 칵테일. 깔끔하고 드라이한 술을 사용하고 아마레토를 더해 해 질 녘(다소가레)의 아름다운 경치를 표현했다. 잔 안에 담긴 레몬 트위스트로 석양과 초저녁 달도 표현했다.

Recipe
STIR

일본주	50ml
아마레토	10ml

Memo

의외라고 생각할 수도 있지만, 일본주과 아마레토(살구 리큐어)는 제법 잘 어울린다.

얼음을 담은 잔에 모든 재료를 따르고 잘 섞는다. 레몬 필을 장식하면 완성.

맛	단맛						쓴맛
알코올 도수	낮음						높음
용도		Aperitif	After dinner	All day

추라산

Churasan

오키나와의 미인을 아와모리로 표현한 칵테일

'추라산'은 오키나와 말로 '미인'을 말한다. 화사한 핑크 색채와 남국 과일의 맛이 그야말로 미소가 잘 어울리는 오키나와 여성의 이미지 그 자체. 아와모리를 즐겨 마시지 않는 사람도 부담 없이 마시기 좋다.

Recipe
SHAKE

아와모리	20ml
패션프루트 리큐어(파쏘아)	20ml
파인애플 주스	20ml

얼음과 재료를 전부 셰이커에 넣고 흔들어 섞는다. 잔에 따르면 완성.

Memo

오키나와나 아와모리 관련 이벤트에서 자주 내놓는 칵테일이다. 레시피가 외우기 쉬워서 반기는 경우도 많다.

맛	단맛					쓴맛
알코올 도수	낮음					높음
용도	Aperitif	After dinner	All day

도그스 노즈

Dog's Nose

맥주에 진을 더해 알코올 도수를 높인 칵테일

이름의 유래로는 주인이 개에게 맥주를 먹이려고 했지만 마시지 않고, 진을 더하면 코를 떼지 않았기 때문이라는 설도 있다. 진을 더하면 알코올 도수가 높아지므로 맥주로는 부족한 사람에게 추천한다.

Recipe
BUILD

| 드라이 진 | 45ml |
| 맥주 | 적당량 |

Memo

일반 맥주 대신에 '기네스' 같은 흑맥주를 사용하면 독특한 맛을 즐길 수 있다.

잔에 드라이 진을 따르고 시원한 맥주로 채운다. 가볍게 섞으면 완성.

맛	단맛					쓴맛
알코올 도수	낮음					높음
용도	Aperitif	After dinner	All day

`LONG` `SHORT` `FROZEN` | 🍸 Original

퍼시픽 아이랜드

Pacific Island

아와모리 칵테일 콘테스트의 우승작

2004년 제1회 전국 아와모리 칵테일 콘테스트에서 우승해 오키나와현 지사상을 수상한 칵테일. 개성적인 맛을 가진 아와모리 베이스에 산뜻한 리큐어를 사용해 푸른 바다와 하늘을 표현했다. 남국 과일도 듬뿍 장식해서 화려하게 마무리했다.

Recipe — SHAKE

아와모리	30ml
힙노틱	20ml
블루 큐라소	20ml
파인애플 주스	30ml

얼음과 재료를 전부 셰이커에 넣고 흔들어 섞는다. 크러시드 아이스를 채운 잔에 따른다. 꽃과 자른 파인애플 등 과일을 장식하면 완성.

Memo

콘테스트 우승상의 부상이 라스베이거스 여행이었던 것도 추억이 깊다('아이(愛)랜드'는 섬을 뜻하는 '아일랜드'와 일본어 발음이 같도록 언어유희로 만든 조어다. 여기서 '아이(愛)'는 사랑이라는 뜻–옮긴이).

맛	▶ 단맛					쓴맛
알코올 도수	▶ 낮음					높음
용도	▶	Aperitif	After dinner	All day		

`LONG` `SHORT` `FROZEN` | 🍸 Original

바쇼

Basho

여행을 일본의 맛으로 표현한 칵테일

마쓰오 바쇼의 기행문 『오쿠로 가는 작은 길』의 여행을 상상하며 만든 오리지널 칵테일. 일본주와 은은한 그린티 리큐어, 그리고 마무리로 유자에 이르기까지의 모든 재료를 서정적인 일본의 맛으로 표현했다.

Recipe — BUILD

일본주	50ml
그린티 리큐어(도버)	10ml

얼음을 담은 잔에 재료를 전부 넣고 가볍게 섞는다. 유자 트위스트를 곁들이면 완성.

Memo

과거에 바쇼도 방문했던 오우산맥의 녹음이 우거진 산골짜기를 연상시킨다. 일본을 방문한 외국인 손님들도 좋아하는 칵테일이다.

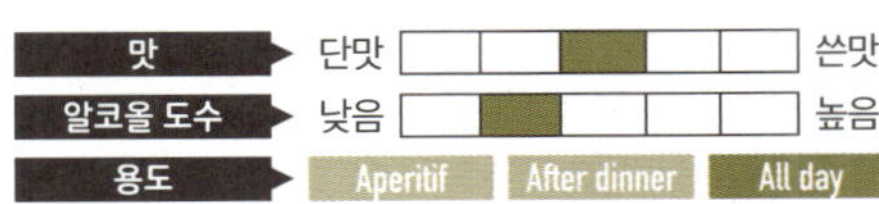

맛	▶ 단맛					쓴맛
알코올 도수	▶ 낮음					높음
용도	▶	Aperitif	After dinner	All day		

파나셰

Panache

맥주를 레몬 풍미로 상큼하게

파나셰는 프랑스어로 '섞는다'는 뜻. 맥주에 투명한 탄산음료를 타서 만든다. 레모네이드를 타는 것이 주류인 서구와 달리 일본에서는 레몬 풍미가 있는 탄산을 자주 이용한다. 맥주를 상쾌한 맛으로 즐길 수 있다.

Recipe
BUILD

맥주	1/2glass
투명한 탄산음료(사이다 등)	1/2glass

재료를 전부 동시에 따르면 완성. 탄산음료는 사이다나 레몬 향이 나는 제품을 추천한다.

Memo

맥주의 쓴맛과 레몬의 신맛이 신기한 일체감을 만들어 내는 칵테일. 최근에는 프랑스에서도 점심에 와인 대신 파나셰를 곁들여 마시는 사람이 늘었다고.

맛	단맛					쓴맛
알코올 도수	낮음					높음
용도	Aperitif	After dinner	All day

하프 & 하프 (맥주)

Half & Half

늘 마시던 맥주를 심플하게 변형

일반적인 연한 색을 띤 맥주와 흑맥주를 이름 그대로 절반씩 섞은 심플한 칵테일. 만드는 방법은 두 맥주를 동시에 기세 좋게 콸콸 따르는 것이 포인트다. 잘 섞일 뿐만 아니라 연출면에서도 멋있어 보이는 방법이다.

Recipe
BUILD

맥주	1/2glass
흑맥주	1/2glass

재료를 전부 동시에 따르면 완성. 잘 섞이도록 동시에 따르기를 추천한다.

Memo

1:1로 섞어 두 맥주의 장점을 균형이 잘 잡힌 맛으로 즐길 수 있다.

맛	단맛					쓴맛
알코올 도수	낮음					높음
용도	Aperitif	After dinner	All day

비어 스프리처

Beer Spritzer

맥주와 와인, 각각의 장점이 빛난다

화이트 와인에 탄산수를 첨가한 스프리처에서 탄산수 대신 맥주를 사용하여 만든다. 맥주 본연의 맛을 살리면서도 화이트 와인의 과일 향미가 더해져 상쾌한 칵테일로 완성된다. 취향에 따라 재료의 배합을 바꾸어 봐도 좋다.

Recipe
BUILD

| 화이트 와인 ············· | 1/2glass |
| 맥주 ······················· | 1/2glass |

재료를 전부 동시에 따르면 완성. 잘 섞이도록 동시에 따르기를 추천한다.

Memo

재료로 사용한 화이트 와인과 맥주는 모두 식사에 곁들이는 술로 인기가 높다. 그래서 이 칵테일을 식사에 곁들이는 술로 마시는 사람도 많다.

맛	▶	단맛						쓴맛
알코올 도수	▶	낮음						높음
용도	▶	Aperitif	After dinner	All day

블랙 벨벳

Black Velvet

흑맥주로 애도를 표현한 칵테일

1861년 빅토리아 여왕의 남편 앨버트의 죽음을 애도하며 런던 클럽에서 고안했다고 알려진 칵테일. '검은 벨벳'은 '벨벳(비로드) 같은 매끄러운 거품이 혀에 닿는 촉감'이라는 의미를 담고 있다.

Recipe
BUILD

| 스타우트(흑맥주) ········· | 1/2glass |
| 샴페인 ······················· | 1/2glass |

재료를 전부 동시에 따르면 완성. 잘 섞이도록 동시에 따르기를 추천한다.

Memo

'블랙 벨벳'이라는 동명의 위스키도 인기가 있으니 주문할 때 실수하지 않도록 주의하자.

맛	▶	단맛						쓴맛
알코올 도수	▶	낮음						높음
용도	▶	Aperitif	After dinner	All day

LONG SHORT FROZEN

마이 오토메

Mai Otome

봄을 기다리는 소녀를 표현한 칵테일

1984년 당시 호텔 뉴 오타니 하카타의 구라요시 고지가 고안하여 제13회 HBA 칵테일 콘테스트에서 우승한 작품. 콘테스트 당시에는 소주 칵테일이 흔치 않아 그 발상도 주목받았다. 프랑부아즈의 화려한 향기도 좋다.

Recipe
SHAKE

참깨소주(베니오토메)	20ml
크렘 드 프랑부아즈	15ml
화이트 큐라소(쿠앵트로)	10ml
그레나딘 시럽	10ml
레몬 주스	5ml

얼음과 재료를 전부 셰이커에 넣고 흔들어 섞는다. 잔에 따르면 완성.

Memo

소주를 안 좋아하는 사람도 한번 마셔 보았으면 하는 칵테일. 분명 저도 모르게 "맛있어!"라는 말이 튀어 나올 것이다!

※ 일본 호텔바맨즈협회의 약자

맛	▶	단맛						쓴맛
알코올 도수	▶	낮음						높음
용도	▶	Aperitif	After dinner	All day

LONG SHORT FROZEN

무라사메

Murasame

러스티 네일의 보리소주 버전

보리소주를 베이스로 한 일본에서 만들어진 칵테일. 일본과 서양의 요소를 잘 녹여 넣으면서도 섬세한 균형을 유지했다. 이름은 '소나기'나 '가랑비'라는 뜻이다. 베이스로 사용하는 술을 위스키로 바꾸면 러스티 네일(P95)이 된다.

Recipe
BUILD

보리소주	45ml
드람뷔	15ml
레몬 주스	1tsp.

얼음을 담은 잔에 재료를 전부 넣고 잘 섞으면 완성.

Memo

'무라사메'는 에도 시대 후기의 작가, 교쿠테이 바킨의 작품 『팔견전(南総里見八犬伝)』에 나오는 가공의 칼 이름이다.

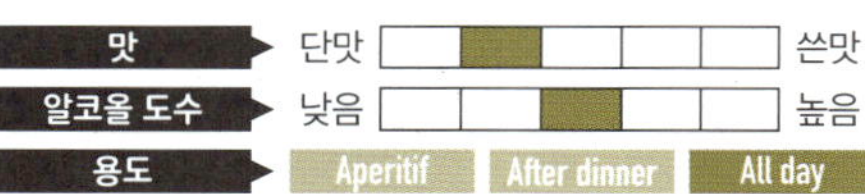

맛	▶	단맛						쓴맛
알코올 도수	▶	낮음						높음
용도	▶	Aperitif	After dinner	All day

LONG **SHORT** FROZEN　　　Ⓨ **Original**

유메마보로시

Yumemaboroshi

상쾌한 맛에 중독된다

칵테일에 소주를 사용하면 알코올 맛이나 특유의 향이 남는 일이
많지만, 이 칵테일은 불필요한 맛이 느껴지지 않도록 만든 저자의
오리지널 칵테일이다. 아주 세심하게 균형을 잘 잡은 자신작이다.
보리소주나 메밀소주로 만들어도 맛있다.

Recipe / **SHAKE**

고구마소주	30ml
멜론 리큐어	10ml
파인애플 주스	20ml
화이트 큐라소(쿠앵트로)	1tsp.

얼음과 재료를 전부 셰이커에 넣고 흔들어 섞
는다. 잔에 따르면 완성.

Memo

일본의 오다 노부나가가
즐겨 춤췄다는 연극 <아
쓰모리>에 나오는 한 구
절, "인간 세상의 50년은
하천(下天)의 세월에 비하
면 덧없는 꿈(유메마보로
시)과도 같다"에서 유래
했다.

맛	단맛						쓴맛
알코올 도수	낮음						높음
용도	Aperitif	After dinner	**All day**

LONG **SHORT** FROZEN

양귀비

Yang Guifei

중국 미녀 양귀비의 신비함을 표현한 칵테일

중국에서 유래한 혼성주 '계화진주'와 양귀비가 사랑했다는 리치
를 조합한 칵테일이다. 도쿄에 있는 호텔 친잔소의 바, '르 마키'에
서 고안했다고 한다. 계화진주의 독특한 향이 돋보이고 과일 향미
가 가득한 맛이다.

Recipe / **SHAKE**

계화진주	30ml
리치 리큐어	10ml
자몽 주스	20ml
블루 큐라소	1tsp.
레몬 주스	1tsp.

Memo

계화진주는 화이트 와
인 등에 금목서 꽃을 담
근 중국의 혼성주다.

얼음과 재료를 전부 셰이커에 넣고 흔들어 섞
는다. 잔에 따르면 완성.

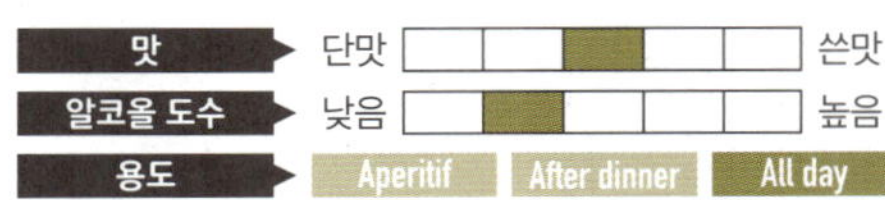

맛	단맛						쓴맛
알코올 도수	낮음						높음
용도	Aperitif	After dinner	**All day**

레드 아이

Red Eye

토마토의 신맛과 감칠맛으로 편히 마시기 좋은 칵테일

맥주 칵테일을 대표하는 레드 아이. 이름의 유래는 '숙취로 눈이 빨갛게 충혈된 모습' 등 여러 가지 설이 있다. 토마토 주스를 사용하여 비타민도 풍부하게 섭취할 수 있어 해장술로도 많이 마신다.

Recipe
BUILD

| 맥주 | 1/2glass |
| 토마토 주스 | 1/2glass |

Memo

토마토 주스의 비율은 취향에 따라 조정하자. 보드카를 더하면 레드 버드(P127)가 된다.

잔에 토마토 주스를 따르고 맥주를 부으면 완성. 동시에 따르면 더 잘 섞이고 맛이 부드러워지므로 추천한다

맛	단맛					쓴맛
알코올 도수	낮음					높음
용도	Aperitif	After dinner	All day

레드 바이킹

Red Viking

빨간색이 아닌 바이킹의 웅장함을 상징하는 레드

감자 유래의 스피릿, '아쿠아비트'를 베이스로 한 칵테일로, 1958년 브뤼셀 세계 박람회 칵테일 대회에서 우승한 작품이다. 덴마크의 바에서 고안했으며 북유럽의 바이킹을 표현했다고 한다.

Recipe
SHAKE

아쿠아비트	20ml
마라스키노	20ml
코디얼 라임 주스	20ml

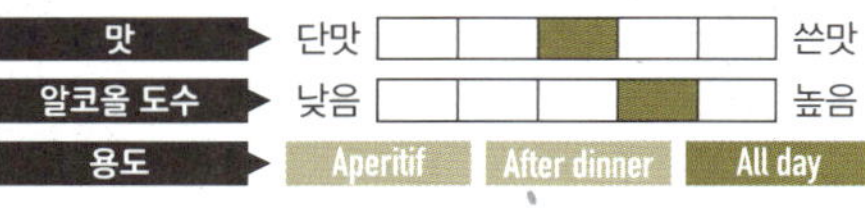

Memo

아쿠아비트는 북유럽 국가에서 만드는 전통 증류주다. 독특한 허브 향과 맛이 특징이다.

얼음과 재료를 전부 셰이커에 넣고 흔들어 섞는다. 얼음이 담긴 잔에 따르면 완성.

맛	단맛					쓴맛
알코올 도수	낮음					높음
용도	Aperitif	After dinner	All day

Non-alcoholic drinks

논 알코올 음료

술을 못 마시는 사람도 함께 칵테일을 즐길 수 있도록
만들어진 논 알코올 칵테일. 상쾌한 것부터 달콤하고 부
드러운 맛까지 레시피도 다양하다. 과일 주스나 우유,
풍미가 풍부한 시럽 등을 사용해 산뜻하고 매력적인 칵
테일을 만들 수 있다.

새러토가 쿨러

Saratoga Cooler

모스코 뮬의 논 알코올 버전

새러토가는 뉴욕주의 지명이다. 모스코 뮬(P125)에서 보드카를
뺀 버전이라고도 표현하는 음료다. 술을 못 마시는 사람이나 금주
하기로 정한 날에도 제격인 칵테일이다. 단맛을 줄이고 싶다면 시
럽을 넣지 않아도 된다.

Recipe
BUILD

진저에일	적당량
라임 주스	20ml
설탕 시럽	1tsp.

Memo

생강 맛이 강한 진저에
일을 사용하면, 상쾌함
은 그대로 가져가면서
더욱 어른스러운 맛으
로 즐길 수 있다.

얼음을 담은 잔에 라임 주스와 설탕 시럽을 따
른다. 진저에일로 채우고 섞은 다음 라임 조각
을 곁들이면 완성.

| 맛 | ▶ | 단맛 | | | ■ | | | 쓴맛 |
| 용도 | ▶ | Aperitif | After dinner | All day |

선셋 크루즈

Sunset Cruise

파인애플과 크랜베리로 건강하게

크랜베리는 파인애플과의 궁합도 좋은 데다 건강한 재료다. 알코
올에 약한 사람도 즐길 수 있어 파티에도 추천한다. 눈앞에서 셰
이킹하는 모습을 보여 주고 세련된 잔에 따라 내놓으면 손님도 기
뻐할 것이다.

Recipe
SHAKE

파인애플 주스	30ml
크랜베리 주스	30ml

Memo

파인애플 주스에 거품이 날
정도로 흔들어 섞는 것이 요
령이다. 프로즌으로 만들어
도 맛있다.

얼음과 재료를 전부 셰이커에 넣고 세게
흔들어 섞은 다음 얼음을 담은 잔에 따르
면 완성. 취향에 따라 파인애플 등 과일을
곁들이면 한층 더 화려해진다.

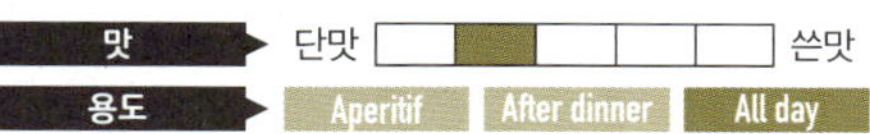

| 맛 | ▶ | 단맛 | ■ | | | | 쓴맛 |
| 용도 | ▶ | Aperitif | After dinner | All day |

셜리 템플

Shirley Temple

왕년의 인기 아역 배우 이름을 딴 상쾌한 칵테일

할리우드 왕년의 인기 아역 배우 셜리 템플의 이름을 딴 논 알코올 칵테일. 진저에일에 그레나딘 시럽을 넣어 투명하고 아름다운 빨간색으로 완성했다. 나선 모양으로 깐 레몬도 돋보인다.

Recipe
BUILD

진저에일 ·················· 적당량
그레나딘 시럽 ·············· 10ml

Memo

그녀가 출연한 영화 중에서 생각나는 것은 1948년에 개봉한 〈아파치 요새〉다. 존 웨인과 헨리 폰다와 함께 열연했었다.

나선 모양으로 깐 레몬 필과 얼음을 잔에 담는다. 재료를 전부 넣고 가볍게 섞는다. 체리를 장식하면 완성.

맛	단맛 ▶					쓴맛

용도 ▶	Aperitif	After dinner	All day

신데렐라

Cinderella

세 가지 주스가 자아내는 트로피컬한 맛

이름도 귀여운 인기 칵테일. 세 가지 과일 주스를 듬뿍 사용해 트로피컬한 분위기를 한껏 연출했다. 술을 못 마시는 여성에게 특히 추천하는 과즙이 가득한 칵테일이다.

Recipe
SHAKE

오렌지 주스 ·················20ml
파인애플 주스 ···············20ml
레몬 주스 ···················20ml

Memo

『신데렐라』에서 이름을 따온 칵테일. 술을 못 마시는 사람도 마법에 걸려 바에 갈 수 있게 된다는 의미가 담겨 있다.

얼음과 재료를 전부 셰이커에 넣고 흔들어 섞는다. 잔에 따르고 자른 오렌지 등을 장식하면 완성.

맛	단맛 ▶					쓴맛

용도 ▶	Aperitif	After dinner	All day

Original

스노 페어리

Snow Fairy

눈의 요정이 수놓은 동화 같은 칵테일

잔에 담긴 슬러시 형태의 얼음과 액체가 설원에 내린 눈으로 보여
바 공간에서 한층 돋보인다. 헤이즐넛과 화이트 초콜릿의 단맛과
감칠맛이 어우러진 디저트 칵테일로 즐길 수 있다.

Recipe

BLEND

화이트 초콜릿 시럽(모닌)···· 20ml
헤이즐넛 시럽(모닌)·········· 20ml
생크림 ····························· 20ml

Memo

논 알코올 칵테일로는
흔치 않은 프로즌 스타
일. 알코올을 넣어 즐
기고 싶을 때는 럼이나
시럽 대신 리큐어를 사
용하자.

얼음과 재료를 전부 블렌더에 넣고 갈아 준다.
잔에 따르고 꽃을 장식하면 완성.

맛	➤	단맛			■		쓴맛
용도	➤	Aperitif		After dinner		All day	

버진 메리

Virgin Mary

약간의 정성을 들인 토마토 주스

보드카에 토마토 주스를 탄 블러디 메리(P116)에서 보드카를 뺀
것이다. 즉 거의 토마토 주스라고 해도 좋을 테지만, 장난삼아 일
부러 '버진 메리'라고 부른다.

Recipe

BUILD

토마토 주스 ············ 적당량

Memo

블러디 메리와 마찬가지로
우스터소스(리 앤드 페린스)와
타바스코, 후추, 소금 등을
더해도 맛있다.

얼음을 담은 잔에 토마토 주스를 따른다.
취향에 따라 향신료를 더하거나 셀러리
나 레몬을 장식하면 완성.

맛	➤	단맛			■		쓴맛
용도	➤	Aperitif		After dinner		All day	

※ 맛은 단맛이 적다는 이유로 쓴맛 쪽으로 표시했다.

버진 모스커 뮬

Virgin Moscow Mule

스테디셀러 모스코 뮬의 논 알코올 버전

스테디셀러 모스코 뮬(P125)에서 보드카를 뺀 것. 진저에일과 라임 주스가 자아내는 상쾌함을 논 알코올로 즐길 수 있다. 쌉쌀한 라임 맛도 매력적이다.

| 맛 ▶ | 단맛 ☐☐■☐☐ 쓴맛 |
| 용도 ▶ | Aperitif　After dinner　All day |

Memo

진저 비어로는 '피버트리' 제품을 추천한다. 단맛이 적고 생강 향이 아주 진하다.

Recipe
BUILD

진저에일 (또는 진저 비어) … 적당량
라임 주스 ………… 15ml

얼음을 담은 머그잔에 라임 주스를 따르고 차가운 진저에일로 채운다. 가볍게 섞은 다음 라임 조각을 곁들이면 완성. 모스코 뮬이라는 이름이 붙어 있으니 잔이 아닌 머그잔을 사용하자.

버진 모히토

Virgin Mojito

알코올 없이 즐기는 모히토

전 세계에서 즐겨 마시는 모히토(P158)도 화이트 럼을 넣지 않고 마무리하면 논 알코올 칵테일이 된다. 민트 잎과 라임 조각으로 청량감도 한층 더했다. 더운 날 알코올을 신경 쓰지 않고 마시고 싶을 때도 추천한다.

| 맛 ▶ | 단맛 ☐☐■☐☐ 쓴맛 |
| 용도 ▶ | Aperitif　After dinner　All day |

Memo

쿠바에서 만들어진 모히토는 무더운 여름에 제격이다. 알코올에 약한 사람에게도 추천하는 상쾌한 칵테일이다.

Recipe
BUILD

라임 주스 ………… 15ml
시럽(모닌 모히토 민트 시럽)
………………10~15ml
탄산수 …………적당량

얼음을 담은 잔에 시럽과 라임 주스를 따르고 차가운 탄산수로 채운다. 민트 잎과 라임 조각을 장식하면 완성. 민트 잎을 빨대 등으로 으깨면 더 진한 향기를 즐길 수 있다.

푸시 캣

Pussy Cat

과일 주스 조합에 기분 좋아지는 칵테일

신맛과 단맛이 적절히 어우러진 밸런스가 좋은 칵테일. 푸시 캣은 '귀여운 아기고양이'라는 뜻이지만, 슬랭(속어)으로 다양하게 해석될 수 있는 말이니 주의하자.

| 맛 ▶ | 단맛 ☐■☐☐☐ 쓴맛 |
| 용도 ▶ | Aperitif　After dinner　All day |

Memo

먼저 그레나딘 시럽을 잔 바닥에 깔고, 이를 제외한 재료를 흔들어 섞은 다음 2층 구조로 만드는 버전도 있다.

Recipe
SHAKE

오렌지 주스 ……… 30ml
파인애플 주스 …… 30ml
자몽 주스 ………… 10ml
그레나딘 시럽 ………5ml

얼음과 재료를 전부 셰이커에 넣고 흔들어 섞는다. 잔에 따른 다음 자른 파인애플과 오렌지 등을 장식하면 완성.

블루 머메이드

Blue Mermaid

아름다운 바다를 헤엄치는 인어를 표현한 칵테일

자몽 주스와 토닉 워터의 청량감에 상쾌한 블루 색조를 더했다. 아름다운 바다를 헤엄치는 인어를 표현했다. 리치 시럽의 고급스러운 맛이 돋보이는 논 알코올 칵테일

Recipe
SHAKE

자몽 주스 ·························45ml
블루 큐라소 시럽(모닌)·········10ml
리치 시럽(모닌) ···············10ml
토닉 워터 ·······················적당량

Memo

한여름의 해변에서 바에 앉아 마시기 최고로 좋은 강렬한 색을 뽐내는 칵테일이다.

토닉 워터를 제외한 재료와 얼음을 셰이커에 넣고 흔들어 섞는다. 얼음을 담은 잔에 따르고 토닉 워터로 채운다. 가볍게 섞은 다음 레몬과 체리를 장식하면 완성.

| 맛 | 단맛 | | | | | 쓴맛 |
| 용도 | Aperitif | After dinner | All day |

플로리다

Florida

미국 금주법 시대에 탄생한 칵테일

미국에서 금주법이 시행되던 1920~1933년 사이에 유행한 논 알코올 음료. 레시피가 엄밀하게 정해져 있지 않고, 여러 가지 주스를 섞어 만든다. 앙고스투라 비터스를 넣어 만드는 방법도 있다.

Recipe
SHAKE

오렌지 주스 ············· 30ml
파인애플 주스 ·········· 20ml
레몬 주스 ··············· 10ml
그레나딘 시럽 ···········1tsp.

Memo

플로리다는 오렌지와 레몬의 명산지다. 이 칵테일은 그 두 과일을 모두 사용했다. 물론 국산 과일을 사용해도 된다.

얼음과 재료를 전부 셰이커에 넣고 흔들어 섞는다. 잔에 따르면 완성.

| 맛 | 단맛 | | | | | 쓴맛 |
| 용도 | Aperitif | After dinner | All day |

LONG SHORT FROZEN

홀시스 넥 위드 아웃 어 킥

Horse's Neck Without A Kick

브랜디를 뺀 홀시스 넥

나선 모양으로 깐 레몬 껍질이 상징적인 칵테일, 홀시스 넥(P194)
에서 브랜디를 빼고 만드는 칵테일이다. 찰떡궁합인 진저에일과
레몬의 조합을 상쾌한 목 넘김과 함께 즐겨 보자.

Recipe
BUILD

진저에일 ······················적당량
나선 모양으로 깐 레몬 껍질
·······························1개 분량

Memo

홀시스 넥은 논 알코올
버전이 먼저 만들어진
흔치 않은 칵테일이다.
1870년대 무렵부터 술
을 추가하게 되었다고
한다.

나선 모양으로 깐 레몬 껍질을 잔에 세팅하고
얼음을 넣는다. 시원한 진저에일로 채우면 완
성. 체리를 곁들여 알코올이 들어 있지 않다고
표시하면 한눈에 알아볼 수 있다.

| 맛 | 단맛 ◻◻◼◻ 쓴맛 |
| 용도 | Aperitif / After dinner / All day |

LONG SHORT FROZEN

밀크셰이크

Milk Shake

그리운 맛이 나는 영양 만점 음료

어릴 적에 친숙했던 듯한, 어딘가 그리운 맛이 나는 칵테일이다.
듬뿍 넣은 우유에 설탕 시럽과 달걀노른자를 더하여 더욱 달콤하
고 부드러운 입맛을 즐길 수 있다. 영양가도 높아 피곤할 때도 마
시면 좋다.

Recipe
SHAKE

우유 ···················· 120ml
설탕 시럽 ············ 2~3tsp.
달걀노른자············1개 분량
바닐라 에센스 ··········1dash

Memo

밀크셰이크는 우유 등을 셰
이크 했다고 해서 붙여진 이
름이라고 한다.

얼음과 재료를 전부 셰이커에 넣고 흔들
어 섞는다. 얼음을 담은 잔에 따르면 완성.

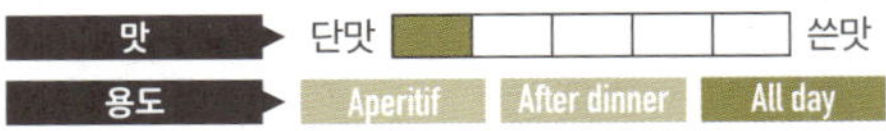

| 맛 | 단맛 ◼◻◻◻ 쓴맛 |
| 용도 | Aperitif / After dinner / All day |

LONG SHORT FROZEN

레몬 스쿼시

Lemon Squash

식사와도 잘 어울리는 상쾌한 음료

레몬 주스에 단맛을 내고 탄산수를 탄 상큼한 논 알코올 칵테일. 폭넓은 요리와 궁합이 좋아 술을 잘 못 마시는 사람도 함께 건배부터 즐길 수 있다. 레몬 주스에 미리 설탕 시럽을 잘 녹여두면 좋다.

Recipe BUILD

레몬 주스	40ml
설탕 시럽	1tsp.
탄산수	적당량

얼음을 담은 잔에 탄산수를 제외한 재료를 따르고 탄산수로 채운다. 가볍게 섞은 다음 레몬 조각을 넣으면 완성.

Memo

레모네이드는 전 세계에서 마시는 음료다. 일본에서는 일반적으로 탄산이 들어 있으면 '스쿼시'라고 하고, 들어 있지 않으면 '레모네이드'라고 한다.

맛 ▶ 단맛 ☐☐■☐ 쓴맛

용도 ▶ Aperitif · After dinner · All day

LONG SHORT FROZEN　　♟ Original

론리 채플린

Lonely Chaplin

명곡에서 영감을 받은 칵테일

'바(Bar)'라는 공간에 어울리는 어른들을 위한 논 알코올 칵테일'이라는 콘셉트에 맞춰 저자가 만든 오리지널 칵테일이다. 패션프루트, 오렌지 주스, 레몬 주스를 조합하여 '원숙한' 어른들을 위한 음료로 완성했다.

Recipe SHAKE

오렌지 주스	30ml
레몬 주스	10ml
패션프루트 시럽(모닌)	30ml
탄산수	적당량

탄산수를 제외한 재료와 얼음을 셰이커에 넣고 흔들어 섞는다. 얼음을 담은 잔에 따르고 탄산수로 채운다. 가볍게 섞은 다음 자른 오렌지와 체리 등을 장식하면 완성.

Memo

'론리 채플린'은 1987년에 스즈키 기요미 with RATS&STAR가 발표한 곡이다. RATS&STAR의 보컬이자 그녀의 친동생인 스즈키 마사유키 씨와의 듀엣이 화제가 되었다.

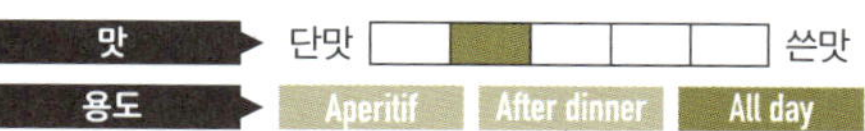

맛 ▶ 단맛 ☐■☐☐ 쓴맛

용도 ▶ Aperitif · After dinner · **All day**

칵테일의 기본

칵테일을 만들 때 빼놓을 수 없는
기본적인 요점을 여기서 확인해본다.
헷갈리거나 고민될 때는 몇 번이고 기본으로 되돌아가면서
특별한 한 잔을 만들기 위한 기술을 갈고 닦자.

CONTENTS

칵테일의 분류와 스타일

기본적인 기법

칵테일 도구

칵테일 잔

바를 즐기기 위한 Q&A

용어 해설

칵테일 분류와 스타일

수만 가지나 존재하는 칵테일은 크게 나누면 쇼트 드링크와 롱 드링크로,
또 목적이나 마시는 시간대, 만드는 방법 등에 따라서 세분한다.
우선 여기서 다시 한번 확인해두자.

┌ 칵테일이란

주로 알코올을 베이스로 하여 '술+술', '술+주스'와 같이 다른 술이나 주스, 시럽, 과즙, 비터스 등에서 두 종류 이상을 혼합하여 만드는 혼합 음료를 말한다. 여러 재료를 조합함으로써 무한한 가능성이 펼쳐진다.

LONG
롱 드링크

롱 타임 드링크. 일반적으로 얼음이 들어 있어 다소 시간을 두고 마셔도 맛을 해치지 않고 마실 수 있는 칵테일.

SHORT
쇼트 드링크

쇼트 타임 드링크. 칵테일 잔에 담겨 있어 미지근해지기 전에 10~15분 정도 내로 마셔야 좋은 칵테일.

FROZEN
프로즌

롱 타임 드링크 중 하나로, 블렌더에 크러시드 아이스와 재료를 넣고 갈아 셔벗 형태로 만든 것.

HOT
핫 드링크

롱 타임 드링크 중 하나로 따뜻한 음료. 몸도 마음도 따뜻해지는 겨울의 단골 음료다.

대표적인 롱 드링크 스타일

■ 쿨러

스피릿에 감귤류 주스를 더해 진저에일과 탄산수 종류를 탄 것.

■ 콜린스

높이가 높은 콜린스 글라스를 사용하고, 스피릿에 레몬 주스와 시럽을 넣고 탄산수를 탄 것.

■ 사워

스피릿을 베이스로 신맛과 단맛을 더해 만드는 것. 탄산수를 넣기도 한다.

■ 줄렙

스피릿을 베이스로 민트 잎, 시럽 등을 넣고 민트 잎을 으깨어 향기를 내는 것.

■ 토디

스피릿과 시럽을 차가운 물 또는 뜨거운 물을 넣은 것. 반드시 레몬 슬라이스가 들어간다.

■ 피즈

스피릿이나 리큐어에 레몬 주스, 시럽, 탄산수를 첨가하여 만드는 상큼한 음료.

■ 프라페

크러시드 아이스로 채운 잔에 취향에 따라 리큐어를 부은 것. 크러시드 아이스와 재료를 함께 셰이킹 하여 만드는 방법도 있다.

■ 리키

스피릿에 라임 등 감귤류의 과육을 짜 넣고 탄산수를 넣은 것.

칵테일 재료의 분량 표기 방법에는 'ml'와 분수 비율의 두 가지가 있다. 기본적으로는 쇼트 드링크는 'ml'와 분수, 롱 드링크는 'ml'로만 표기한다. 그 밖에 소량의 분량을 나타낼 때는 아래와 같은 단위를 사용한다.

■ tsp.
Teaspoonful의 약자로 티스푼이라는 의미. 1tsp.는 티스푼으로 한 스푼을 말한다(약 3~5ml).

■ dash
'대시(대쉬)'라고 읽는다. 비터스 병(P293)으로 한 번 흔들었을 때 나오는 분량. 1dash = 5~6drop.

■ glass
'글라스'라고 읽는다. 1/2glass라고 하면 글라스의 반을 말한다.

■ drop
'드롭'이라고 읽는다. 비터스 병을 거꾸로 뒤집었을 때 자연스럽게 떨어지는 한 방울의 분량.

■ finger
텀블러에 손가락을 옆으로 대고 재는 분량. 손가락 1개 분량이면 1핑거(약 30ml), 2개면 2핑거(약 60ml)가 된다.

■ 칵테일의 재료

칵테일의 베이스와 맛을 만들기 위한 재료는 다양하다. 이러한 무한한 조합 속에서 칵테일이 만들어진다.

진
옥수수나 보리 맥아 등이 원료인 증류주를 두송자 등 약초나 허브 등으로 향을 내고 재증류하여 알코올 도수를 높인 것.

위스키
보리와 밀, 호밀 등이 주원료인 증류주로 갈색을 띠는 것이 특징이다. 제조한 토지에 따라 풍미와 맛도 다채롭다.

보드카
진과 마찬가지로 주로 곡류를 원료로 한 무색 투명한 증류주. 무미 무취로 튀지 않아 다양한 칵테일 제조에 적합하다.

럼
사탕수수의 착즙(당밀)이 원료. 색은 화이트, 골드, 다크, 풍미에는 라이트, 미디엄, 헤비가 있다.

테킬라
멕시코 특산 증류주. 화이트 테킬라가 대중적이다. 테킬라 지역에서 만들어진 것을 '테킬라'라고 부른다.

브랜디
일반적으로는 포도를 사용한 포도 브랜디를 가리킨다. 산지에 따라 '코냑', '아르마냑'으로 구분한다.

리큐어
증류주에 과일, 허브, 약초 등 향기 성분과 시럽 등 감미료, 착색료를 첨가한 것. 진액 성분(당도)이 2% 이상인 것을 가리킨다. 알코올 도수는 10도가 안 되는 것부터 60도가 넘는 것까지 다양하다.

와인
주로 포도의 과즙을 발효시킨 술. 제조법에 따라 크게 레드 와인, 화이트 와인, 로제 와인으로 나뉜다.

샴페인 & 스파클링 와인
스파클링 와인은 발포성 와인의 총칭이다. 그중 프랑스 샹파뉴 지방에서 생산된 것만 '샴페인'이라고 부른다. 그 밖에 스페인의 '카바', 이탈리아의 '프로세코' 등도 있다.

베르무트
화이트 와인을 주원료로 허브와 향신료를 배합한 가향 와인. 칵테일 재료로 사용하는 외에 식전주로도 마신다.

맥주
맥아, 홉, 물을 주원료로 발효시킨 술이다. 친숙한 만큼 맥주가 베이스인 칵테일 중에는 편히 마시기 좋은 것도 많다.

일본주
쌀을 발효시켜서 빚는 술. 깔끔하고 담백하며 부드러운 것부터 쌀의 감칠맛을 제대로 느낄 수 있는 향과 맛이 좋은 것까지 다양하다.

일본소주 & 아와모리
'일본의 스피릿'이라고 불리는 일본소주(소츄)는 우선 희석식 제품부터 사용해보자. 아와모리는 태국산 쌀을 원료로 검은 누룩으로 담그는 오키나와의 소주를 말한다.

비터스
증류주에 약초나 허브 등을 담가 만드는 알코올 음료. 독특한 쓴맛이 있어 칵테일에 넣을 때는 몇 방울 정도만 넣는 것이 일반적이다. 앙고스투라 비터스 등이 유명하다.

시럽 & 탄산수 & 주스
칵테일에 단맛이나 탄산 등을 첨가할 때 사용한다. 칵테일에 주로 사용하는 시럽에는 그레나딘 시럽과 설탕 시럽 등이 있다. 주스 중에서는 오렌지 주스와 레몬 주스를 사용하는 경우가 많다.

기본적인 기법

칵테일을 만드는 방법은 스터, 빌드, 셰이크, 블렌드, 네 종류가 있다.
우선은 여기서 도구의 사용법과 순서를 마스터해서 집에 있는 재료로 부담 없이 만들어 보자.

STIR [스터]

STIR

스터란 '저어 섞는다'라는 의미로, 소재가 가진 맛을 살린 채 마무리하는 것이 특징인 기법이다. 마구 휘젓지 말고 얌전히 빠르게 섞는 것이 포인트.

준비물

스트레이너, 바 스푼, 지거, 믹싱 글라스

믹싱 글라스의 위쪽까지 얼음을 채운다.

※ 입문자는 재료를 먼저 넣고 나중에 얼음을 넣어도 된다.

재료를 넣고 믹싱 글라스의 측면을 바 스푼의 뒷면으로 미끄러지듯이 빠르고 얌전히 20회 정도 돌린다. 익숙하지 않을 때는 머들러를 써도 된다.

믹싱 글라스에 스트레이너를 덮는다.

검지로 꽉 누르면서 잔에 따른다.

SHAKE [셰이크]

셰이커를 흔들어 재료들을 빠르게 섞는 기법. 급속도로 차갑게 만들 수 있다. 얼음과 재료가 섞이기 때문에 맛이 부드러워진다.

셰이커, 지거

재료를 셰이커에 넣는다.

셰이커의 보디 위쪽까지 충분히 얼음을 넣는다. 얼음을 담은 후 재료를 넣어도 된다.

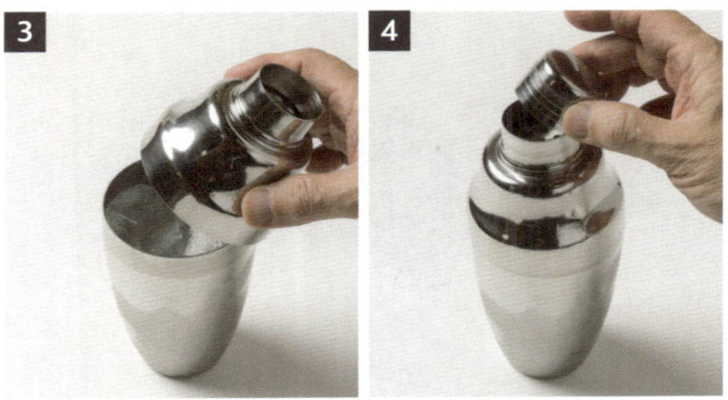

보디를 꽉 잡고 스트레이너를 덮은 후 그 위에 캡을 씌운다.

가슴 부분을 중심으로 '대각선 위에 내밀기 → 내 쪽으로 되돌리기 → 대각선 아래로 내밀기 → 내 쪽으로 되돌리기'의 흐름으로 움직인다. 스냅을 살려 리드미컬하게 20회 정도 반복한다.

셰이커의 캡을 열고 스트레이너가 빠지지 않도록 검지로 누르면서 잔에 따른다.

셰이커 고르는 법

셰이커에는 크고 작은 다양한 타입이 있지만, 우선은 한 번에 2인분을 만들 수 있는 중간 정도 사이즈의 것(약 350ml)이 사용하기 쉬우므로 추천한다. 셰이커를 흔들 때는 크기와 관계없이 보디, 스트레이너, 캡의 세 군데를 잘 잡고 있으면 열릴 염려가 없다.

BUILD [빌드]

잔에 재료를 직접 넣어 만드는 기법. 재료를 미리 차갑게 준비해두는 것이 중요하다. 탄산음료는 김이 빠지기 쉬우니 사용할 때는 지나치게 섞지 않는 등 주의가 필요하다.

준비물

바 스푼, 지거

1 잔의 1/5 정도를 남기고 혹은 위쪽까지 얼음을 채운다.

2 그 위에 술을 따른다.

3 잔의 1/10 정도를 남기고 탄산수나 주스 등의 부재료를 따른다.

4 바 스푼으로 얌전히 2~3회 위아래로 가볍게 섞는다. 탄산음료를 사용할 때는 1~2회만 섞으면 된다. 지나치게 섞으면 탄산이 빠져 버리므로 주의한다.

푸스카페를 즐기는 법

빌드의 기법 중 하나인 푸스카페. 술(재료)의 비중 차이를 이용하여 각각의 재료가 섞이지 않도록 층을 만들어 마무리한다. 엔젤 키스(P204)나 레인보우(P246) 등이 대표적이다. 마실 때는 섞지 않고 빨대로 좋아하는 층을 골라 마시는 것이 더 좋다. 사진의 레인보우는 기본적으로 '보고 즐기는 칵테일'이다. 내열 유리잔을 사용했다면 잠깐 불을 붙여 낭만적인 분위기를 즐길 수 있다.

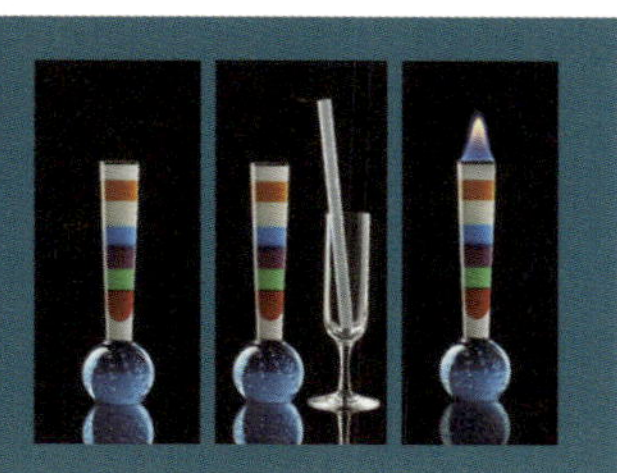

※ 내열 유리가 아닌 잔에 불을 붙일 때는 불이 붙었는지 확인한 다음 바로 끄도록 한다.

BLEND [블렌드]

블렌더(믹서)로 셔벗 형태의 칵테일을 만드는 기법. 프로즌 스타일 칵테일이나 과일을 주스로 만들거나 할 때 사용한다. 얼음을 사용해도 되는 제품이라면 가정용 주스용 믹서를 대신 사용해도 된다.

준비물

바 스푼, 믹서, 지거

먼저 재료를 넣고 다 잠길 정도로 얼음을 넣는다.

그 위에 술을 따르고 15~20초를 기준으로 블렌더로 갈아 셔벗 형태로 만든다.

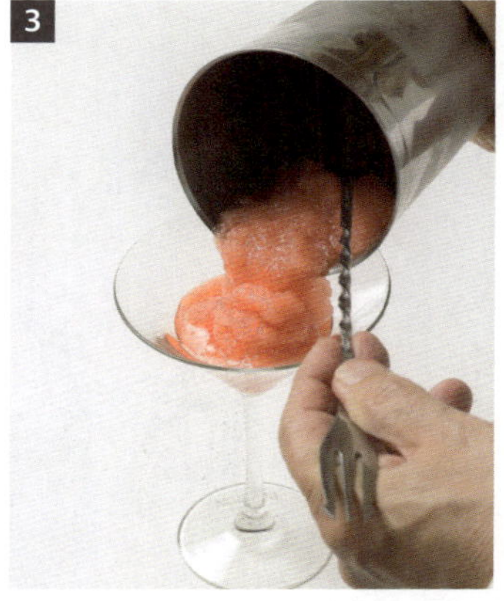

바 스푼을 사용하여 큰 잔에 얌전히 따른다.

※ 생과일을 사용할 때는 얼음을 넣기 전에 블렌더로 갈아 과육을 으깨어 둔다.

스노 스타일 만드는 법

레몬이나 라임으로 잔의 테두리를 적신다.

잔을 거꾸로 하여 평평한 접시에 뿌려 놓은 소금을 묻힌다.

한 바퀴 골고루 붙었다면 완성.

소금 고르는 법

가정에서 사용하는 소금도 좋지만, 마가리타(P175)에는 미네랄 성분이 많이 포함되어 있고 결정이 크며 부드러운 미국의 소금(오른쪽 사진), 블러디 메리(P116)에는 향신료가 들어간 소금을 사용하는 등 그 칵테일이 만들어진 나라의 소금이나 칵테일의 맛에 어울릴 것 같은 소금을 골라 사용해보기를 추천한다.

마가리타 솔트

칵테일 도구

칵테일 만들기에 사용하는 다양한 도구를 소개한다. 필수 아이템부터 가지고 있으면 편리한 것까지 다채로우므로, 자신이 만들고 싶은 칵테일에 맞추어 조금씩 준비해가면 좋다.

셰이커

재료를 잘 섞고 동시에 얼음을 넣어 짧은 시간에 차갑게 만들 수 있다. 가장 먼저 준비해야 하는 칵테일 만들기에 빠뜨릴 수 없는 아이템이다.

믹싱 글라스 & 스트레이너

믹싱 글라스는 스터 기법으로 칵테일을 만들 때 사용하는 대형 잔이다. 스터로 얼음과 재료를 섞고 차갑게 만들 때 사용한다. 스트레이너는 칵테일을 따를 때 믹싱 글라스의 가장자리에 끼워 사용한다. 과일의 씨앗이나 얼음을 걸러 잔에 들어가지 않도록 사용하는 아이템이다.

바 스푼

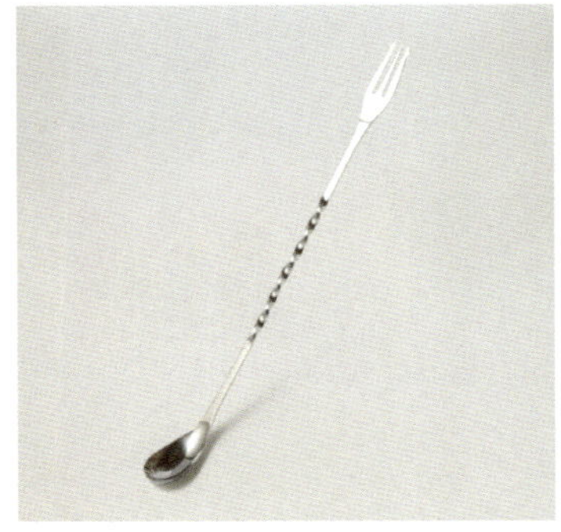

양 끝이 숟가락과 포크로 되어 있는 도구로, 재료를 섞을 때 사용한다. 한 스푼 =1tsp.(3~5ml)으로 계량에도 사용할 수 있다.

지거

술이나 주스 등 재료를 정확하게 계량할 때 사용한다. 사이즈는 '30ml+45ml' 조합이 일반적이고, '15ml+30ml'로 작은 것도 있다.

블렌더(믹서)

술과 얼음, 과일, 달걀 등을 강력한 힘으로 섞어 프로즌 칵테일이나 스무디를 만들 때 사용한다. '얼음 사용 가능' 제품이라면 일반용 믹서를 사용해도 된다.

아이스 크러셔(얼음 분쇄기서)

큐브 아이스를 넣고 회전시키면 크러시드 아이스를 만들 수 있다. 사진 같은 수동 제품 외에 전동 제품도 있다.

아이스 픽

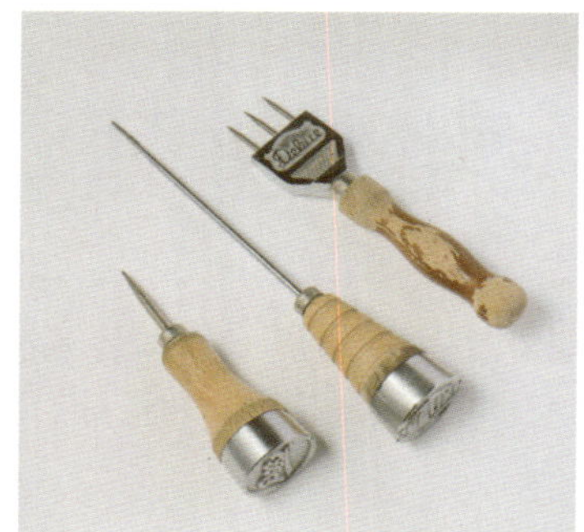

끝이 송곳처럼 뾰족하여 얼음을 잘게 부술 때 사용한다. 다치지 않도록 주의한다.

스퀴저

오렌지나 레몬, 라임 등 감귤류 과일의 과즙을 짜내는 아이템. 과일을 반으로 잘라 단면을 대고 눌러 비틀면서 짜낸다.

아이스 토그

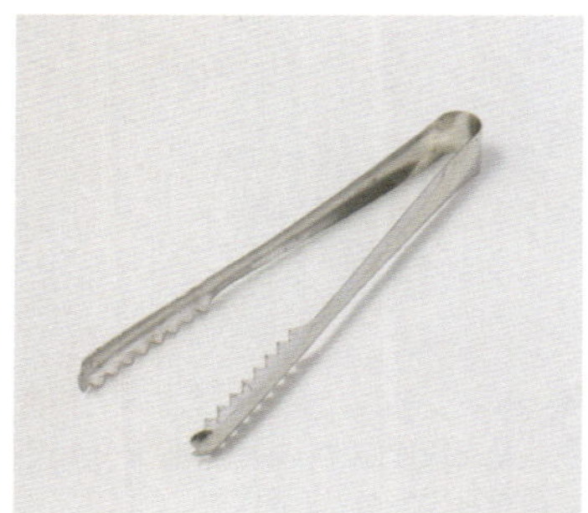

아이스 토그(Ice tongs)는 얼음을 집기 위한 도구이다. 얼음 집게라고도 한다.

비터스 병

비터스 등을 소량 첨가하여 풍미를 내고 싶을 때 사용하는 아이템. 한 번 흔들면 나오는 양은 1dash(약 1ml).

시즐러

주스나 맥주 등의 뚜껑을 열 때는 병따개로, 탄산수 등을 개봉한 후에는 밀폐할 목적으로 사용할 수 있다.

머들러

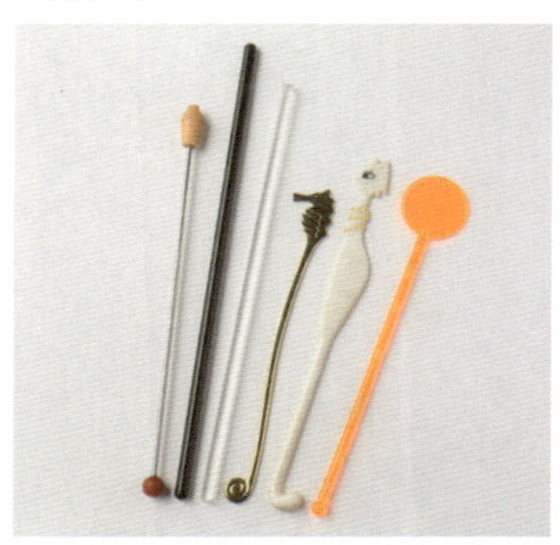

롱 칵테일에 곁들여 내어 마시기 전에 저어 섞거나 감귤류 과일을 으깨거나 할 때 사용한다. 디자인도 다양하니 취향에 따라 고르면 된다.

칵테일 핀

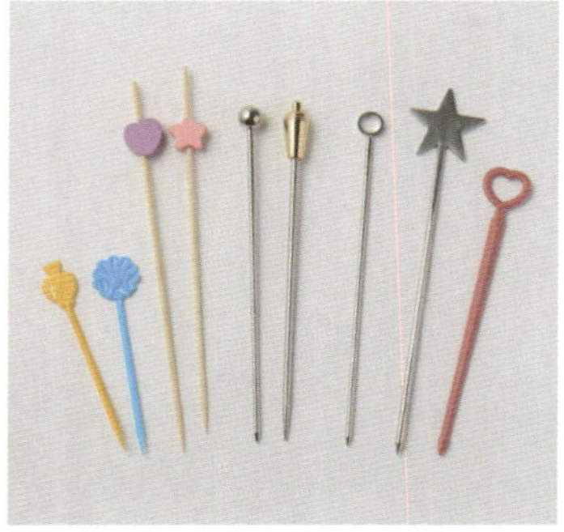

장식용 체리나 올리브를 찔러 고정하는 데 사용한다. 칵테일을 한층 더 화려하게 만들 수 있다.

빨대

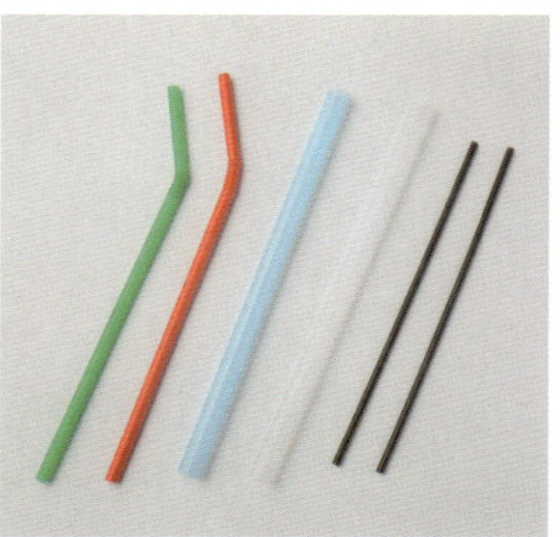

프로즌 칵테일을 마실 때나 장식용으로 사용하는 경우가 많다. 푸스카페 스타일에 곁들이기도 한다.

칵테일 잔

칵테일에 사용되는 잔에는 다양한 종류가 있다. 여기서는 등장 빈도가 높은 것을 골랐다.
칵테일에 맞춘 잔을 사용하는 것도 맛있게 만들기 위한 중요한 포인트다.

칵테일 글라스

쇼트 칵테일 전용 잔. 역삼각형인 것부터 원형 형태인 것까지 다양한 형태가 있다.
| 용량 | 90~110ml

푸스카페 글라스

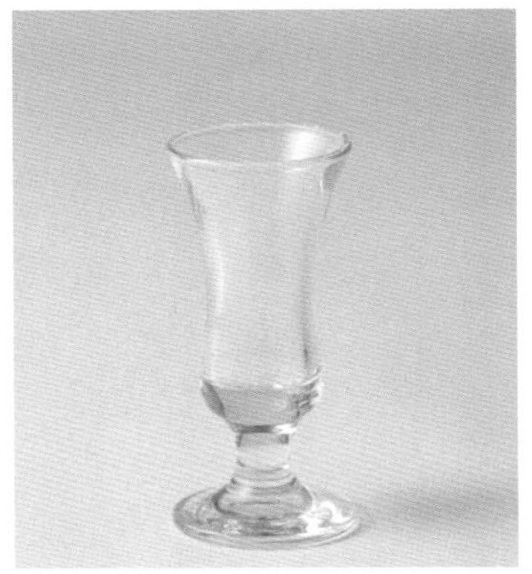

색이 다른 층을 겹쳐 만드는 푸스카페 스타일 칵테일을 만들 때 추천한다.
| 용량 | 30~45ml

올드 패션드 글라스

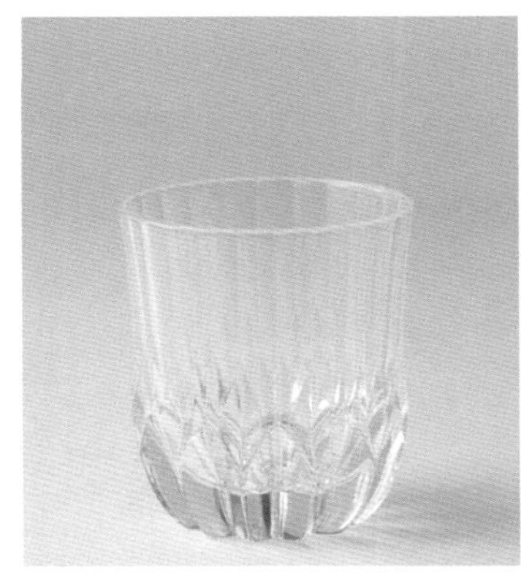

'록 글라스'라고도 불리며, 주로 위스키를 온더록스로 만들 때 사용한다. 록 스타일 칵테일에 사용하기도 한다.
| 용량 | 200~300ml

내열 글라스

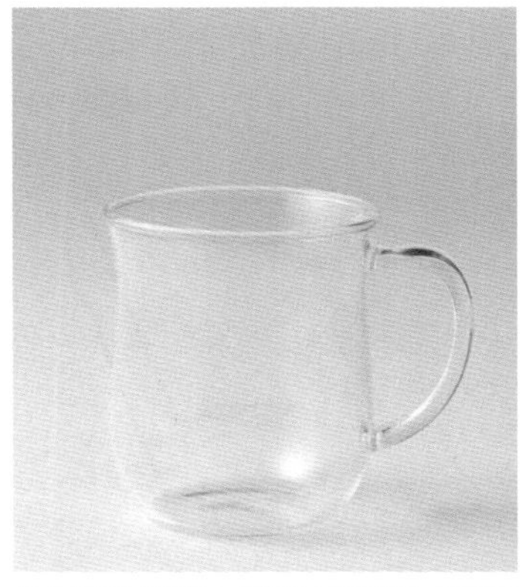

위스키에 뜨거운 물이나 따뜻한 우유를 넣는 칵테일 등 핫 칵테일에 사용한다. 뜨겁지 않도록 손잡이가 달려 있다.
| 용량 | 200~280ml

텀블러

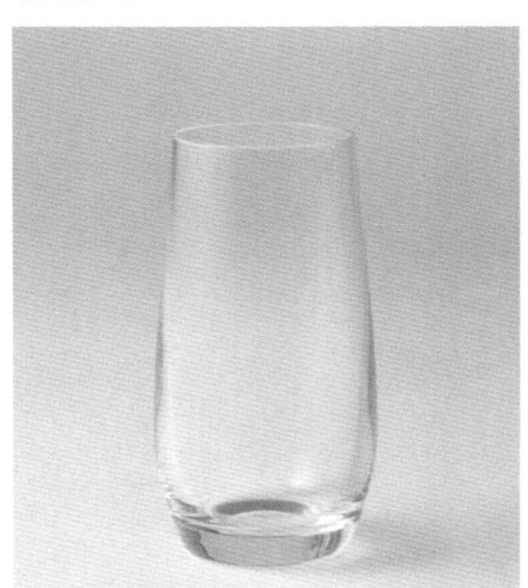

롱 드링크에 가장 많이 사용되는 글라스로 다양한 사이즈가 있다. 일단 하나쯤은 갖고 있으면 좋다.
| 용량 | 280~330ml

리큐어 글라스

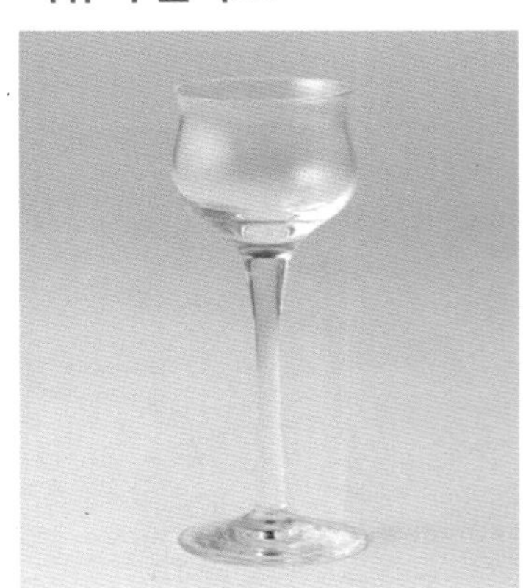

리큐어를 스트레이트로 마시기 위한 글라스. 스피릿 계열의 술을 스트레이트로 마실 때도 사용한다.
| 용량 | 30~45ml

샴페인 글라스(받침 접시형)

입구가 넓고 얕은 모양의 글라스. 주로 샴페인 칵테일에 사용하지만, 칵테일 글라스 대용으로 사용할 수도 있다.
| 용량 | 120~150ml

샴페인 글라스(플루트형)

입구가 좁고, 모양이 좁고 긴 샴페인 글라스. 전체적으로 작고 용량도 적은 편이다.
| 용량 | 120~180ml

콜린스 글라스

'톨 글라스'라고도 부르는 높이가 높고 입구가 좁은 형태의 글라스. 시간을 들여 맛보는 롱 드링크에 다양하게 사용한다.
| 용량 | 300~360ml

프로즌 글라스

프로즌 타입의 칵테일에 사용하는 글라스. 다양한 형태의 것이 있으며, 크기가 큰 것을 사용하기도 한다.
| 용량 | 300~460ml

고블릿 글라스

용량이 큰 것이 많아 주스나 트로피컬 칵테일 등 다양한 음료에 활용할 수 있다.
| 용량 | 240~360ml

와인 글라스

즐기는 동안 향이 날아가지 않도록 잔의 입구가 다소 오므라진 형태로 되어 있다.
| 용량 | 210~420ml

바를 즐기기 위한 Q&A

집에서 칵테일을 만들어도 즐겁지만, 바에서 맛보는 칵테일은 또 특별하다.
바텐더가 만드는 한 잔을 남김없이 맛보기 위해 바에 얽힌 궁금증을 한층 더 깊이 알아본다.
평소 궁금했던 것도 여기서 해결하자!

Q. 칵테일을 마시는 방법에 정해진 규칙이 있나요?

A. '차가울 때 맛보기'를 유의하자

칵테일에는 크게 나누면 쇼트 칵테일과 롱 칵테일이 있다. 쇼트 칵테일은 '쇼트 타임 칵테일'의 약자로, 단시간에 마셔야 하는 칵테일이다. 시간이 지날수록 맛이 없어지므로 '쇼트 칵테일은 세 모금에 마신다'라고도 한다. 반면 롱 칵테일은 '롱 타임 칵테일'의 약자로, 일반적으로 비교적 큰 잔에 얼음과 함께 담긴 경우가 많아 다소 시간이 걸려도 맛있게 마실 수 있는 칵테일이다. 요리에서도 '뜨거운 것은 뜨거울 때 먹어야 한다'라는 말이 있듯이 칵테일 또한 '차가운 것은 차가울 때' 다 마신다는 것이 철칙이다.

Q. 첫 잔으로 무엇을 마셔야 할까요?

A. 바텐더에게 물어보기를 추천한다

진 토닉, 맥주, 하이볼 등이 일반적이지만, 무엇을 주문하면 좋을지 모르겠을 때는 자신의 취향을 바텐더에게 전달하고 여러모로 물어보기를 추천한다. '식사하고 왔는가', '알코올 도수는 어떻게 할 것인가', '탄산이 들어 있어도 괜찮은가' 등 고객의 상황에 따라 최적의 술을 제공하기 위해 바텐더의 실력을 보여 줄 때다.

Q. 바텐더에게 이것저것 질문해도 될까요?

A. 부디 대화를 즐겨 보라

바에서는 바텐더와의 대화도 하나의 재미다. 술에 관해 알고 싶었던 점 등을 물어보는 것도 좋다. 작업을 방해하거나, 다른 손님이 있는데도 혼자 독차지하지 않도록 조금만 배려하면서 대화를 즐겨 보라.

Q. 장시간 머물러도 될까요?

A. 머무는 시간은 최대 2시간을 기준으로

머무는 시간은 2시간 정도를 기준으로 하자. 일반적으로는 한 잔을 20~30분 만에 다 마신다고 생각하면 된다. 가게가 혼잡해지면 자리를 양보한다는 배려심도 잊지 말자.

Q. 가게에서 사진을 찍어도 되나요?

A. 점원에게 허락을 구하고 찍자

가게 점원에서 허락을 구하고 나서 찍는 것이 매너다. 단, 촬영이 가능한 경우에도 가게의 분위기를 배려해서 두세

장 정도만 찍고 플래시는 삼가하자. 또 다른 고객을 찍는 것은 비매너이므로 주의하자. 필자 가게에서는 고객의 기념일 등 추억할 만한 기념사진 촬영은 언제든지 환영한다.

Q. 한 잔만 하고 마시고 가도 될까요?

A. 그래도 되지만, 모처럼 방문했으니 두세 잔은 즐기자

'식사 전의 아페리티프로 한 잔'이라는 식으로 마시는 손님도 있고, 몸 상태가 좋지 않은 사람도 있으니 물론 한 잔만 마셔도 상관없다. 단, 한 잔만 주문하고 오래 눌러앉지는 말자.

Q. 양주 메뉴를 하프 사이즈로 주문해도 될까요?

A. 고가의 술이라면 가능한 경우도 있다

보통은 싱글 30ml가 1샷이므로, 하프 샷의 경우는 양이 15ml가 된다. 고가의 술은 하프로 주문이 가능한 경우도 있지만, 금액이 저렴한 위스키 등을 하프 샷으로 주문하는 것은 권하지 않는다. 가게에 따라서는 하프 샷을 거절하기도 한다.

Q. 바에서 담배를 피워도 될까요?

A. 주위 사람에 대한 배려를 잊지 말고

한국에서 칵테일바에서 흡연 가능 여부는 가게마다 다르며, 정확한 것은 해당 업장에 문의해야 한다. 또 흡연 가능한 가게에서도 옆 사람에게 "담배를 피워도 될까요?"라고 사전에 말을 건네는 등 비흡연자에 대한 배려도 잊지 않도록 하자.

Q. 논 알코올 맥주를 주문해도 될까요?

A. 그래도 된다. 그럴 때는 술을 마시는 사람과 가는 편이 더 좋다

이왕 바에 갔으니 기본적으로는 알코올 음료를 마셨으면 하지만, 물론 논 알코올 음료를 주문해도 된다. 다만 둘이 와서 두 사람 모두 논 알코올을 주문하면 조금 그렇지만, 한 사람은 알코올 음료를 마시면 문제없을 것이다. 이런 경우에는 우롱차나 주스보다 알코올이 들어있지 않은 칵테일 등을 주문하기를 추천한다. 바텐더가 여러분의 취향에 맞는 논 알코올 칵테일을 제공해줄 것이다.

Q. 옆에 앉은 여성에게 말을 걸어도 될까요?

A. 절대 안 된다!

이것은 무조건 안 된다. 영화나 드라마 같은 만남은 일단 있을 수 없다고 생각하자(카운터 자리와 자리 사이에는 눈에 보이지 않는 벽이 있다고 생각하라). 설령 연예인 등 유명인이 옆에 앉았을 때도 마찬가지다. 말을 거는 것은 기본적으로 안 된다. 여성 고객도 맛있는 술을 만끽하고 싶어서 찾아왔는데, 옆에서 누가 말을 걸면 '귀찮다'고 이야기하는 사람이 많다.

Q. 계산할 타이밍을 알려주세요.

A. 작업 중이지 않은 타이밍을 노려라

소수의 인원으로 운영하는 가게도 많고, 마중부터 배웅, 요리, 음료, 접객 등 모든 것을 바텐더가 대응하므로 작업하지 않는 타이밍에 계산해주면 좋다. 전철 막차 시각에 늦지 않도록 여유 있게 계산을 끝내자. 신용카드 결제나 영수증 요구 등 여러 손님의 결제가 겹치면 10분 이상 시간이 걸릴 수 있으므로 주의하자.

용어 해설

칵테일에 관련된 용어에는 누구나 아는 것부터 잘 알려지지 않은 전문적인 것까지 다양하다.
여기에서는 알아 두면 좋은 기본적인 용어를 중심으로 해설한다.

가

■그레나딘 시럽

석류에서 유래한 빨간색 시럽.

■글라스 홀더

뜨거운 음료를 마실 때 텀블러 등에 끼우는 금속제 손잡이.

나

■나이트캡

잠을 잘 자도록 취침 전에 마시는 칵테일. 몸을 따뜻하게 하거나, 편안한 향기가 나는 것이 많다.

다

■대시(dash)

양을 나타내는 단위. 1대시는 비터스 병을 한 번 흔들었을 때 나오는 양(약 1ml). 5~6방울 정도다.

■더블

알코올의 기본료를 나타내는 단위. 60ml. 싱글은 그 절반인 30ml.

■데커레이션(장식)

체리 등 과일이나 올리브, 꽃 등으로 칵테일을 장식하는 것. 액세서리, 가니쉬라고도 한다.

■드라이

칵테일에서는 단맛이 적은 것을 말한다.

■드롭(drop)

양의 단위. 1drop은 비터스 병을 거꾸로 해서 자연스럽게 떨어지는 한 방울을 말한다. 약 1/5ml.

라

■럼프 오브 아이스

작은 주먹만 한 크기의 둥근 얼음. 위스키의 온더록스 등에 사용한다.

■롱 드링크

시간을 들이지 않고 마시는 쇼트 칵테일에 비해 어느 정도 시간을 들여 마시는 칵테일. 얼음이 들어가기 때문에 다소 시간을 들여 마셔도 맛이 나빠지지 않는다. 비교적 큰 잔을 이용하는 경우가 많다.

■리키

스피릿에 라임 조각이나 레몬 조각을 넣고 탄산수를 부은 것. 마시면서 머들러로 과일을 으깨어 취향에 따라 맛을 조절하며 마시는 스타일의 칵테일.

마

■마라스키노 체리

씨를 빼고 시럽에 절인 체리. 붉은색으로 착색된 것. 칵테일 장식에도 필수다. 이 책에서는 '체리'라고 표기했다.

■머들러

재료를 저어 섞기 위한 도구. 칵테일 속에 든 과일을 으깨는 데도 쓰인다. 액세서리로 사용하기도 한다.

■미스트

크러시드 아이스로 채운 잔에 재료를 직접 부어 만드는 스타일의 칵테일. 잔에 미세한 물방울이 안개처럼 발생하는 데서 유래했다.

■믹싱 글라스

스터로 칵테일을 만들 때 사용한다. 따르는 주둥이가 있고 크기가 맥주잔 정도 되는 유리 용기. 스트레이너를 덮어 잔에 따른다.

■민트 체리

마라스키노 체리와 마찬가지로 씨를 빼고 시럽에 절인 체리. 초록색으로 착색하고 민트 향을 입힌 것. 칵테일 장식에도 필수다.

바

■바 스푼

스터나 빌드 등으로 재료를 섞을 때 사용하는 손잡이가 긴 스푼. 중앙부가 나선 모양이어서 손가락으로 돌리기 쉽게 되어 있는 것도 특징이다. 반대쪽이 포크로 되어 있는 것도 있다.

■ 벅

스피릿에 레몬이나 라임의 과즙을 짜 넣고 진저에일을 탄 롱 칵테일을 말한다.

■ 베이스

그 칵테일의 주체가 되는 술. 진 베이스, 보드카 베이스와 같이 사용한다.

■ 블렌더

믹서기를 말한다. 프로즌 스타일이나 과일을 혼합한 칵테일을 만들거나 할 때 사용한다.

■ 블렌드(BLEND)

블렌더(믹서)를 이용해 재료를 갈아 섞어 만드는 칵테일 기법.

■ 비터스

허브나 약초, 과일 껍질로 만드는 쓴맛이 강한 리큐어. 앙고스투라 비터스, 오렌지 비터스 등이 많이 쓰인다.

■ 비터스 병

비터스를 넣는 전용 용기. 한 번 흔드는 게 1dash.

■ 빌드(BUILD)

잔에 직접 재료를 따르고 바 스푼으로 섞어 만드는 칵테일 기법. 섞이기 쉬운 재료나 탄산음료를 사용한 칵테일에 사용하는 경우가 많다.

사

■ 사워

영어로 '시다'라는 뜻. 롱 드링크의 일종으로 '스피릿+레몬 주스 등의 산미+시럽 등의 단맛'으로 조합하는 스타일. 미국에서는 일반적으로 탄산수를 사용하지 않지만, 일본이나 그 외의 나라에서는 탄산수로 채우기도 한다.

■ 샴페인 스토퍼

딴 샴페인 등의 발포성 와인의 입구를 밀폐하는 마개.

■ 셰이커

칵테일 재료를 섞는 동시에 얼음으로 빠르게 차갑게 만들기 위한 도구. 캡, 스트레이너, 보디의 세 개로 구성된다. 바텐더에게는 '요리사의 칼'과 같은 상징적인 존재.

■ 셰이크(SHAKE)

칵테일을 만드는 기법 중 하나. 셰이커에 재료와 얼음을 넣어 리드미컬하게 흔듦으로써 내용물을 잘 혼합하고 빠르게 차갑게 만들 수 있다.

■ 소프트 드링크

알코올이 들어가지 않는 주스나 탄산음료. 논 알코올 드링크.

■ 쇼트 드링크

시간을 많이 들이지 않고 10분 정도면 다 마시는 칵테일. 칵테일 글라스나 컵 받침 모양을 한 샴페인 글라스 등에 제공되는 경우가 많다.

■ 스노 스타일

유리잔 가장자리를 과일 절단면 등으로 적셔 소금이나 설탕을 묻히는 기법. 눈처럼 보인다고 해서 붙여진 이름이다.

■ 스퀴저

레몬, 오렌지, 자몽 등 감귤류 과일에서 과즙을 짜낼 때 사용하는 도구.

■ 스터(STIR)

재료와 얼음을 믹싱 글라스에 넣고 바 스푼으로 빠르게 저어 섞는 칵테일 제조 기법. '스터링한다'라고 하는 경우 바 스푼이나 머들러로 저어 섞는 것을 말한다.

■ 스트레이너

스터한 칵테일을 잔에 따를 때 얼음 등이 잔에 들어가지 않도록 하는 여과기. 믹싱 글라스에 덮어 사용한다. 셰이커 중간에 든 속 뚜껑도 스트레이너라고 한다.

■ 스피릿

증류주를 말한다.

■ 슬로잉

컵에서 컵으로 액체를 힘차게 흘려보냄으로써 칵테일에 많은 공기를 포함하게 만드는 기법. 높은 위치에서 교대로 5회 정도 왕복함으로써 많은 공기를 포함하고 부드러워진다.

■ 슬링

스피릿에 단맛과 신맛을 더하고 탄산수나 물로 채운 음료.

■ 시나몬

녹나무과 육계속의 나무껍질로 만들어지는 향신료. 은은한 매운맛과 부드러운 향을 지녔다. 스틱 타입과 파우더 타입이 있는 세계에서 가장 오래된 향신료 중 하나.

■ 시즐러

탄산수 등 탄산음료의 병따개와 개봉한 후의 마개 역할을 겸한 도구.

■ 싱글

알코올의 기본료를 나타내는 단위. 30ml. 온스와 거의 같은 양으로, 더블은 그 배인 60ml.

아

■ 아이스 크러셔

잘게 부순 얼음(크러시드 아이스)을 만드는 기구. 프로즌 칵테일 등에서 사용하는 블렌더에 넣는 얼음을 만든다.

■ 아이스 토그(Ice tongs)

얼음을 집기 위한 도구. 얼음 집게라고도 한다.

■ 아이스 페일

깬 얼음을 넣어두는 용기.

■ 아이스 픽

얼음을 깨거나 잘게 부술 때 사용하는 도구.

■ 아페리티프

식전주. 식사 전에 마심으로써 목을 축이고 식욕을 증진시킨다. 적당한 신맛이나 쓴맛을 가진 드라이한 타입이 많다. 영어로는 애피타이저라고 한다.

■ 양조주

과일이나 곡류 등 원료의 당질을 발효시킨 술. 와인, 맥주, 일본주 등이 대표적이며 알코올 도수는 증류주에 비해 낮다.

■ 애프터 디너 칵테일

식후주. 디너 후에 마시는 경우가 많은 칵테일. 단맛이 들어간 종류가 많아 디저트 대신 마시기도 한다. 소화를 돕는 역할을 하는 것도 있다.

■ 에그노그

달걀, 우유, 설탕, 주류를 사용해서 만드는 스타일을 말한다. 따뜻한 것과 차가운 것이 있다.

■ 오프너

병따개를 달한다.

■ 온더록스

얼음을 담근 올드 패션드 글라스에 술을 넣은 음료.

■ 온스(oz.)

양을 나타내는 단위. 1온스=약 30ml.

■ 올데이 칵테일

식사나 시간대와 관계없이 언제든 마실 수 있는 칵테일.

■ 와인 스토퍼

마개를 딴 와인의 풍미가 날아가지 않도록 대신하는 마개.

■ 와인 쿨러

와인을 차갑게 하기 위한 양동이 모양의 용기. 얼음이 필요한 것과 불필요한 것이 있다. 동명의 와인 베이스 칵테일도 있다.

■ 육두구

육두구라는 상록수의 종자를 분말로 만든 향신료. 크림 등의 냄새를 가리기 위해 사용한다. 홀 타입과 파우더 타입이 있다.

자

■ 줄렙

스피릿 등에 민트 잎이나 설탕을 넣어 만드는 칵테일. 버번 위스키 베이스의 민트 줄렙 등이 대표적이다.

■ 증류주

영어로 '스피릿'이라고도 불린다. 보리, 사탕수수, 포도 등을 원료로 발효시킨 양조주를 더 증류하여 알코올 도수를 높인 술. 진, 위스키, 보드카, 럼, 테킬라, 브랜디, 소주 등이 해당한다.

■ 지거

칵테일을 만들 때 재료의 분량을 재는 기구. 30ml와 45ml짜리 컵이 등을 맞대고 있는 것이 일반적이다.

■ 진저에일

생강의 향기와 풍미를 가진 탄산음료. 생강 맛이 강한 것과 약한 것이 있다.

차

■ 체이서

알코올이 강한 술을 마신 후에 입가심으로 마시는 물을 말한다. 탄산수 등을 사용하기도 한다.

카

■ 칵테일 핀

장식(데커레이션)에 사용하는 체리나 올리브, 과일 등을 꽂는 도구. 칵테일을 장식할 때 사용한다.

■ 코디얼

라임 등 과일이나 계절의 허브를 날 것 그대로 시럽에 담근 농축 음료를 말한다.

■ 코르크 스크루

와인 등의 코르크 마개를 따는 도구.

■ 콜린스 글라스

높이가 높고 가느다란 잔. 톨 글라스라고도 부른다.

■ 쿨러

롱 드링크의 일종. 스피릿이나 와인에 레몬이나 라임 등 감귤류 주스를 첨가하여 흔들어 섞고 탄산음료를 채운 것.

■ 큐브 아이스

제빙기나 가정의 얼음 틀로도 만들 수 있는 한 변이 3센티미터 정도인 정육면체 얼음을 말한다. 셰이크나 스터로 칵테일을 만들 때 사용하거나, 롱 드링크의 잔에 넣는 등 다양한 방법으로 활약한다.

■ 크러시드 아이스

잘게 부순 알갱이 모양의 얼음. 트로피컬 칵테일 등에 많이 이용된다. 아이스 크러셔가 없을 때는 큐브드 아이스 등을 마른 수건으로 감싸고 아이스 픽의 손잡이로 두드려 만들 수도 있다.

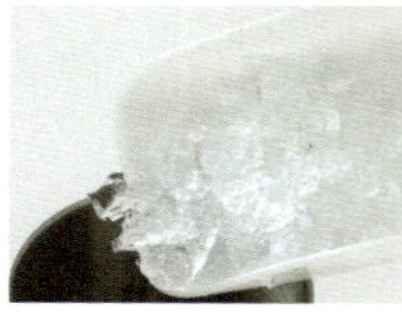

■ 클로브

정향의 꽃의 봉오리를 말린 향신료. 데우면 달콤한 향이 풍기기 때문에 뜨거운 음료에 사용되는 경우가 많다.

■ 탄산수

탄산 가스를 함유한 물. 소다.

■ 토닉 워터

탄산수에 감귤류의 껍질과 허브류의 진액, 당분을 더해 단맛과 쓴 맛이 있는 탄산음료.

■ 토디

시럽이나 술을 넣은 잔에 물 또는 뜨거운 물로 채운 것.

■ 트로피컬 드링크

럼이나 테킬라 등의 스피릿과 남국의 과일을 사용하여 보기에도 다채로운 음료.

■ 트위스트

칵테일의 맛을 내는 기법 중 하나. 직경 3mm 정도로 자른 레몬 조각이나 라임 등의 껍질을 글라스 위에서 비틀어 껍질에 포함된 향기나 쓴맛을 음료에 배게 하는 것. 그 껍질은 잔에 넣는다.

■ 티스푼(tsp.)

1tsp.은 티스푼 한 스푼 분량으로, 약 3~5ml. 바 스푼 한 스푼도 거의 같은 양.

■ 푸스카페 스타일

스피릿이나 리큐어, 시럽 등 여러 종류의 재료를 섞지 않고 비중의 차이를 이용해 층이 생기도록 쌓아 마무리하는 칵테일 스타일. 비중이 무거운 것부터 따르는 것이 포인트. 마시지 않고 색을 즐기는 칵테일이라고도 한다.

■ 프로즌(FROZEN)

재료와 크러시드 아이스를 블렌더에 넣고 셔벗 형태로 만든 칵테일.

■ 플로트

'띄우다'라는 뜻이다. 주류의 비중 차이를 이용하여 술 등의 음료 위에 다른 술이나 생크림 등을 섞이지 않도록 따르는 스타일.

■ 피즈

스피릿이나 리큐어를 베이스로 레몬 주스 등의 신맛, 설탕 시럽 등의 단맛을 셰이크 해서 텀블러에 따르고 탄산수를 넣은 롱 드링크. 피즈라는 명칭은 탄산이 터지는 소리에서 비롯되었다.

■ 필

과일 껍질의 작은 조각을 나타내는 말. 3cm 정도로 자른 레몬 조각이나 오렌지의 껍질을 말한다.

■ 하이볼

롱 드링크 중 하나. 다양한 술을 베이스로 해서 탄산음료로 채운 것. 일본에서는 위스키에 탄산수를 탄 것을 가리키는 경우가 많다.

■ 핫 드링크(HOT)

롱 드링크 중 하나로 뜨거운 물이나 따뜻한 우유 등을 더해 따뜻함을 유지한 채 마시는 칵테일.

■ 혼성주

양조주나 증류주에 허브나 과실, 향신료 등의 향미를 배게 하거나, 당분을 첨가하여 다시 가공한 술을 말한다. 재제주라고 부르기도 한다. 리큐어류와 베르무트 등이 대표적이다.

INDEX

ㄱ

갈채 ······ P208
갓마더 ······ P106
갓파더 ······ P79
걸프 스트림 ······ P103
고야 류큐 칵테일 ······ P267
골드 핑거 ······ P106
골든 드림 ······ P217
골든 캐딜락 ······ P216
골든 피즈 ······ P37
그랑 마르니에 마가리타 ······ P165
그래스호퍼 ······ P212
그로그 ······ P137
그린 바커스 ······ P213
그린 아이즈 ······ P136
그린 플래시 ······ P36
그린티 피즈 ······ P213
글래드 아기 ······ P212
금단의 과실 ······ P211
김렛 ······ P35
깁슨 ······ P34
깔루아 밀크 ······ P209
꿈속의 당신에게 ······ P65

ㄴ

나이트 신 ······ P146
나이트캡 ······ P190
네그로니 ······ P50
네바다 ······ P147
녹아웃 ······ P51
뉴욕 ······ P84
니커보커 스페셜 ······ P146
니콜라시카 ······ P190

ㄷ

다소가레 ······ P269
다이쇼 로망 ······ P260
다이키리 ······ P144
다즐링 쿨러 ······ P222
다케쓰루의 전설 ······ P81
다크 언 스토미 ······ P144
더티 다더 ······ P189
데빌 ······ P189
데저트 힐러 ······ P49
도그스 노즈 ······ P270
돈 조반니 ······ P226
드라이 맨해튼 ······ P83
드림 ······ P190
디스커버리 ······ P224

디자이어 ······ P49
디타모니 ······ P225
뜨거운 시선 ······ P98

ㄹ

라스트 워드 ······ P66
라스트 키스 ······ P158
러브 미 텐더 ······ P159
러브 콜 ······ P245
러스티 네일 ······ P95
러시안 ······ P126
럼 올드 패션드 ······ P159
럼 콜린스 ······ P160
레게 펀치 ······ P247
레드 라이온 ······ P67
레드 바이킹 ······ P276
레드 버드 ······ P127
레드 아이 ······ P276
레드 킹 ······ P247
레몬 사워 ······ P127
레몬 스쿼시 ······ P284
레이디 맥베스 ······ P249
레이디 조커 ······ P248
레인보우 ······ P246
레트 버틀러 ······ P248
로드 러너 ······ P127
로맨스 ······ P249
로열 피즈 ······ P67
론리 채플린 ······ P284
롭 로이 ······ P96
롱 마가리타 ······ P177
롱 아일랜드 아이스티 ······ P67
루즈 ······ P246
리틀 데빌 ······ P160
리틀 프린세스 ······ P160

ㅁ

마가리타 ······ P175
마더스 러브 ······ P238
마돈나 ······ P263
마드라스 ······ P122
마루루 ······ P124
마르티네스 ······ P63
마리아 테레사 ······ P175
마린 블루 로망 ······ P123
마릴린 먼로 ······ P123
마미 테일러 ······ P93
마운트 후지(제국 호텔) ······ P62
마운트 후지 ······ P263
마음의 여행 ······ P214
마음의 평온 ······ P215
마이 오토메 ······ P274
마이애미 바이스 ······ P155

마이애미 비치(럼 베이스)·····P156
마이애미 비치(위스키 베이스)·····P92
마이애미·····P155
마이타이·····P156
마타도르·····P174
마티니(드라이 마티니)·····P62
말리부 코크·····P239
매트릭스·····P63
맨해튼·····P93
먼로 워크·····P64
메리 고 라운드·····P242
메리 위도·····P242
메리 픽포드·····P157
메모리·····P195
멕시칸·····P176
멕시코 로즈·····P176
멜론 피즈·····P243
모스코 뮬·····P125
모차르트 밀크·····P243
모킹버드·····P177
모히토·····P158
몽키 믹스·····P244
무라사메·····P274
물랭 루주·····P241
미도리 밀크·····P240
미도리 일루전·····P240
미드나이트 선·····P124
미모사·····P264
미스테리어스·····P239
미스티 네일·····P94
미안했던 추억·····P44
민트 줄렙·····P94
민트 프라페·····P241
밀리어네어·····P157
밀리언 달러·····P64
밀크셰이크·····P283

ㅂ

바나나 비치·····P227
바바라·····P113
바비 번스·····P92
바쇼·····P271
바이올렛 피즈·····P227
바카디·····P147
바텐더·····P52
발랄라이카·····P114
발렌시아·····P228
배넉번·····P85
백만 번의 윙크·····P230
뱀부·····P261
버버넬라·····P86
버버리 코스트·····P86
버진 메리·····P280

버진 모스커 뮬·····P281
버진 모히토·····P281
베네딕트·····P90
베넷·····P60
베스퍼 마티니·····P29
베이 브리즈·····P119
베이비 페이스·····P234
베일리스 밀크·····P234
벨리니·····P262
벨벳 해머·····P235
보드카 김렛·····P100
보드카 리키·····P102
보드카 마티니·····P101
보드카 아이스버그·····P100
보드카 토닉·····P101
보스턴 쿨러·····P153
보치 볼·····P235
보헤미안 드림·····P236
본드 마티니·····P122
볼가 보트맨·····P120
봉주르·····P238
불 샷·····P117
불독(리큐어 베이스)·····P233
불독(보드카 베이스)·····P117
불바디에·····P88
뷰 카레·····P88
뷰티 스폿·····P56
브랜디 사워·····P193
브랜디 크러스타·····P193
브램블·····P58
브레이브 불·····P172
브로드웨이 서스트·····P174
브롱크스·····P60
브루클린·····P89
블랙 데빌·····P149
블랙 러시안·····P115
블랙 레인·····P262
블랙 벨벳·····P273
블러드 앤 샌드·····P89
블러디 메리·····P116
블러디 샘·····P57
블러디 시저·····P116
블루 라군·····P118
블루 레이디·····P233
블루 마가리타·····P171
블루 머메이드·····P282
블루 먼데이·····P118
블루 문·····P58
블루하와이·····P150
비 앤드 비·····P192
비-52·····P229
비너스 팁·····P261
비스 니즈·····P55

INDEX

비어 스프리처 ···································· P273
비즈 키스 ··· P148
비트윈 더 시트 ································· P192
빅 애플 ··· P114

ㅅ

사랑에 빠져서 ································· P214
사무라이 록 ····································· P268
사우스 아울 랜드 ···························· P217
사우스사이드 ··································· P37
사이드카 ·· P185
사일런트 서드 ································· P79
사제락 ··· P80
사쿠라 마틴 ····································· P267
산티아고 ·· P137
상하이 ··· P141
새러토가 쿨러 ································· P278
샌디 개프 ··· P268
생 제르맹 ··· P218
샴페인 블루스 ································· P258
샴페인 칵테일 ································· P258
샹젤리제 ·· P186
선셋 크루즈 ····································· P278
설국 ··· P125
세븐스 헤븐 ····································· P47
세인트 언드루스 ···························· P81
세토의 신부 ····································· P269
섹스 온 더 비치 ······························ P109
셜리 템플 ··· P279
셰이디 레이디 ································· P166
소녀의 진심 ····································· P205
소울 키스 ··· P259
솔 쿠바노 ··· P143
솔트 릭 ··· P110
솔티 독 ··· P109
스나이퍼 ·· P46
스노 퍼어리 ····································· P280
스리 밀러스 ····································· P189
스모키 마티니 ································· P47
스위트 마티니 ································· P45
스카이다이빙 ··································· P142
스카치 킬트 ····································· P80
스칼렛 오하라 ································· P220
스캔들 ··· P46
스콜피온 ·· P142
스크루드라이버 ······························ P108
스트르 햇 ··· P167
스팅어 ··· P188
스파이더 키스 ································· P188
스푸모니 ·· P220
스프리처 ·· P259
슬레지 해머 ····································· P108
슬로 드라이버 ································· P221

슬로 진 피즈 ····································· P221
슬로 테킬라 ····································· P167
슬픔이여 안녕 ································· P33
시 브리즈 ··· P107
시크릿 러브 ····································· P137
신데렐라 허니문 ···························· P219
신데렐라 ·· P279
실버 피즈 ··· P38
실크 스타킹 ····································· P167
싱가포르 슬링(래플스 호텔 오리지널 버전) ····· P40
싱가포르 슬링 ································· P39

ㅇ

아도니스 ·· P252
아마레토 사워 ································· P201
아메리카노 ······································ P253
아메리칸 레모네이드 ······················ P253
아메리칸 뷰티 ································· P180
아미 앤드 네이비 ···························· P27
아미고 ··· P252
아이리시 로즈 ································· P71
아이리시 커피 ································· P70
아이스 브레이커 ···························· P162
아이언 레이디 ································· P70
아카풀코 ·· P130
아쿠아 ··· P98
아페롤 스프리츠 ···························· P200
안젤로 ··· P99
알곤퀸 ··· P72
알래스카 ·· P28
알렉산더 ·· P181
알렉산더즈 시스터 ························· P29
애비에이션 ······································ P26
애수 ··· P198
애프리콧 칵테일 ···························· P199
애프리콧 쿨러 ································· P199
애프리콧 피즈 ································· P200
애프터 디너 ····································· P198
애플 잭 ··· P180
앰배서더 ·· P162
양귀비 ··· P275
어라운드 더 월드 ···························· P28
어스퀘이크 ······································ P27
어피니티 ·· P71
에그노그 ·· P181
에너지 나이트 ································· P203
에메랄드 쿨러 ································· P30
에버그린 ·· P164
에스프레소 마티니 ························· P102
에어 메일 ··· P132
엑소시스트 ······································ P163
엑스와이지 ······································ P132
엔드리스 러브 ································· P204

엔젤 키스 ·· P204
엔젤 페이스 ··· P31
엘 디아블로 ··· P164
엘 프레지덴테 ······································ P133
옐로 매직 ··· P99
옐로 버드 ·· P130
옐로 패롯 ·· P201
오렌지 블로섬 ······································ P32
오르가슴 ··· P205
오리엔탈 ·· P75
오토기바나시 ······································ P133
오퍼레이터 ··· P254
올 오브 유 ·· P31
올드 침니 ··· P206
올드 쿠반 ·· P134
올드 팔 ··· P75
올드 패션드 ··· P76
올림픽 ·· P182
와인 쿨러 ·· P264
요코하마 ·· P65
우나 우나 ·· P203
워드 에이트 ··· P96
원티드 ·· P30
위스키 맥 ·· P73
위스키 미스트 ······································ P74
위스키 사워 ··· P72
위스키 플로트 ······································ P73
위스키 하이볼 ······································ P73
위스퍼 ·· P74
유가오 ·· P244
유니언 잭 ·· P245
유메마보로시 ······································ P275
유빙 ·· P66
유토피아 ··· P126
이 가슴의 설렘 ···································· P215
이구아나 ··· P163
이브닝 드레스 ······································ P202
이브닝 미스트 ······································ P131
이슬라 데 피노스 ·································· P131
이탈리안 서퍼 ······································ P202

ㅈ

자메이카 조 ·· P140
자자 ·· P38
자장가 ·· P216
잭 로즈 ··· P186
잭 타르 ··· P140
정글 버드 ·· P141
조엽수림 ··· P219
조제핀 ·· P187
존 콜린스 ·· P80
좀비 ·· P143
쥬뗌므 ··· P218

진 라임 ··· P44
진 리키 ··· P45
진 벅 ··· P42
진 비터스 ·· P43
진 슬링 ··· P41
진 앤드 잇 ·· P39
진 토닉 ··· P41
진 피즈 ··· P43
진주의 눈물 ··· P187
진진뮬 ·· P40
짐 바질 스매시 ····································· P42
집시 ·· P107

ㅊ

차로 네로 ·· P168
차린 ·· P111
차이나 그린 ·· P223
차이나 블루 ·· P223
찰리 채플린 ·· P224
처칠 ·· P82
천국의 창문 ·· P112
천사의 미소 ·· P145
천사의 세레나데 ··································· P225
체리 블로섬 ·· P222
추라산 ·· P270
추억은 너무 아름다워서 ··························· P134
치치 ·· P111

ㅋ

카디널 ·· P254
카루소 ·· P33
카리나 ·· P209
카리오카 ··· P182
카미카제 ··· P103
카시스 소다 ·· P208
카시스 오렌지 ······································ P207
카시스 우롱 ·· P207
카우보이 ·· P76
카이피리냐 ··· P266
카지노 ·· P32
카카오 피즈 ·· P206
칼리모초 ··· P255
캄파리 소다 ·· P210
캄파리 오렌지 ······································ P210
캐럴 ·· P183
캑터스 뱅어 ·· P165
캘리포니아 레모네이드 ···························· P77
케이프 코더 ·· P104
코로네이션 ··· P257
코사크 ·· P105
코스모폴리탄 ······································ P105
콘치타 ·· P165
콘테사 ·· P166

INDEX

콜럼버스 ⋯⋯⋯⋯⋯⋯⋯⋯⋯⋯⋯⋯ P137
콥스 리바이버 ⋯⋯⋯⋯⋯⋯⋯⋯⋯ P185
쿠바 리브레 ⋯⋯⋯⋯⋯⋯⋯⋯⋯⋯ P135
쿼터 덱 ⋯⋯⋯⋯⋯⋯⋯⋯⋯⋯⋯⋯ P135
퀸 엘리자베스(브랜디 베이스) ⋯⋯⋯⋯ P184
퀸 엘리자베스(진 베이스) ⋯⋯⋯⋯⋯⋯ P35
클래식 ⋯⋯⋯⋯⋯⋯⋯⋯⋯⋯⋯⋯⋯ P184
클레오파트라 ⋯⋯⋯⋯⋯⋯⋯⋯⋯⋯ P136
클로버 클럽 ⋯⋯⋯⋯⋯⋯⋯⋯⋯⋯ P36
클론다이크 쿨러 ⋯⋯⋯⋯⋯⋯⋯⋯ P78
클론다이크 하이볼 ⋯⋯⋯⋯⋯⋯⋯ P257
키르 로열 ⋯⋯⋯⋯⋯⋯⋯⋯⋯⋯⋯ P256
키르 ⋯⋯⋯⋯⋯⋯⋯⋯⋯⋯⋯⋯⋯ P255
키스 미 퀵 ⋯⋯⋯⋯⋯⋯⋯⋯⋯⋯ P77
키스 오브 가이어 ⋯⋯⋯⋯⋯⋯⋯⋯ P104
키스 인 더 다크 ⋯⋯⋯⋯⋯⋯⋯⋯ P34
키스 프롬 헤븐 ⋯⋯⋯⋯⋯⋯⋯⋯ P183
키티 ⋯⋯⋯⋯⋯⋯⋯⋯⋯⋯⋯⋯⋯ P256
킹 피터 ⋯⋯⋯⋯⋯⋯⋯⋯⋯⋯⋯⋯ P211
킹스 밸리 ⋯⋯⋯⋯⋯⋯⋯⋯⋯⋯⋯ P78

ㅌ

타바리시치(타와리시) ⋯⋯⋯⋯⋯⋯ P110
타탄 체드 ⋯⋯⋯⋯⋯⋯⋯⋯⋯⋯⋯ P82
탱고 ⋯⋯⋯⋯⋯⋯⋯⋯⋯⋯⋯⋯⋯ P48
테이크 파이브 ⋯⋯⋯⋯⋯⋯⋯⋯⋯ P112
테킬라 선라이즈 ⋯⋯⋯⋯⋯⋯⋯⋯ P170
테킬라 선셋 ⋯⋯⋯⋯⋯⋯⋯⋯⋯⋯ P169
테킬라 선스트로크 ⋯⋯⋯⋯⋯⋯⋯ P169
텍사스 피즈 ⋯⋯⋯⋯⋯⋯⋯⋯⋯⋯ P48
톰 앤 제리 ⋯⋯⋯⋯⋯⋯⋯⋯⋯⋯⋯ P145
톰 콜린스 ⋯⋯⋯⋯⋯⋯⋯⋯⋯⋯⋯ P50
트레비앙 ⋯⋯⋯⋯⋯⋯⋯⋯⋯⋯⋯ P226
트리플 플레이 ⋯⋯⋯⋯⋯⋯⋯⋯⋯ P83
티 티 티 ⋯⋯⋯⋯⋯⋯⋯⋯⋯⋯⋯⋯ P168

ㅍ

파나셰 ⋯⋯⋯⋯⋯⋯⋯⋯⋯⋯⋯⋯ P272
파라다이스 ⋯⋯⋯⋯⋯⋯⋯⋯⋯⋯ P53
파리즈 앵 ⋯⋯⋯⋯⋯⋯⋯⋯⋯⋯⋯ P54
파파거나 ⋯⋯⋯⋯⋯⋯⋯⋯⋯⋯⋯ P228
팔로마 ⋯⋯⋯⋯⋯⋯⋯⋯⋯⋯⋯⋯ P170
패션 ⋯⋯⋯⋯⋯⋯⋯⋯⋯⋯⋯⋯⋯ P51
퍼스트 러브 ⋯⋯⋯⋯⋯⋯⋯⋯⋯⋯ P115
퍼스트 레이디 ⋯⋯⋯⋯⋯⋯⋯⋯⋯ P231
퍼시픽 아일랜드 ⋯⋯⋯⋯⋯⋯⋯⋯ P271
퍼지 네이블 ⋯⋯⋯⋯⋯⋯⋯⋯⋯⋯ P231
퍼펙트 레이디 ⋯⋯⋯⋯⋯⋯⋯⋯⋯ P53
페니실린 ⋯⋯⋯⋯⋯⋯⋯⋯⋯⋯⋯ P90
페인킬러 ⋯⋯⋯⋯⋯⋯⋯⋯⋯⋯⋯ P152
포르노스타 마티니 ⋯⋯⋯⋯⋯⋯⋯ P120
폴라 쇼트 커트 ⋯⋯⋯⋯⋯⋯⋯⋯⋯ P154
폴로네즈 ⋯⋯⋯⋯⋯⋯⋯⋯⋯⋯⋯ P121

폴른 엔젤 ⋯⋯⋯⋯⋯⋯⋯⋯⋯⋯⋯ P57
푸른 산호초 ⋯⋯⋯⋯⋯⋯⋯⋯⋯⋯ P26
푸시 캣 ⋯⋯⋯⋯⋯⋯⋯⋯⋯⋯⋯⋯ P281
프라이빗 레슨 ⋯⋯⋯⋯⋯⋯⋯⋯⋯ P232
프레지던트 ⋯⋯⋯⋯⋯⋯⋯⋯⋯⋯ P151
프렌치 75 ⋯⋯⋯⋯⋯⋯⋯⋯⋯⋯⋯ P59
프렌치 캑터스 ⋯⋯⋯⋯⋯⋯⋯⋯⋯ P172
프렌치 커넥션 ⋯⋯⋯⋯⋯⋯⋯⋯⋯ P194
프로즌 다이키리 ⋯⋯⋯⋯⋯⋯⋯⋯ P151
프로즌 마가리타 ⋯⋯⋯⋯⋯⋯⋯⋯ P173
프로즌 바나나 다이키리 ⋯⋯⋯⋯⋯ P152
프로즌 스트로베리 마가리타 ⋯⋯⋯ P173
플라토닉 러브 ⋯⋯⋯⋯⋯⋯⋯⋯⋯ P232
플래티넘 블론드 ⋯⋯⋯⋯⋯⋯⋯⋯ P149
플랜터즈 칵테일 ⋯⋯⋯⋯⋯⋯⋯⋯ P150
플로리다 로즈 ⋯⋯⋯⋯⋯⋯⋯⋯⋯ P59
플로리다 ⋯⋯⋯⋯⋯⋯⋯⋯⋯⋯⋯ P282
피냐 콜라다 ⋯⋯⋯⋯⋯⋯⋯⋯⋯⋯ P148
피스코 사워 ⋯⋯⋯⋯⋯⋯⋯⋯⋯⋯ P192
피치 피즈 ⋯⋯⋯⋯⋯⋯⋯⋯⋯⋯⋯ P229
피카도르 ⋯⋯⋯⋯⋯⋯⋯⋯⋯⋯⋯ P171
핑크 레이디 ⋯⋯⋯⋯⋯⋯⋯⋯⋯⋯ P56
핑크 볼 ⋯⋯⋯⋯⋯⋯⋯⋯⋯⋯⋯⋯ P230

ㅎ

하버드 쿨러 ⋯⋯⋯⋯⋯⋯⋯⋯⋯⋯ P191
하비 월뱅어 ⋯⋯⋯⋯⋯⋯⋯⋯⋯⋯ P113
하와이안 ⋯⋯⋯⋯⋯⋯⋯⋯⋯⋯⋯ P54
하이 햇 ⋯⋯⋯⋯⋯⋯⋯⋯⋯⋯⋯⋯ P84
하이랜드 쿨러 ⋯⋯⋯⋯⋯⋯⋯⋯⋯ P85
하트브레이크 ⋯⋯⋯⋯⋯⋯⋯⋯⋯ P52
하프 & 하프(맥주) ⋯⋯⋯⋯⋯⋯⋯⋯ P272
하프 & 하프(베르무트) ⋯⋯⋯⋯⋯⋯ P260
핫 버터드 럼 카우 ⋯⋯⋯⋯⋯⋯⋯ P154
핫 버터드 럼 ⋯⋯⋯⋯⋯⋯⋯⋯⋯⋯ P153
핫 불 샷 ⋯⋯⋯⋯⋯⋯⋯⋯⋯⋯⋯⋯ P119
핫 에그노그 ⋯⋯⋯⋯⋯⋯⋯⋯⋯⋯ P195
핫 위스키 토디 ⋯⋯⋯⋯⋯⋯⋯⋯⋯ P91
핫 하트 ⋯⋯⋯⋯⋯⋯⋯⋯⋯⋯⋯⋯ P236
해후 ⋯⋯⋯⋯⋯⋯⋯⋯⋯⋯⋯⋯⋯ P95
행키 팽키 ⋯⋯⋯⋯⋯⋯⋯⋯⋯⋯⋯ P55
향수 ⋯⋯⋯⋯⋯⋯⋯⋯⋯⋯⋯⋯⋯ P266
허니문 ⋯⋯⋯⋯⋯⋯⋯⋯⋯⋯⋯⋯ P191
허리케인 ⋯⋯⋯⋯⋯⋯⋯⋯⋯⋯⋯ P87
헌터 ⋯⋯⋯⋯⋯⋯⋯⋯⋯⋯⋯⋯⋯ P87
호호에미 ⋯⋯⋯⋯⋯⋯⋯⋯⋯⋯⋯ P237
홀시스 넥 위드 아웃 어 킥 ⋯⋯⋯⋯ P283
홀시스 넥 ⋯⋯⋯⋯⋯⋯⋯⋯⋯⋯⋯ P194
홀인원 ⋯⋯⋯⋯⋯⋯⋯⋯⋯⋯⋯⋯ P91
화이트 러시안 ⋯⋯⋯⋯⋯⋯⋯⋯⋯ P121
화이트 레이디 ⋯⋯⋯⋯⋯⋯⋯⋯⋯ P61
화이트 로즈 ⋯⋯⋯⋯⋯⋯⋯⋯⋯⋯ P61
화이트 새틴 ⋯⋯⋯⋯⋯⋯⋯⋯⋯⋯ P237
화이트 스파이더 ⋯⋯⋯⋯⋯⋯⋯⋯ P121

■商品協力

株式会社ナランハ（グラス類、バーツールなど）
https://www.naranja.co.jp/bar
株式会社武蔵屋（お酒）
https://corporate.musashiya-net.co.jp
アサヒビール株式会社
サントリー株式会社
三陽物産株式会社
レミー コアントロー ジャパン株式会社

■写真協力

アサヒビール株式会社
株式会社明治屋
キリンビール株式会社
サントリー株式会社
三陽物産株式会社
バカルディ ジャパン株式会社
ペルノ・リカール・ジャパン株式会社
MHD モエ ヘネシー ディアジオ株式会社
日仏貿易株式会社
レミー コアントロー ジャパン株式会社
カンパリジャパン株式会社
三和酒類株式会社

■参考文献

『カクテルfor2 初めてでもおいしくできる最新流行118レシピ』北村聡著（世界文化社）
『基本のカクテル』北村聡著（世界文化社）
『サヴォイ カクテルブック』（パーソナルメディア）
『カクテルズ』福西英三著（ナツメ社）
『カクテル完全バイブル』渡邉一也監修（ナツメ社）
『カクテル大全』一般社団法人日本バーテンダー協会監修（西東社）
『カクテル400』中村健二著（主婦の友社）
『ザ・ベスト・カクテル　スタンダードレシピ142』花崎一夫監修（永岡書店）
『カクテル事典』THE PLACE監修（主婦の友社）
『すぐできるカクテル505種』浜田昌吾著（有紀書房）

■STAFF

撮影／内海裕之
装幀／ナカジマブイチ（BOOLAB.）
編集協力／NOVO（平田治久、細田操子）
本文デザイン&DTP／NOVO
カクテル提供／洋酒博物館
執筆協力／和田克彦
Special Thanks／JBA BAR SUZUKI、目良純一郎（有限会社阿頼耶）、
細谷智廣、吉野優佳、石郷岡慶郎、鈴木和行、北村麻祐

BAR 양주박물관

- 주소: 도쿄도 주오구 긴자 6-9-13 나카지마빌딩 3층(東京都中央区銀座6-9-13 中嶋ビル3 階)
- 운영시간 : 18:00~24:00 / 정기 휴무일 : 없음
- 홈페이지 : https://www.hotpepper.jp/strJ000010627(핫페퍼: 일본의 식당 예약 사이트)
  　　　　　https://r.gnavi.co.jp/g087600/(라쿠텐 구루나비: 일본 음식 포털 사이트)

이 책의 저자가 오너인 BAR이다. 수많은 칵테일 콩쿠르에서 우승한 경험이 있는 저자가 만드는 칵테일이 일품이다. 전 세계에서 수집한 양주는 무려 3,500병이 넘는다. 희귀한 빈티지 술도 즐길 수 있다.